ひらいてわかる
線形代数

市原一裕・下川航也 著

小須田 雅・寺垣内政一・中内伸光・村上 斉 編

数学書房

シリーズまえがき

大学における数学教育は年々困難さを増している．学生の基礎学力の低下も原因の一つであろうが，大学に入ってきた学生を教える側としては，よい教材を作りよい授業を行なうのが何より重要なことである．その困難さへの対策の一つとして，この「ひらいてわかる」シリーズを提案する．これは教える方にも，教わる方にも使いやすい教科書の一つの試みである．

このシリーズの目的は，まず学生の側に立って勉強しやすい教科書を提供することである．また，教える側にとっても，講義計画が立てやすく，毎時教える内容が明確であるようなものとした．

そのために，著者には多少窮屈であろうが，次の点を念頭に置いて執筆してもらうこととした．

- 1 コマ（90 分）の講義につき 1 節をあてる．
- 学生に必要なものは，各節最初の見開き 2 ページにまとめる．授業中に学生は学習内容を一目で把握することができる．
- 各節の初めに，『目標』として習うことを短くまとめ，それにより各講義時間の目標を明確にする．
- 各節の最後には，『まとめ』を配し，授業で現れた公式，定理などを箇条書きにして確認しやすくする．
- あまり理論に走らず，なるべく具体例をあげて「習うより慣れる」ようにする．
- 各節には，学生に課すべき小テストを例示し，それによって学生の知識の定着度合を測れるようにする．
- 進んだ学生の自習に適したように，また，教える側の便宜のために，説明（解説ノート）および練習問題を用意する．

これらの制約によって，本書がかえってわかりにくいものとなったとすれば，それはひとえに編者の責任である．

小学校から高校までの数学（あるいは算数）の授業において，理論的なことはあまり重要視されなかったはずである．大学に入ったからといって，急に定理と証明の繰り返しを見せつけられても学生は混乱するだけであろうから，授業中に学生が参照する部分では，極力計算例を見せるようにした．ただし，それだけでは不十分なところがあるので，直後に「解説ノート」を挟み理論的な解説，補充説明などを行なっている．また，小テストの問題例も加えることで学生の理解度合いを測れるようにした．

蛇足の感もあるが，この教科書を使って講義を行なうときには，毎時小テストを課すことを提案する．各時間の最後に行ない，授業の理解度を測る，あるいは，各時間の初めに行ない，前回の授業の復習をするなど，使い方はいろいろあるだろうが，いずれにしても学生が実際に問題を解くことが重要である．

最後に, 教える側にとっても本シリーズは使いやすい教科書となるであろう. これまでの大学用の教科書は, 理論的には整然と配列されているものの, 授業ごとの時間配分への配慮が足りなかったように思える. 昨今の大学の先生の忙しさをみると, 授業の組み立てを考える時間すら足りないように思える. そのような意味からも, 本シリーズの編集趣旨は歓迎されるものと自負している.

2009 年 10 月

編者一同

著者まえがき

本書は大学の理工系 1 年生向けの線形代数の教科書である.

この本では, 具体的な行列の計算, 逆行列, 行列式を求めることができ, 抽象的な数学の議論に慣れ, ベクトル空間の概念を習得し, 行列の対角化を行えることを目標にしている.

最近では, 微分積分に比べて, 線形代数の方が抽象的でわかりにくいと感じる学生が多いようである. 本書では抽象的な側面においても, できるだけ具体的な例を用いた記述を心がけている. たとえば, 一般のベクトル空間の議論の結果として得られる行列の対角化については, 漸化式をみたす数列, 線形微分方程式, 二次曲線への応用にそれぞれに一つの節をあてている.

本書で扱う主な項目は次の通りである.

- 集合, 写像, ベクトルなどの数学の基礎的概念の導入.
- 一次変換を用いて行列, 行列の積を導入.
- 連立一次方程式の解法 (はきだし法, クラメールの公式). 行列の階数を用いて解の存在を議論.
- 行列式の計算. 逆行列の公式.
- 抽象的ベクトル空間論. 基底により得られる線形写像と行列の対応.
- 固有値, 固有ベクトルを用いて行列の対角化. 数列, 微分方程式, 二次曲線への応用.

○学生向けの本書の使い方

線形代数で学ぶ行列の積, 逆行列, 対角化などの計算, および, 連立一次方程式の解法などは, 数学以外の分野でも現れる. そのため, そのような計算ができることが, まず大事である. さらに, 効率的に計算を行う方法を考察する際には, 理論的側面が必要になるだろう. 実際の応用以外にも, 数学の考え方, 論理的に議論を行う方法を, 大学の初期の段階で学び実践することは重要である.

本書は, 各授業ごとに 4 ページが割り当てられている. 授業の際には, 初めの 2 ページを見ていれば基本的に十分である. 証明や補足的事項は, 続く 2 ページの解説ノートに書かれている. 必要に応じて参照して欲しい.

これからの国際化にむけて, 主な定義には英語訳を加えておいた. 参考にしてほしい. また, 高校までとは多少異なる記号を用いていることがある. 例えば, 不等号の記号に, 大学や国際的に一般的な $\geq$ と $\leq$ を用いている. また, 証明の終わりを表す記号として, □ を用いている.

○教員向けの本書の使い方

本書は, 理工系の大学 1 年生向けに 1 年間で開講される線形代数の授業の教科書であり, そのような授業の標準的な項目を含んでいる. 本書は, 見開きページに授業の内容を含めるという独特の形式を取っているが, 扱う内容は一般的な教科書と同様であるため, 標準的なカリキュラムを採用している場合には安心して採用していただけると思う.

本書は前期 14 回, 後期 14 回, 1 年間計 28 回分の授業内容を含んでいる. 前期, 後期とも 1 回分余裕を持たせてあるので, 最終授業では発展的な内容を扱うか, 復習の時間にあてていただきたい. また, 0.1 節と 0.2 節は, 両方で 1 回分の授業であることに注意して欲しい.

本書には, 中間試験, 期末試験用の問題も収録している. 前期, 後期とも 6 題ある. $\boxed{1}$ から $\boxed{3}$ までが第 1 回から第 7 回までの授業の範囲, $\boxed{4}$ から $\boxed{6}$ までが第 8 回から第 14 回までの授業の範囲からの出題となっている. 中間試験を行う場合には, 第 7 回終了後に $\boxed{1}$ から $\boxed{3}$ までの問題を用いて行って欲しい. 期末のみを行う場合には, 問題量を適宜調整して頂きたい.

○参考文献について

紙面の都合で, 本書で扱うことができなかった内容や, 省略した証明は, 以下にあげる参考文献などを参照して欲しい.

[1] 線型代数入門, 齋藤正彦著, 東京大学出版会.

[2] 線型代数演習, 齋藤正彦著, 東京大学出版会.

[3] 線形代数学, 川久保勝夫著, 日本評論社.

これらの参考文献を, 解説ノートでは数回引用する. 「参考文献を参照」と書かれている場合には, 上記の本を参照して欲しい.

本書の執筆の機会を与えてくださり, 内容に関して多くのご助言を頂いた, 村上斉氏, 中内伸光氏, 寺垣内政一氏, 小須田雅氏に心よりお礼を申し上げたい. また, 数学書房の横山伸氏には長い執筆の期間中大変お世話になった. あらためて心より感謝したいと思う.

最後に, 市原紗代, 千聡, まひろ, 下川敏子, 理人, 慶奈に, 執筆の協力への感謝と共に, 本書を捧げる.

2009 年 12 月

著者記す

- 本書に含まれる二次曲線の図は, 関数グラフソフト GRAPES を用いて描かれている.

目　次

編集

小須田 雅
琉球大学

寺垣内政一
広島大学

中内伸光
山口大学

村上 斉
東北大学

ひらいてわかる
線形代数

第 0 章　準備

この章では, これから線形代数の学習を進めていくための準備として, 「集合」と「写像」, および, 「ベクトル」について, 最低限の用語を定義し, その性質をまとめておこう. じつは, これらの概念こそが現代におけるすべての数学の基礎となっている.

0.1　集合

目標 : 集合と写像について, 基本的な用語を理解しよう.

定義 0.1.1 (集合) : 含まれるか含まれないかの条件が明確である「もの」の集まりを**集合** (set) という. また, 集合に含まれている「もの」1 つ 1 つを, その集合の**要素** (element) という.

- a が集合 A の要素であるとき, 「a は A に属する」といい, $a \in A$ と表す.
- b が集合 A の要素でないとき, 「b は A に属さない」といい, $b \notin A$ と表す.

例 0.1.2 : 「2 より少し大きな数の集まり」は, 条件があいまいなので集合ではない.
一方, 「10 以下の正の奇数の集まり」は集合になる. これを A とすると, A の要素は, 1, 3, 5, 7, 9 であり, $1 \in A$, $3 \in A$, $5 \in A$, $7 \in A$, $9 \in A$ と表す. 例えば, 2 は A の要素ではないので, $2 \notin A$ と表す.

集合を表す方法: 集合を表す方法として,

(1) 要素を書き並べる　　　　(2) 要素がみたす条件を書く

の 2 通りが使われる. 例えば, 具体的には次のように表す: 12 の正の約数の集合を A とするとき

(1) の方法では, $A = \{1, 2, 3, 4, 6, 12\}$　　　　(2) の方法では, $A = \{x \mid x \text{ は 12 の約数}\}$

練習 0.1.3 : 11 の倍数である 2 桁の自然数の集合を A とする. A を 2 通りの方法で表しなさい.

0.2　写像

定義 0.2.1 (写像) : 集合 X の 1 つ 1 つの要素に, 集合 Y の要素を 1 つずつ対応させるような集合間の対応関係のことを**写像** (map) という.
「f という写像が集合 X の要素に集合 Y の要素を対応させる」ことを, $f : X \to Y$ と表す.

例 0.2.2： 与えられた数を「2 乗して 1 たす」という規則は, 1 つの実数を 1 つの実数に対応させる写像になる. 一方, 与えられた数の「平方根をとる」という規則を考えると, 通常, これを写像とはいわない. なぜなら, 与えられた数に対して対応する数が 1 つに決まらないからである.

以下, X と Y を集合とし, 写像 $f : X \to Y$ を考える.

定義 0.2.3 (像)：写像 f によって, X の要素 x が, Y の要素 y に対応させられるとき, 「f は x を y にうつす」といい, $f(x) = y$ と表す. また, y を f による x の**像** (image) という.

定義 0.2.4 (全射・単射・全単射)：

- Y のどの要素 y に対しても, $f(x) = y$ となる $x \in X$ が <u>少なくとも 1 個ある</u> とき, 「f は**全射** (surjection) である」という.
- Y のどの要素 y に対しても, $f(x) = y$ となる $x \in X$ が <u>たかだか 1 個しかない</u> とき, 「f は**単射** (injection) である」という.
- 全射であり, かつ, 単射でもある写像を, **全単射** (bijection) という.

練習 0.2.5：0 以上の偶数の集合を X とし, 0 以上の整数の集合を Y とする. このとき次の規則で決まる X から Y への写像が, 「全射・単射・どちらでもない」のいずれになるか答えなさい.

(1) 3 倍して 6 でわる　　(2) 3 倍して 5 をたす　　(3) 2 でわって 1 をひいてから 2 乗する

定義 0.2.6 (合成写像)：3 つの集合 X, Y, Z と, 2 つの写像 $f : X \to Y$, $g : Y \to Z$ があるとき, X の要素 x に対して, f による x の像の g による像（つまり $g(f(x))$ ）を対応させることで, 新しい写像が得られる. これを, f と g の**合成写像**といい, $g \circ f$ と表す. つまり, $g \circ f(x) = g(f(x))$ となる.

例 0.2.7： 有理数の集合を $\mathbb{Q}$ として, 練習 0.2.5 の規則で決まる $\mathbb{Q}$ から $\mathbb{Q}$ への写像を考える.
(1) と (2) の写像の合成写像による 8 の像を求めてみよう. (1) の写像による 8 の像は, $8 \times 3 \div 6 = 4$. (2) の写像による 4 の像は, $4 \times 3 + 5 = 17$. したがって, 求める 8 の像は 17.

練習 0.2.8：有理数の集合を $\mathbb{Q}$ として, 練習 0.2.5 の規則で決まる $\mathbb{Q}$ から $\mathbb{Q}$ への写像を考えるとき, (3) と (1) の写像の合成写像による 0 の像を求めなさい. 次に, (1) と (3) の写像の合成写像による 0 の像を求めなさい.

解説ノート 0.1

数学で扱う対象は, 集合である. ある集まりが集合であるかないかは, その条件が客観的であること, つまり, 誰が判断しても結果が同じになることによる. たとえば, 「好きな数字の集まり」は, 人によりその中に含まれる数字が変わるので集合にはならない.

A と B を集合とする. A のすべての要素が, B の要素にもなっているとき, **A は B に含まれる**, または, **A は B の部分集合** (subset) であるといい, $A \subset B$ と表す. たとえば, 4 の倍数からなる集合を A とし, 2 の倍数からなる集合を B とすると, $A \subset B$ となる. $A \subset B$ かつ $B \subset A$ であるとき, つまり, A の要素と B の要素がすべて等しいとき, **集合 A と B は等しい**といい, $A = B$ と表す. $A \subset A$ となることに注意して欲しい.

A か B のどちらかに含まれている要素を集めてできる集合を, **集合 A と B の和集合** (union) といい, $A \cup B$ と表す. A と B の両方に含まれている要素を集めてできる集合を, **集合 A と B の共通部分** (intersection) といい, $A \cap B$ と表す. $A \subset A \cup B$, $B \subset A \cup B$ であり, $A \cap B \subset A$, $A \cap B \subset B$ である. たとえば, 2 の倍数からなる集合を A とし, 3 の倍数からなる集合を B とすると, $A \cap B$ は 6 の倍数からなる集合となり, $A \cup B$ は 2 または 3 で割り切れる数からなる集合となる.

要素が何もない集合を, **空集合** (empty set) といい, $\varnothing$ で表す. どんな集合に対しても, 空集合はその部分集合である と約束する.

数の集合については, 次のような記号を用いる. 自然数 1, 2, 3, 4, $\cdots$ の集合を $\mathbb{N}$ で表す. 整数 $\cdots$, $-3, -2, -1, 0, 1, 2, 3, \cdots$ の集合を $\mathbb{Z}$ で表す. 有理数の集合を $\mathbb{Q}$ で表し, 実数の集合を $\mathbb{R}$ で表し, 複素数の集合を $\mathbb{C}$ で表す. このとき,

$$\mathbb{N} \subset \mathbb{Z} \subset \mathbb{Q} \subset \mathbb{R} \subset \mathbb{C}$$

となっている.

また, 集合の表し方において, $\{x \in \mathbb{N} \mid x$ は 6 の倍数 $\}$ という表記も使われる. これは, 「x は自然数であり, かつ, 6 の倍数である」という条件をみたす集合を表す. あらかじめ考える範囲を限定する意味で, このような表記が用いられることがある.

解説ノート 0.2

写像は, 2 つの集合の間のルールの決まった対応で, その行き先が 1 つであるものである.

写像 $f : X \to Y$ に対し, X を**始集合**, または, **定義域**といい, Y を**終集合**という. 写像 $f : X \to Y$ に対し, Y の部分集合 $\{f(x) \in Y \mid x \in X\}$ を f の**値域**, または, **像**といい, $f(X)$ で表す. この記号を用いると, f が全射とは, $f(X) = Y$ となることである.

2 つの写像 $f : X \to Y$, $g : X \to Y$ が, X の任意の要素 x に対し $f(x) = g(x)$ が成立するとき, **等しい**といい $f = g$ と書く.

$f : X \to Y$ を写像とする. Y の要素が数であるとき, f は**関数** (function) とよばれる. f が関数の場合には, f を式を用いて書くことができる場合がある. たとえば, $\mathbb{R}$ から $\mathbb{R}$ への写像で, 「与えられた数を 2 乗して 4 をたす」写像は, $x \in \mathbb{R}$ に対し, $f(x) = x^2 + 4$ と表すことができる.

定義域, 終集合ともに X で, X の要素 x を同じ x にうつす写像を, **恒等写像** (identity map) という. 恒等写像は, 全単射の例である.

$f : X \to Y$ を全単射とする. f によって, X の要素 x が Y の要素 y にうつるとする. このとき, y に対して x を対応させると写像となる. この写像を f の**逆写像** (inverse map) といい, $f^{-1} : Y \to X$ で表す. 全単射の逆写像は全単射となる. たとえば, 与えられた実数を 3 乗する写像は, $\mathbb{R}$ から $\mathbb{R}$ への全単射である. その写像の逆写像は, 与えられた実数の 3 乗根をとる写像である.

小テスト:

問題 1: 次の集合を, 集合を表す方法の (2) により数式を用いて表せ.

(1) -1 以上 1 以下の有理数全体の集合

(2) 座標平面の原点からの距離が 1 以下の点 (x, y) 全体の集合

問題 2: A を 12 の正の約数からなる集合とし, B を 20 の正の約数からなる集合とするとき, $A \cap B$ と $A \cup B$ を要素を書き並べて表せ.

問題 3: 次の規則が, 実数の集合から実数の集合への写像の定義をみたすかどうか判定せよ.

(1) 与えられた数の平方根をとる.　　(2) 与えられた数を超えない最大の整数をとる.

問題 4: $\mathbb{R}$ から $\mathbb{R}$ への写像 f と g が, $f(x) = x + 4$, $g(y) = y^2 + 2y$ で与えられているとき, f と g の合成写像 $g \circ f$ を求めよ.

問題 5: 与えられた数の 3 乗をとる規則は, 実数の集合から実数の集合への写像を与える. この写像が全単射であることを示せ.

0.3 ベクトル

高校では「向きと大きさをもった量」として, 平面ベクトル・空間ベクトルを学習した. 本節では, その成分表示の考え方を拡張して, 一般次元のベクトルを導入しよう. 以下, 適当な自然数を n とする.

目標 : ベクトルについて, 基本的な事項を確認し理解しよう.

定義 0.3.1 (ベクトル) :

n 個の数の組を, **n 次元ベクトル** (vector) といい, $\begin{pmatrix} a_1 \\ a_2 \\ \vdots \\ a_n \end{pmatrix}$ のように縦に並べて括弧(かっこ)でくくって表す. また, この $a_1, a_2, \cdots, a_n$ たちをベクトルの**成分** (element) という.

ベクトルに対して, 各成分として現れる数 (実数または複素数) を**スカラー** (scalar) という.

以降, この本では, ベクトルを $\boldsymbol{a}$, $\boldsymbol{b}$, $\boldsymbol{c}$, $\boldsymbol{x}$, $\boldsymbol{y}$ などの太字の記号で表す.

定義 0.3.2 (ベクトルのスカラー倍 , 和・差, 内積) :

$\boldsymbol{a} = \begin{pmatrix} a_1 \\ a_2 \\ \vdots \\ a_n \end{pmatrix}$, $\boldsymbol{b} = \begin{pmatrix} b_1 \\ b_2 \\ \vdots \\ b_n \end{pmatrix}$ という 2 つの n 次元ベクトルを考える.

スカラー k に対し, ベクトル $\boldsymbol{a}$ の k 倍 $k\,\boldsymbol{a}$, および, ベクトルの**和** $\boldsymbol{a}+\boldsymbol{b}$, **差** $\boldsymbol{a}-\boldsymbol{b}$ を,

$$k\boldsymbol{a} = \begin{pmatrix} ka_1 \\ ka_2 \\ \vdots \\ ka_n \end{pmatrix}, \quad \boldsymbol{a}+\boldsymbol{b} = \begin{pmatrix} a_1+b_1 \\ a_2+b_2 \\ \vdots \\ a_n+b_n \end{pmatrix}, \quad \boldsymbol{a}-\boldsymbol{b} = \begin{pmatrix} a_1-b_1 \\ a_2-b_2 \\ \vdots \\ a_n-b_n \end{pmatrix}$$

で定まるベクトルと定義する.

また成分が実数のベクトル $\boldsymbol{a}$, $\boldsymbol{b}$ に対し, $\boldsymbol{a}$ と $\boldsymbol{b}$ の**内積** (inner product) を

$$a_1b_1 + a_2b_2 + \cdots + a_nb_n \qquad \left(\text{つまり} \sum_{j=1}^{n} a_j\,b_j \right)$$

で定義し, $\boldsymbol{a}\cdot\boldsymbol{b}$ で表すことにする. 内積 $\boldsymbol{a}\cdot\boldsymbol{b}$ は**ベクトルでなくスカラー**であることに注意.

定理 0.3.3 (内積の性質) : n 次元ベクトル $\boldsymbol{a}$, $\boldsymbol{b}$, $\boldsymbol{b}'$ に対して, 次の等式が成り立つ.

$$\boldsymbol{a}\cdot\boldsymbol{b} = \boldsymbol{b}\cdot\boldsymbol{a}, \qquad (k\boldsymbol{a})\cdot\boldsymbol{b} = \boldsymbol{a}\cdot(k\boldsymbol{b}) = k(\boldsymbol{a}\cdot\boldsymbol{b}), \qquad \boldsymbol{a}\cdot(\boldsymbol{b}+\boldsymbol{b}') = \boldsymbol{a}\cdot\boldsymbol{b} + \boldsymbol{a}\cdot\boldsymbol{b}'$$

以降, 特に断りのない限り, スカラーは実数とする.

練習 0.3.4 :
2 つのベクトル $\boldsymbol{u} = \begin{pmatrix} -7 \\ 3 \\ -1 \end{pmatrix}$, $\boldsymbol{v} = \begin{pmatrix} -4 \\ 2 \\ -10 \end{pmatrix}$ に対し, 内積 $(2\boldsymbol{u}+\boldsymbol{v})\cdot(\boldsymbol{v}-\boldsymbol{u})$ を計算しなさい.

2 次元ベクトルとは, 高校で学んだ平面ベクトルのことである. それは, 平面上の有向線分 (やじるし) とみなせて, その内積は次のような図形的な意味を持つのだった.

<u>内積の図形的意味:</u>

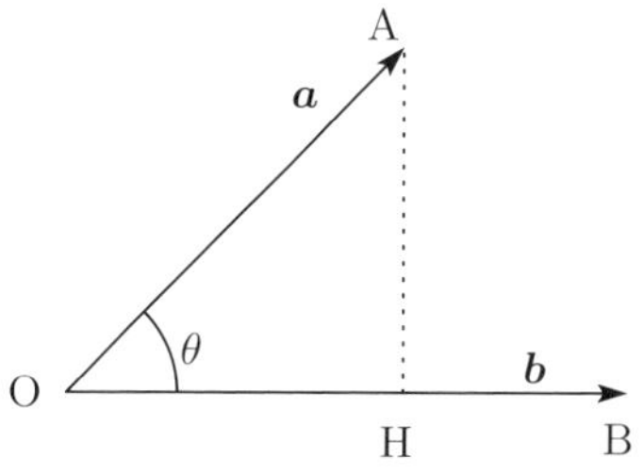

まず図のように, $\boldsymbol{a}$ と $\boldsymbol{b}$ の始点を O とし, それぞれの終点を A, B とする.

次に, A から直線 OB に垂線 AH をおろす.

このとき, 内積 $\boldsymbol{a}\cdot\boldsymbol{b}$ は,

(線分 OH の長さ)×(線分 OB の長さ) となる.

(ただし, O に対して H が B と反対側にあるときは, $-$ の符号をつける.)

したがって, 線分 OA の長さを a, 線分 OB の長さを b とし, 角 AOB の大きさを θ とすると,

$\boldsymbol{a}\cdot\boldsymbol{b} = a\,b\,\cos\theta$ が成り立つ.

このことから, n 次元ベクトルに対しても, 次の定義が自然に導かれる.

定義 0.3.5 (ベクトルのノルム) : ベクトル $\boldsymbol{a}$ に対して, $\sqrt{\boldsymbol{a}\cdot\boldsymbol{a}}$ を, $\boldsymbol{a}$ の**ノルム** (norm) といい, $\|\boldsymbol{a}\|$ で表す(これは「ベクトルの長さ」の一般化である).

定義 0.3.6 (ベクトルのなす角) : ノルムが 0 でないベクトル $\boldsymbol{a}, \boldsymbol{b}$ に対して, $\cos\theta = \dfrac{\boldsymbol{a}\cdot\boldsymbol{b}}{\|\boldsymbol{a}\|\,\|\boldsymbol{b}\|}$ をみたす実数 θ を, ベクトル **$\boldsymbol{a}$ と $\boldsymbol{b}$ のなす角**という(ただし, $0 \leq \theta \leq \pi$ とする).

したがって, ともに零ベクトルでない 2 本のベクトル $\boldsymbol{a}, \boldsymbol{b}$ のなす角が $\frac{\pi}{2}$ となる必要十分条件は, $\boldsymbol{a}\cdot\boldsymbol{b} = 0$ であることがわかる. このとき, ベクトル **$\boldsymbol{a}$ と $\boldsymbol{b}$ は直交する**という.

練習 0.3.7 : 2 つのベクトル $\begin{pmatrix} -1 \\ 1 \\ 2 \\ 1 \end{pmatrix}$ と $\begin{pmatrix} 2 \\ 1 \\ -3 \\ 0 \end{pmatrix}$ のなす角を求めなさい.

解説ノート 0.3

高校で学習した平面内や空間内の有向線分は, **幾何ベクトル**とよばれる. それに対し, 今定義したベクトルを**数ベクトル**とよぶことがある. 幾何ベクトルを, 始点が原点となるように平行移動し, その終点の座標を考えることにより, 幾何ベクトルから数ベクトルへの対応が得られる.

また, 高校ではベクトルの成分は横に並べて書いていたが, ここでは縦に並べて表記する. これは, 後に行列をベクトルにかける際に, 都合が良いためである.

ベクトルの和とスカラー倍は, 次のように幾何ベクトルの観点からみることができる.

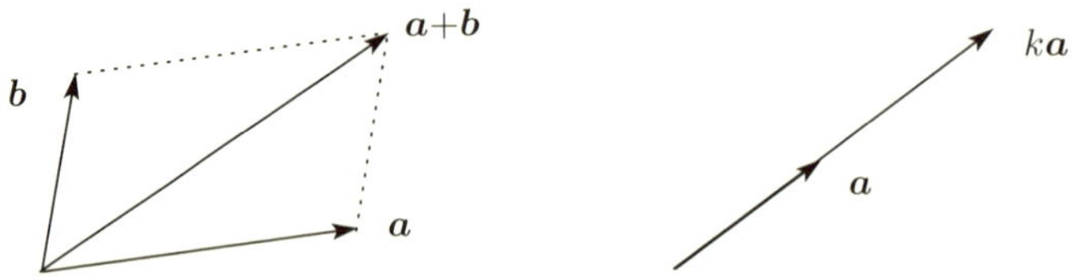

ベクトルの和 $\boldsymbol{a}+\boldsymbol{b}$ は, $\boldsymbol{a}$ と $\boldsymbol{b}$ を隣り合う 2 辺とする平行四辺形の対角線となる. (この平行四辺形を **$\boldsymbol{a}$ と $\boldsymbol{b}$ の張る平行四辺形**という.) スカラー倍 $k\boldsymbol{a}$ は, ベクトル $\boldsymbol{a}$ を k 倍の長さにしたものである. ただし, k が負の場合は, $|k|$ 倍の長さとし, 方向が逆になる. また, ベクトルの差については, 和 $\boldsymbol{a}+(-1)\,\boldsymbol{b}$ を考えればよい.

$\boldsymbol{a}$ と $\boldsymbol{b}$ の張る平行四辺形の面積は, $\sqrt{\|\boldsymbol{a}\|^2\|\boldsymbol{b}\|^2-(\boldsymbol{a}\cdot\boldsymbol{b})^2}$ と表される

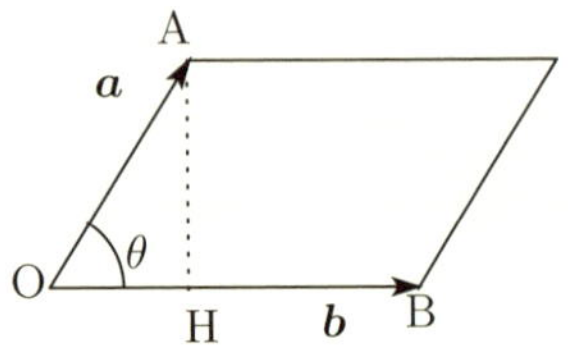

証明　左図の垂線 AH の長さは, $\|\boldsymbol{a}\|\sin\theta$ である.
平行四辺形の面積を S とすると, $S=\|\boldsymbol{a}\|\|\boldsymbol{b}\|\sin\theta$ である.
よって,

$$\begin{aligned} S^2 &= \|\boldsymbol{a}\|^2\|\boldsymbol{b}\|^2\sin^2\theta = \|\boldsymbol{a}\|^2\|\boldsymbol{b}\|^2(1-\cos^2\theta) \\ &= \|\boldsymbol{a}\|^2\|\boldsymbol{b}\|^2-(\boldsymbol{a}\cdot\boldsymbol{b})^2 \end{aligned}$$

□

ベクトルの内積について, 次が成立する. ベクトル $\boldsymbol{a}$ に対して, $\|\boldsymbol{a}\| \geq 0$. さらに, $\|\boldsymbol{a}\|=0$ となるのは, $\boldsymbol{a}$ が零ベクトルのときに限る. ここで**零ベクトル**とは, 成分がすべて 0 のベクトルである.

内積はさらに次の 2 つの不等式をみたす. 証明は, 解説ノート 4.4 を参照して欲しい.

(1) $|\boldsymbol{a}\cdot\boldsymbol{b}| \leq \|\boldsymbol{a}\|\,\|\boldsymbol{b}\|$　　(シュワルツの不等式)

(2) $\|\boldsymbol{a}+\boldsymbol{b}\| \leq \|\boldsymbol{a}\|+\|\boldsymbol{b}\|$　　(三角不等式)

ここで等号成立は, 一方のベクトルが他方のベクトルのスカラー倍のときである.

2 つの 3 次元ベクトルをとると, その両方に直交するベクトルが存在する. そのようなベクトルの 1 つを, 外積を用いて作ることができる.

2 つの 3 次元ベクトル $\boldsymbol{a} = \begin{pmatrix} a_1 \\ a_2 \\ a_3 \end{pmatrix}$ と $\boldsymbol{b} = \begin{pmatrix} b_1 \\ b_2 \\ b_3 \end{pmatrix}$ に対し,

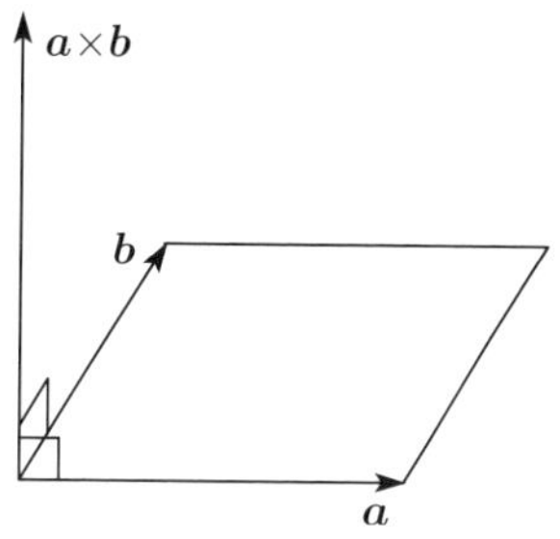

$$\boldsymbol{a} \times \boldsymbol{b} = \begin{pmatrix} a_2b_3 - a_3b_2 \\ a_3b_1 - a_1b_3 \\ a_1b_2 - a_2b_1 \end{pmatrix}$$

で得られるベクトルを, $\boldsymbol{a}$ と $\boldsymbol{b}$ の**外積** (または, 外積ベクトル) といい, $\boldsymbol{a}\times\boldsymbol{b}$ で表す.

外積は 3 次元ベクトル同士の場合にのみ定義されていることに注意して欲しい. また, 外積は内積とは異なり, 数ではなくベクトルを与える.

3 次元ベクトル $\boldsymbol{a}$ と $\boldsymbol{b}$ の外積ベクトル $\boldsymbol{a}\times\boldsymbol{b}$ は次をみたす. $\boldsymbol{a} \perp (\boldsymbol{a}\times\boldsymbol{b})$, $\boldsymbol{b} \perp (\boldsymbol{a}\times\boldsymbol{b})$, また, $\boldsymbol{a}$, $\boldsymbol{b}$, $\boldsymbol{a}\times\boldsymbol{b}$ の順で右手系である. さらに, $\boldsymbol{a}\times\boldsymbol{b}$ の長さ $\|\boldsymbol{a}\times\boldsymbol{b}\|$ は, $\boldsymbol{a}$ と $\boldsymbol{b}$ の張る平行四辺形の面積に等しい. $\boldsymbol{a}$ と $\boldsymbol{b}$ が平行の場合や, $\boldsymbol{a}$ または $\boldsymbol{b}$ が零ベクトルの場合は, $\boldsymbol{a}\times\boldsymbol{b}$ は零ベクトルとなることに注意して欲しい.

上にあげた外積の性質は, 計算で示すことができる. たとえば, $\boldsymbol{a} \perp (\boldsymbol{a}\times\boldsymbol{b})$ と $\boldsymbol{b} \perp (\boldsymbol{a}\times\boldsymbol{b})$ については, 成分表示を用いて, $\boldsymbol{a}\cdot(\boldsymbol{a}\times\boldsymbol{b})$ と $\boldsymbol{b}\cdot(\boldsymbol{a}\times\boldsymbol{b})$ を計算すればよい. また, $\|\boldsymbol{a}\times\boldsymbol{b}\|^2 = \|\boldsymbol{a}\|^2\|\boldsymbol{b}\|^2 - (\boldsymbol{a}\cdot\boldsymbol{b})^2$ についても, 計算で示すことができる.

小テスト:

問題 1: 2 つの 3 次元ベクトル $\boldsymbol{a} = \begin{pmatrix} 2 \\ 3 \\ 1 \end{pmatrix}$, $\boldsymbol{b} = \begin{pmatrix} 1 \\ 0 \\ 1 \end{pmatrix}$ に対し, 次を計算せよ.

(1) $2\boldsymbol{a} + 3\boldsymbol{b}$ (2) $\boldsymbol{a}\cdot\boldsymbol{b}$ (3) $\|\boldsymbol{a}\|$ (4) $\boldsymbol{a}$ と $\boldsymbol{b}$ のなす角を θ とするときの $\cos\theta$
(5) $\boldsymbol{a}$ と $\boldsymbol{b}$ の両方に垂直なベクトル (6) $\boldsymbol{a}$ と $\boldsymbol{b}$ の張る平行四辺形の面積

問題 2: 2 次元ベクトル $\boldsymbol{a} = \begin{pmatrix} a_1 \\ a_2 \end{pmatrix}$, $\boldsymbol{b} = \begin{pmatrix} b_1 \\ b_2 \end{pmatrix}$ の場合に, a と b の張る平行四辺形の面積を計算せよ. また, 3 次元ベクトルについても計算せよ.

第 1 章　一次変換と行列

この章では, ベクトルの集合からベクトルの集合への写像で, 特によい性質をみたす**一次変換**と, その一般化である**線形写像**を導入する. そして, 一次変換や線形写像を表す手段として**行列 (matrix)** を導入し, その性質を調べる.

なお, 以降, この本では, n 次元ベクトルをすべて集めてできる集合を $\mathbb{R}^n$ で表すことにする.

1.1　一次変換

目標 : 一次変換の定義とその性質を理解しよう.

定義 1.1.1 (一次変換) : a, b, c, d を実数の定数とする.
2 次元ベクトル $\begin{pmatrix} x \\ y \end{pmatrix}$ を $\begin{pmatrix} a\,x + b\,y \\ c\,x + d\,y \end{pmatrix}$ にうつすような写像 $f : \mathbb{R}^2 \to \mathbb{R}^2$ を**一次変換**という.

集合 $\mathbb{R}^2$は, 2 次元平面 (座標平面) と自然に同一視できる. したがって, 一次変換は「平面上の点を平面上の点にうつす写像」とみなすこともできる.

例 1.1.2 : $f(\begin{pmatrix} x \\ y \end{pmatrix}) = \begin{pmatrix} x - 3y \\ -2x + y \end{pmatrix}$ をみたす写像 $f : \mathbb{R}^2 \to \mathbb{R}^2$ は一次変換になる. この写像 f によって, たとえば, ベクトル $\begin{pmatrix} 2 \\ -1 \end{pmatrix}$ は $\begin{pmatrix} 2 - 3 \times (-1) \\ -2 \times 2 + (-1) \end{pmatrix} = \begin{pmatrix} 5 \\ -5 \end{pmatrix}$ にうつされる.

練習 1.1.3 : ベクトル $\begin{pmatrix} x \\ y \end{pmatrix}$ をベクトル $\begin{pmatrix} x' \\ y' \end{pmatrix}$ にうつす写像 f_1, f_2, f_3 について, 次の式が成り立っている. このとき, 一次変換はどれか答えなさい.

(1) f_1: $\begin{cases} x' = x + 4y \\ y' = 5x - 2y + 1 \end{cases}$　(2) f_2: $\begin{cases} x' = 3x + y \\ y' = -y \end{cases}$　(3) f_3: $\begin{cases} x' = x^2 + 4y \\ y' = x - y \end{cases}$

例 1.1.4 : ベクトル $\begin{pmatrix} 1 \\ 1 \end{pmatrix}$ を $\begin{pmatrix} 3 \\ -4 \end{pmatrix}$ にうつし, $\begin{pmatrix} 2 \\ 3 \end{pmatrix}$ を $\begin{pmatrix} 5 \\ -2 \end{pmatrix}$ にうつす一次変換を f とする.
f によって, ベクトル $\begin{pmatrix} x \\ y \end{pmatrix}$ が $\begin{pmatrix} ax + by \\ cx + dy \end{pmatrix}$ にうつされるとすると, 条件より, $\begin{pmatrix} a + b \\ c + d \end{pmatrix} = \begin{pmatrix} 3 \\ -4 \end{pmatrix}$, $\begin{pmatrix} 2a + 3b \\ 2c + 3d \end{pmatrix} = \begin{pmatrix} 5 \\ -2 \end{pmatrix}$. これから連立方程式をたてて解くと, $f(\begin{pmatrix} x \\ y \end{pmatrix}) = \begin{pmatrix} 4x - y \\ -10x + 6y \end{pmatrix}$ がわかる.

一次変換は, じつは次のような特別な性質をもつことがわかる.

定理 1.1.5 (一次変換の性質) :

f を一次変換, $\boldsymbol{x}$ と $\boldsymbol{y}$ をベクトル, α と β をスカラーとする.

このとき, $\boxed{f(\alpha\boldsymbol{x}+\beta\boldsymbol{y})=\alpha f(\boldsymbol{x})+\beta f(\boldsymbol{y})}$ が成り立つ.

この性質を**写像の線形性**といい, より一般に, 線形性をもつ写像を**線形写像 (linear map)** という.

線形写像の例として, 一次変換を一般化した次のような写像があげられる.

定理 1.1.6 (線形写像の例 (一次変換の一般化)) :

n 次元ベクトル $\begin{pmatrix} x_1 \\ x_2 \\ \vdots \\ x_n \end{pmatrix}$ を m 次元ベクトル $\begin{pmatrix} a_{11}\,x_1+a_{12}\,x_2+\cdots+a_{1n}\,x_n \\ a_{21}\,x_1+a_{22}\,x_2+\cdots+a_{2n}\,x_n \\ \vdots \\ a_{m1}\,x_1+a_{m2}\,x_2+\cdots+a_{mn}\,x_n \end{pmatrix}$ にうつす

写像 $f:\mathbb{R}^n\to\mathbb{R}^m$ は線形写像である. ただし, $a_{11},a_{12},\cdots,a_{mn}$ は実数の定数.

線形写像については, 第 5 章でより詳しく学習する.

まとめ:

- 2 次元ベクトルをすべて集めてできる集合 $\mathbb{R}^2$ から$\mathbb{R}^2$ 自身への写像で, $\begin{pmatrix} x \\ y \end{pmatrix}$ を $\begin{pmatrix} a\,x+b\,y \\ c\,x+d\,y \end{pmatrix}$ にうつすようなものを**一次変換**という (ただし, a,b,c,d は実数の定数).
- f を一次変換, $\boldsymbol{x}$ と $\boldsymbol{y}$ をベクトル, α と β をスカラーとする. このとき, $f(\alpha\boldsymbol{x}+\beta\boldsymbol{y})=\alpha f(\boldsymbol{x})+\beta f(\boldsymbol{y})$ がいつでも成り立つ. この性質を**写像の線形性**といい, 線形性をもつ写像を**線形写像**という.
- 線形写像の例としては, $\begin{pmatrix} x_1 \\ x_2 \\ \vdots \\ x_n \end{pmatrix}$ を $\begin{pmatrix} a_{11}\,x_1+a_{12}\,x_2+\cdots+a_{1n}\,x_n \\ a_{21}\,x_1+a_{22}\,x_2+\cdots+a_{2n}\,x_n \\ \vdots \\ a_{m1}\,x_1+a_{m2}\,x_2+\cdots+a_{mn}\,x_n \end{pmatrix}$ にうつすような写像があげられる (ただし, $a_{11},a_{12},\cdots,a_{mn}$ は実数).

解説ノート 1.1

集合の記号を用いると, $\mathbb{R}^n$ は $\left\{ \begin{pmatrix} a_1 \\ \vdots \\ a_n \end{pmatrix} \middle| \ a_i \in \mathbb{R} \right\}$ と表される.

ここでは, 一次変換 $f: \mathbb{R}^2 \to \mathbb{R}^2$ の例を考察する.

まず, すべてのベクトルを変えない写像 $f(\begin{pmatrix} x \\ y \end{pmatrix}) = \begin{pmatrix} x \\ y \end{pmatrix}$ は一次変換の例で, **恒等変換**とよばれる.

また, すべてのベクトルを $\begin{pmatrix} 0 \\ 0 \end{pmatrix}$ に送る写像 $f(\begin{pmatrix} x \\ y \end{pmatrix}) = \begin{pmatrix} 0 \\ 0 \end{pmatrix}$ も一次変換となり, **零変換**とよぶ.

$f(\begin{pmatrix} x \\ y \end{pmatrix}) = \begin{pmatrix} ax \\ ay \end{pmatrix}$ は a の値によって, **拡大**, または, **縮小**となる. $f(\begin{pmatrix} x \\ y \end{pmatrix}) = \begin{pmatrix} x \\ -y \end{pmatrix}$ は **x 軸に関する対称変換**となり, $f(\begin{pmatrix} x \\ y \end{pmatrix}) = \begin{pmatrix} -x \\ y \end{pmatrix}$ は **y 軸に関する対称変換**となる. $f(\begin{pmatrix} x \\ y \end{pmatrix}) = \begin{pmatrix} -x \\ -y \end{pmatrix}$ は**原点 $\begin{pmatrix} 0 \\ 0 \end{pmatrix}$ に関する対称変換**となる.

$f(\begin{pmatrix} x \\ y \end{pmatrix}) = \begin{pmatrix} x\cos\theta - y\sin\theta \\ x\sin\theta + y\cos\theta \end{pmatrix}$ は, **原点のまわりの角度 θ の回転**となる. これを確かめてみよう.

まず, 原点と $\begin{pmatrix} x \\ y \end{pmatrix}$ を結んだ線分の長さを r とし, その線分と x 軸との角度を φ とする. このとき, $\begin{pmatrix} x \\ y \end{pmatrix} = \begin{pmatrix} r\cos\varphi \\ r\sin\varphi \end{pmatrix}$ となる. 角度 θ の回転後の座標は $\begin{pmatrix} r\cos(\varphi+\theta) \\ r\sin(\varphi+\theta) \end{pmatrix}$ となる. 後は以下のように計算すればよい.

$$\begin{pmatrix} r\cos(\varphi+\theta) \\ r\sin(\varphi+\theta) \end{pmatrix} = \begin{pmatrix} r(\cos\varphi\cos\theta - \sin\varphi\sin\theta) \\ r(\sin\varphi\cos\theta + \cos\varphi\cos\theta) \end{pmatrix} = \begin{pmatrix} x\cos\theta - y\sin\theta \\ x\sin\theta + y\cos\theta \end{pmatrix}$$

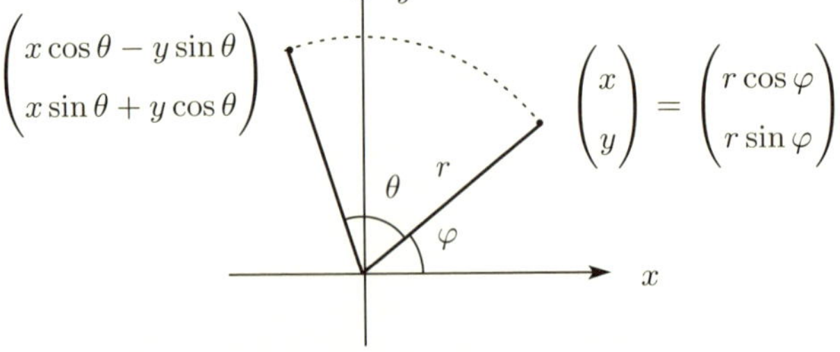

一方で, 平行移動 $f(\begin{pmatrix} x \\ y \end{pmatrix}) = \begin{pmatrix} x+p \\ y+q \end{pmatrix}$ $(p, q \neq 0)$ は, 一次変換とはならないことに注意して欲しい.

それは, 定数項 p, q を含むので定義 1.1.1 をみたさないためである.

これらの例のうち, 恒等変換, 零変換, 拡大, 縮小は, そのまま n 次元の一次変換 $f:\mathbb{R}^n \to \mathbb{R}^n$ に拡張することができる.

線形写像 $f:\mathbb{R}^n \to \mathbb{R}^m$ は, 線形性 (定理 1.1.5) を用いると, n 個の n 次元ベクトル $\begin{pmatrix} 1 \\ 0 \\ \vdots \\ 0 \end{pmatrix}, \begin{pmatrix} 0 \\ 1 \\ \vdots \\ 0 \end{pmatrix}, \cdots, \begin{pmatrix} 0 \\ 0 \\ \vdots \\ 1 \end{pmatrix}$ のうつる先が定まると, 写像全体が決まってしまう. これについては, 解説ノート 5.1 で詳しく扱う.

ここでは, 2 次元の一次変換の場合について説明する. $f(\begin{pmatrix} 1 \\ 0 \end{pmatrix}) = \begin{pmatrix} a \\ c \end{pmatrix}$, $f(\begin{pmatrix} 0 \\ 1 \end{pmatrix}) = \begin{pmatrix} b \\ d \end{pmatrix}$ とするとき, 一般のベクトル $\begin{pmatrix} x \\ y \end{pmatrix}$ のうつる先は, 線形性を用いて次のように計算できる.

$$
\begin{aligned}
f(\begin{pmatrix} x \\ y \end{pmatrix}) &= f(x\begin{pmatrix} 1 \\ 0 \end{pmatrix} + y\begin{pmatrix} 0 \\ 1 \end{pmatrix}) = f(x\begin{pmatrix} 1 \\ 0 \end{pmatrix}) + f(y\begin{pmatrix} 0 \\ 1 \end{pmatrix}) = xf(\begin{pmatrix} 1 \\ 0 \end{pmatrix}) + yf(\begin{pmatrix} 0 \\ 1 \end{pmatrix}) \\
&= x\begin{pmatrix} a \\ c \end{pmatrix} + y\begin{pmatrix} b \\ d \end{pmatrix} = \begin{pmatrix} xa + yb \\ xc + yd \end{pmatrix}
\end{aligned}
$$

小テスト:

問題 1: ベクトル $\begin{pmatrix} 1 \\ 0 \end{pmatrix}$ を $\begin{pmatrix} 1 \\ 2 \end{pmatrix}$ にうつし, $\begin{pmatrix} 0 \\ 1 \end{pmatrix}$ を $\begin{pmatrix} 3 \\ 4 \end{pmatrix}$ にうつす一次変換を求めよ.

問題 2: ベクトル $\begin{pmatrix} -1 \\ 1 \end{pmatrix}$ を $\begin{pmatrix} -1 \\ 1 \end{pmatrix}$ にうつし, $\begin{pmatrix} 1 \\ 2 \end{pmatrix}$ を $\begin{pmatrix} 4 \\ 5 \end{pmatrix}$ にうつす一次変換を求めよ.

問題 3: 原点のまわりの角度 θ の回転で, ベクトルのノルムは変わらない. このことを, 計算により確かめよ.

問題 4: x 軸に関する対称変換を行った後に, y 軸に関する対称変換を行う写像が, 一次変換となることを示せ.

1.2 行列とは

この節では, 一次変換を表す手段として「行列」を導入する.

目標 : 行列を定義し, それによって一次変換や線形写像を表そう.
写像の演算に対応して, 行列の演算 (和, スカラー倍) を導入し, その性質を調べよう.

前の節で, 線形写像の例としてとりあげた $\mathbb{R}^n$ から $\mathbb{R}^m$ への写像 f を思い出そう. 写像 f は,

n 次元ベクトル $\begin{pmatrix} x_1 \\ x_2 \\ \vdots \\ x_n \end{pmatrix}$ を m 次元ベクトル $\begin{pmatrix} a_{11}\,x_1 + a_{12}\,x_2 + \cdots + a_{1n}\,x_n \\ a_{21}\,x_1 + a_{22}\,x_2 + \cdots + a_{2n}\,x_n \\ \vdots \\ a_{m1}\,x_1 + a_{m2}\,x_2 + \cdots + a_{mn}\,x_n \end{pmatrix}$ にうつした

(ただし, $a_{11}, a_{12}, \cdots, a_{mn}$ は実数の定数).

この写像を, 行き先のベクトルの各成分の係数を**縦横に並べて表す**ことを考える.

定義 1.2.1 (行列 (matrix)) :
数字 (または文字) を縦横に長方形に並べて括弧でくくったもの, たとえば,

$$\begin{pmatrix} a_{11} & a_{12} & \cdots & a_{1n} \\ a_{21} & a_{22} & \cdots & a_{2n} \\ \vdots & \vdots & \ddots & \vdots \\ a_{m1} & a_{m2} & \cdots & a_{mn} \end{pmatrix}$$

を **行列** (matrix) という.

- 行列に含まれている数 (または文字) を, その行列の**成分** (element) という.
  とくに, 上から i 番目, 左から j 番目に現われている成分を (i, j) **成分**という.
- 行列の横方向に一列に並んだ成分をまとめて**行** (row) といい, 縦方向に一列に並んだ成分をまとめて**列** (column) という.
- 行の数が m で, 列の数が n の行列を m **行** n **列の行列** (または, $m \times n$ 行列) という.

一次変換や, より一般の線形写像に対するこのような行列を, その写像の**表現行列**という.
また, n 次元ベクトルを n 行 1 列の行列とみなすこともできることに注意しよう.

練習 1.2.2 : 行列 $\begin{pmatrix} 5 & -2 & 1 \\ 0 & 4 & 3 \end{pmatrix}$ を A とする.

(1) A は何行何列の行列ですか.

(2) A の $(2, 3)$ 成分を書きなさい.

写像 $f:\mathbb{R}^n \to \mathbb{R}^m$ と実数の定数 c に対して, n 次元ベクトル $\boldsymbol{x}$ を, m 次元ベクトル $c\,f(\boldsymbol{x})$ にうつす写像を, **写像 f の c 倍**ということにしよう.

また, 2 つの写像 $f:\mathbb{R}^n \to \mathbb{R}^m$ と $g:\mathbb{R}^n \to \mathbb{R}^m$ に対して, n 次元ベクトル $\boldsymbol{x}$ を, m 次元ベクトル $f(\boldsymbol{x})+g(\boldsymbol{x})$ にうつす写像を, **写像 f と g の和**ということにしよう.

すると, これにあわせて, 行列のスカラー倍と和を, 次のように定義することが自然だと思われる.

定義 1.2.3 (行列のスカラー倍と和) : c を実数の定数として, m 行 n 列の行列

$$A=\begin{pmatrix} a_{11} & \cdots & a_{1n} \\ \vdots & \ddots & \vdots \\ a_{m1} & \cdots & a_{mn} \end{pmatrix}$$ に対して, **A の c 倍** の行列 cA を $$\begin{pmatrix} c\,a_{11} & \cdots & c\,a_{1n} \\ \vdots & \ddots & \vdots \\ c\,a_{m1} & \cdots & c\,a_{mn} \end{pmatrix}$$ と定義する.

また, 2 つの m 行 n 列の行列 $A=\begin{pmatrix} a_{11} & \cdots & a_{1n} \\ \vdots & \ddots & \vdots \\ a_{m1} & \cdots & a_{mn} \end{pmatrix}$ と $B=\begin{pmatrix} b_{11} & \cdots & b_{1n} \\ \vdots & \ddots & \vdots \\ b_{m1} & \cdots & b_{mn} \end{pmatrix}$ に対して,

行列 A と B の **和** $A+B$ を $$\begin{pmatrix} a_{11}+b_{11} & \cdots & a_{1n}+b_{1n} \\ \vdots & \ddots & \vdots \\ a_{m1}+b_{m1} & \cdots & a_{mn}+b_{mn} \end{pmatrix}$$ と定義する.

注意: 行列の和が計算できるのは, 行の数同士と列の数同士がそれぞれ等しいときだけである.

練習 1.2.4 : $A=\begin{pmatrix} 1 & -2 \\ 0 & 4 \end{pmatrix}, B=\begin{pmatrix} -2 & 0 \\ 6 & -1 \end{pmatrix}$ とするとき, 次を計算しなさい.

(1) $3A+B$　　(2) $-A-2B$

まとめ: 数字 (または文字) を縦横に並べて括弧でくくったものを, **行列** (matrix) という.

- 行列に含まれている数 (または文字) を, その行列の**成分** (element) という.
  とくに, 上から i 番目, 左から j 番目にあらわれている成分を (i,j) **成分**という.
  行列の横方向に一列に並んだ成分を**行** (row) といい, 縦方向に一列に並んだ成分を**列** (column) という. 行の数が m で, 列の数が n の行列を **m 行 n 列の行列**という.
- 行列を定数倍するとは, 各成分を定数倍することと定義する. また, 2 つの行列の和とは, 対応する各成分同士の和から得られる行列のことと定義する. ただし, 行列の和が計算できるのは, 行の数同士と列の数同士がそれぞれ等しいときだけである.

解説ノート 1.2

行列 $A = \begin{pmatrix} a_{11} & \cdots & a_{1m} \\ \vdots & \ddots & \vdots \\ a_{n1} & \cdots & a_{nm} \end{pmatrix}$ を簡単に, $A = (a_{ij})$ と書く. これは, (i,j) 成分が a_{ij} で表されている, という意味である. 誤解を招きやすい表記ではあるが, 便利なので用いることにする.

まず, 行列に関していくつか定義を行う. 成分がすべて 0 である行列を**零行列**といい, O で表す.

$$O = \begin{pmatrix} 0 & \cdots & 0 \\ \vdots & \ddots & \vdots \\ 0 & \cdots & 0 \end{pmatrix}$$

m 行 n 列であることを明示したい場合には, 零行列を O_{mn} と書く.

行の数と列の数が等しい行列を**正方行列**という. 特に, n 行 n 列行列を n **次正方行列**や n **次行列**という. n 次行列について, n 個の対角線上の成分 $a_{11}, a_{22}, \cdots, a_{nn}$ を**対角成分**という. n 次行列で, 対角成分がすべて 1 であり, それ以外がすべて 0 である行列を**単位行列**とよび, I を用いて表す.

$$I = \begin{pmatrix} 1 & 0 & \cdots & 0 \\ 0 & 1 & \cdots & 0 \\ \vdots & \vdots & \ddots & \vdots \\ 0 & 0 & \cdots & 1 \end{pmatrix}$$

である. n 次行列であることを明示したい場合には, I_n と書くことにする. I_n がなぜ単位行列とよばれるかは, 次の節の行列の積のところで明らかになる. 単位行列を成分を用いて表す際には, **クロネッカーのデルタ** δ_{ij} という記号が使われ, $I = (\delta_{ij})$ と表記される. ここで, クロネッカーのデルタとは

$$\delta_{ij} = \begin{cases} 1 & (i = j) \\ 0 & (i \neq j) \end{cases}$$

という記号である. 単位行列のスカラー倍 cI は**スカラー行列**とよばれる. また, 対角成分以外がすべて 0 である正方行列を**対角行列**という. 零行列, 単位行列, スカラー行列や $\begin{pmatrix} 2 & 0 \\ 0 & 1 \end{pmatrix}$ などは, 対角行列の例である. 対角行列の対角成分は, 0 であってもよいことに注意して欲しい.

一次変換 $f : \mathbb{R}^2 \to \mathbb{R}^2$ の場合について, 表現行列をあげてみる. まず, 恒等変換 $f(\begin{pmatrix} x \\ y \end{pmatrix}) = \begin{pmatrix} x \\ y \end{pmatrix}$ の表現行列は単位行列 $\begin{pmatrix} 1 & 0 \\ 0 & 1 \end{pmatrix}$ となる. 零変換 $f(\begin{pmatrix} x \\ y \end{pmatrix}) = \begin{pmatrix} 0 \\ 0 \end{pmatrix}$ の表現行列は零行列 $\begin{pmatrix} 0 & 0 \\ 0 & 0 \end{pmatrix}$ となる. 拡大, 縮小にはスカラー行列が対応する.

2 つの行列 $A = (a_{ij})$ と $B = (b_{ij})$ を考える. A と B が同じ m 行 n 列の行列で, さらに, 各成分が

すべて等しいとき, **行列 A と B は等しい**という. つまり $1 \leq i \leq m$, $1 \leq j \leq n$ をみたすすべての自然数 i と j について $a_{ij} = b_{ij}$ が成立するときとする. このとき $A = B$ と書く. 表現行列が等しいとき, 線形写像も等しくなることに注意して欲しい.

行列の和とスカラー倍について, 次の性質が成り立つ. ただし, 行列 A, B, C と零行列 O は同じ行の数と列の数を持つとし, 和の計算ができるものとする. また, c, d は実数とする.

(1) $A + B = B + A$ (和の交換法則)　(2) $(A + B) + C = A + (B + C)$ (和の結合法則)

(3) $A + O = O + A = A$　(4) $A - A = O$　(5) $c(A + B) = cA + cB$

(6) $(c + d)A = cA + dA$　(7) $(cd)A = c(dA)$　(8) $1A = A$, $0A = O$

これらの証明は, 成分計算を用いて行う. つまり, ある m と n に対し, 両辺が m 行 n 列の行列であり, さらにその成分がすべて等しいことを示せばよい. 両辺の行列が同じ数の行と列をもつことは, 和とスカラー倍で行と列の数が変わらないことから従う. 各成分が一致することは, たとえば, (1) を考えると, $A + B$ の (i, j) 成分は $a_{ij} + b_{ij}$ であり, $B + A$ の (i, j) 成分は $b_{ij} + a_{ij}$ となることから得られる. 他の証明も同様である.

(3), (4) の性質により, 零行列は数の和の場合の 0 に対応する性質を持つことがわかる.

小テスト:

<u>**問題 1**</u>: 一次変換 $f(\begin{pmatrix} x \\ y \end{pmatrix}) = \begin{pmatrix} x + 2y \\ 3x + 4y \end{pmatrix}$ の表現行列を書け.

<u>**問題 2**</u>: 一次変換 $f : \mathbb{R}^2 \to \mathbb{R}^2$ について, x 軸に関する対称変換と y 軸に関する対称変換の表現行列をそれぞれ求めよ.

<u>**問題 3**</u>: $A = \begin{pmatrix} 1 & 4 & -2 \\ -1 & 0 & 3 \\ 2 & -1 & 1 \end{pmatrix}$, $B = \begin{pmatrix} -2 & 0 & 1 \\ 1 & 5 & -2 \\ 1 & 4 & 1 \end{pmatrix}$ とする.

(1) A の $(3, 2)$ 成分の値を書け.

(2) $A + 3B$ を求めよ.

<u>**問題 4**</u>: 3 行 4 列の行列 $A = (a_{ij})$ で, $a_{ij} = i - j$ となるものを表せ.

1.3 行列の演算

目標 : 一次変換の合成写像に対応するように, 行列の積を導入し, その性質を調べよう.

表現行列が $A = \begin{pmatrix} a_{11} & a_{12} \\ a_{21} & a_{22} \end{pmatrix}$ の一次変換 f と, 表現行列が $B = \begin{pmatrix} b_{11} & b_{12} \\ b_{21} & b_{22} \end{pmatrix}$ の一次変換 g との合成写像 $g \circ f$ を考える (定義 0.2.6 を参照). この写像 $g \circ f$ による, ベクトル $\begin{pmatrix} x \\ y \end{pmatrix}$ の像は,

$$g \circ f(\begin{pmatrix} x \\ y \end{pmatrix}) = g(f(\begin{pmatrix} x \\ y \end{pmatrix})) = g(\begin{pmatrix} a_{11}\,x + a_{12}\,y \\ a_{21}\,x + a_{22}\,y \end{pmatrix}) = \begin{pmatrix} b_{11}(a_{11}\,x + a_{12}\,y) + b_{12}(a_{21}\,x + a_{22}\,y) \\ b_{21}(a_{11}\,x + a_{12}\,y) + b_{22}(a_{21}\,x + a_{22}\,y) \end{pmatrix}$$
$$= \begin{pmatrix} (b_{11}\,a_{11} + b_{12}\,a_{21})x + (b_{11}\,a_{12} + b_{12}\,a_{22})y \\ (b_{21}\,a_{11} + b_{22}\,a_{21})x + (b_{21}\,a_{12} + b_{22}\,a_{22})y \end{pmatrix}$$

となる. したがって, 写像 $g \circ f$ も一次変換になることがわかる.

この一次変換 $g \circ f$ の表現行列 $\begin{pmatrix} b_{11}\,a_{11} + b_{12}\,a_{21} & b_{11}\,a_{12} + b_{12}\,a_{22} \\ b_{21}\,a_{11} + b_{22}\,a_{21} & b_{21}\,a_{12} + b_{22}\,a_{22} \end{pmatrix}$ と, g と f の表現行列を見比べ, 行列の積を次のように定義しよう.

定義 1.3.1 (行列の積) : 2 つの行列 $B = \begin{pmatrix} b_{11} & b_{12} \\ b_{21} & b_{22} \end{pmatrix}$ と $A = \begin{pmatrix} a_{11} & a_{12} \\ a_{21} & a_{22} \end{pmatrix}$ の積 BA を,

$$BA = \begin{pmatrix} b_{11} & b_{12} \\ b_{21} & b_{22} \end{pmatrix} \begin{pmatrix} a_{11} & a_{12} \\ a_{21} & a_{22} \end{pmatrix} = \begin{pmatrix} b_{11}\,a_{11} + b_{12}\,a_{21} & b_{11}\,a_{12} + b_{12}\,a_{22} \\ b_{21}\,a_{11} + b_{22}\,a_{21} & b_{21}\,a_{12} + b_{22}\,a_{22} \end{pmatrix}$$ と定義する.

さらに, 定理 1.1.6 で考えた線形写像を考えると, より一般の行列の積が, 次のように定義される.

定義 1.3.2 (行列の積) :

ℓ 行 m 列の行列 $B = \begin{pmatrix} b_{11} & \cdots & b_{1m} \\ \vdots & \ddots & \vdots \\ b_{\ell 1} & \cdots & b_{\ell m} \end{pmatrix}$ と m 行 n 列の行列 $A = \begin{pmatrix} a_{11} & \cdots & a_{1n} \\ \vdots & \ddots & \vdots \\ a_{m1} & \cdots & a_{mn} \end{pmatrix}$ に対し,

$x_{ij} = a_{i1}b_{1j} + a_{i2}b_{2j} + \cdots + a_{im}b_{mj}$ としたとき, $\begin{pmatrix} x_{11} & \cdots & x_{1n} \\ \vdots & \ddots & \vdots \\ x_{\ell 1} & \cdots & x_{\ell n} \end{pmatrix}$ で定まる行列を,

行列 B と A の積 BA と定義する.

練習 1.3.3 : 行列の積 $\begin{pmatrix}1 & 2\\3 & 4\end{pmatrix}\begin{pmatrix}5 & 6\\7 & 8\end{pmatrix}$ を計算しなさい. また, $\begin{pmatrix}5 & 6\\7 & 8\end{pmatrix}\begin{pmatrix}1 & 2\\3 & 4\end{pmatrix}$ を計算しなさい.

注意 :
- 一般には, 行列 A と B の**積** AB **と積** BA **は一致しない** (一致する場合もある).
- 積 BA が計算できるのは「B **の列の数と** A **の行の数が一致している場合**」のみ.
- ℓ 行 m 列の行列と m 行 n 列の行列の積は, ℓ 行 n 列の行列になる.

行列の演算に関して, 数の場合と同様に, 以下が成り立つ (ただし積や和はそれぞれ計算可能とする).

定理 1.3.4 (分配法則) : A, B, C, P, Q, R を行列とし, c をスカラーとするとき,
$c(A+B) = cA + cB,\quad A(B+C) = AB + AC,\quad (P+Q)R = PR + QR$ が成り立つ.

定理 1.3.5 (結合法則) : A, B, X, Y, Z を行列とし, c をスカラーとするとき,
$c(AB) = (cA)B = A(cB)$, および, $(XY)Z = X(YZ)$ が成り立つ.

練習 1.3.6 : $(-3\ \ 2)\left(2\begin{pmatrix}1 & 4\\-1 & 0\end{pmatrix} - \begin{pmatrix}0 & -1\\1 & 0\end{pmatrix}\right)\begin{pmatrix}4\\0\end{pmatrix}$ を計算しなさい.

まとめ:

- $B = \begin{pmatrix}b_{11} & \cdots & b_{1m}\\ \vdots & \ddots & \vdots\\ b_{\ell 1} & \cdots & b_{\ell m}\end{pmatrix}$ と $A = \begin{pmatrix}a_{11} & \cdots & a_{1n}\\ \vdots & \ddots & \vdots\\ a_{m1} & \cdots & a_{mn}\end{pmatrix}$ の積は $BA = \begin{pmatrix}x_{11} & \cdots & x_{1n}\\ \vdots & \ddots & \vdots\\ x_{\ell 1} & \cdots & x_{\ell n}\end{pmatrix}$.

  ここで, $x_{ij} = a_{i1}b_{1j} + a_{i2}b_{2j} + \cdots + a_{im}b_{mj}$.

  とくに, $\begin{pmatrix}b_{11} & b_{12}\\b_{21} & b_{22}\end{pmatrix}\begin{pmatrix}a_{11} & a_{12}\\a_{21} & a_{22}\end{pmatrix} = \begin{pmatrix}b_{11}\,a_{11} + b_{12}\,a_{21} & b_{11}\,a_{12} + b_{12}\,a_{22}\\ b_{21}\,a_{11} + b_{22}\,a_{21} & b_{21}\,a_{12} + b_{22}\,a_{22}\end{pmatrix}$.

-
  - 2 つの行列 A と B について, 一般には, $AB \neq BA$.
  - 積 BA が定義できるのは, B の列の数と A の行の数が一致している場合のみ.
  - ℓ 行 m 列の行列と m 行 n 列の行列の積は, ℓ 行 n 列の行列になる.

- $A, B, C, P, Q, R, X, Y, Z$ をそれぞれ行列, c をスカラーとするとき, 次が成り立つ:

  $c(A+B) = cA + cB,\quad A(B+C) = AB + AC,\quad (P+Q)R = PR + QR,$

  $c(AB) = (cA)B = A(cB),\qquad (XY)Z = X(YZ)$

  ただし, 積や和はそれぞれ計算可能とする.

解説ノート 1.3

積の計算をもう一度復習すると, B の i 行 $\begin{pmatrix} b_{i1} & \cdots & b_{im} \end{pmatrix}$ と, A の j 列 $= \begin{pmatrix} a_{1j} \\ \vdots \\ a_{mj} \end{pmatrix}$ を用いて, 積 $X = BA$ の (i,j) 成分 $\begin{pmatrix} & \vdots & \\ \cdots & x_{ij} & \cdots \\ & \vdots & \end{pmatrix}$ が定まるのであった. B の i 行も A の j 列もそれぞれ m 個の数を含むので, 積の定義ができていることに注意してほしい.

また, ℓ 行 m 列の行列と m 行 n 列の行列の積で ℓ 行 n 列の行列が得られるが, これは写像の言葉でみると, $\mathbb{R}^n$ から $\mathbb{R}^m$ への写像と $\mathbb{R}^m$ から $\mathbb{R}^\ell$ への写像の合成で $\mathbb{R}^n$ から $\mathbb{R}^\ell$ への写像が得られていることに注意して欲しい.

単位行列 I と零行列 O は, 行列の積に関して数字の 1 と 0 と同じような性質をもつ. つまり, m 行 n 列の行列 A に対し, 以下が成り立つ. 最後の式の左辺は A の 0 倍を表す.

$$AI_n = I_m A = A, \quad AO_{np} = O_{mp}, \quad O_{\ell m}A = O_{\ell n}, \quad 0A = O_{mn}$$

$\mathbb{R}^2$ の原点のまわりの回転の一次変換の合成を例にとり, 表現行列 2 つの積で得られる行列が, 合成写像の行列に対応していることを確かめよう. まず, 角度 θ の回転の表現行列は, 解説ノート 1.1 の計算により, $\begin{pmatrix} \cos\theta & -\sin\theta \\ \sin\theta & \cos\theta \end{pmatrix}$ である. いま, 角度 θ の回転と角度 τ の回転を考える. これらの一次変換の合成は, 角度 $\theta+\tau$ の回転となり, その表現行列は, $\begin{pmatrix} \cos(\theta+\tau) & -\sin(\theta+\tau) \\ \sin(\theta+\tau) & \cos(\theta+\tau) \end{pmatrix}$ となるはずである. 角度 $\theta+\tau$ の回転を角度 θ の回転と角度 τ の回転の合成とみると, その表現行列は三角関数の加法定理を用いて,

$$\begin{aligned}\begin{pmatrix} \cos\tau & -\sin\tau \\ \sin\tau & \cos\tau \end{pmatrix}\begin{pmatrix} \cos\theta & -\sin\theta \\ \sin\theta & \cos\theta \end{pmatrix} &= \begin{pmatrix} \cos\theta\cos\tau - \sin\theta\sin\tau & -\sin\theta\cos\tau - \cos\theta\sin\tau \\ \cos\theta\sin\tau + \sin\theta\cos\tau & -\sin\theta\sin\tau + \cos\theta\cos\tau \end{pmatrix} \\ &= \begin{pmatrix} \cos(\theta+\tau) & -\sin(\theta+\tau) \\ \sin(\theta+\tau) & \cos(\theta+\tau) \end{pmatrix}\end{aligned}$$

となり, 表現行列の積が合成写像の表現行列に対応することがわかった.

定理 1.3.4 と 1.3.5 の証明は, 行列を成分を用いて表し, 両辺の行と列の数と各成分が等しいことを示せばよい. ここでは結合法則 $\underline{(XY)Z = X(YZ)}$ の証明を与える.

証明　$X = (x_{ij})$ を ℓ 行 m 列の行列, $Y = (y_{ij})$ を m 行 n 列の行列, $Z = (z_{ij})$ を n 行 p 列の行列とする. 積の定義より, XY は ℓ 行 n 列の行列であり, $(XY)Z$ は ℓ 行 p 列の行列となる. 一方, YZ は m 行 p 列の行列であるので, $X(YZ)$ は ℓ 行 p 列の行列となる. よって, $(XY)Z$ と $X(YZ)$ の行

と列の数は一致した.

次に, 各成分が一致することを示す. そのため, $(XY)Z$ と $X(YZ)$ の (i,k) 成分を計算する. XY の (i,j) 成分は, $\sum_{s=1}^{m} x_{is}y_{sj}$. $(XY)Z$ の (i,k) 成分は, $\sum_{j=1}^{n}(\sum_{s=1}^{m} x_{is}y_{sj})z_{jk} = \sum_{j=1}^{n}\sum_{s=1}^{m} x_{is}y_{sj}z_{jk}$. 一方, YZ の (s,k) 成分は, $\sum_{j=1}^{n} y_{sj}z_{jk}$. $X(YZ)$ の (i,k) 成分は, $\sum_{s=1}^{m} x_{is}(\sum_{j=1}^{n} y_{sj}z_{jk}) = \sum_{s=1}^{m}\sum_{j=1}^{n} x_{is}y_{sj}z_{jk}$ となる. ここで, 和は $1 \leq s \leq m$, $1 \leq j \leq n$ をみたす s と j すべてにわたって計算したものであり, 和の順序を変えても良いので, それぞれが等しいことがわかる. □

A を正方行列とすると, A と A の積を考えることができる. A と A の積を A^2 と書く. n を自然数とするとき, 同じように, A を n 回かけたものを A^n と書き, A の n **乗**という.

m 行 n 列の行列 $A = (a_{ji})$ に対して, n 行 m 列の行列で, (i,j) 成分が a_{ij} となるものを考える. この行列を ${}^tA$ で表し, A の**転置行列**という. たとえば, $A = \begin{pmatrix} 1 & 2 & 3 \\ 4 & 5 & 6 \end{pmatrix}$ に対し, ${}^tA = \begin{pmatrix} 1 & 4 \\ 2 & 5 \\ 3 & 6 \end{pmatrix}$ となる. 転置に関しては, 次の性質がある. (3) の証明も, 両辺を成分を用いて計算することで得られる.

(1) ${}^t({}^tA) = A$, (2) ${}^t(A+B) = {}^tA + {}^tB$, (3) ${}^t(AB) = {}^tB\,{}^tA$, (4) ${}^t(cA) = c\,{}^tA$

小テスト:

問題 1: 次の行列の積を求めよ.

(1) $\begin{pmatrix} 3 & -1 & 4 \\ 1 & 2 & -4 \end{pmatrix}\begin{pmatrix} 1 \\ -1 \\ 2 \end{pmatrix}$ (2) $\begin{pmatrix} 1 & 2 & 3 \\ 4 & -2 & 1 \end{pmatrix}\begin{pmatrix} 2 & -1 & 3 \\ -1 & 1 & 0 \\ 2 & 0 & 3 \end{pmatrix}$

問題 2: A を 2 行 2 列の行列とするとき, $AI_2 = I_2A = A$ を示せ.

問題 3: 分配法則 $A(B+C) = AB + AC$ を示せ.

問題 4: 3 次行列 $A = \begin{pmatrix} 1 & 2 & 3 \\ 4 & 5 & 6 \\ 7 & 8 & 9 \end{pmatrix}$ に対し, 転置行列 ${}^tA$ を書け.

問題 5: $\mathbb{R}^2$ の原点のまわりの角度 θ の回転を n 回合成した一次変換の表現行列は, $\begin{pmatrix} \cos n\theta & -\sin n\theta \\ \sin n\theta & \cos n\theta \end{pmatrix}$ となることを示せ.

第 2 章　連立一次方程式と行列

表現行列が $A = \begin{pmatrix} a & b \\ c & d \end{pmatrix}$ の一次変換を f とする. この f によるベクトル $\boldsymbol{u} = \begin{pmatrix} x \\ y \end{pmatrix}$ の像 $\boldsymbol{v}$ は, 行列の積を使うと, $\boldsymbol{v} = f(\boldsymbol{u}) = \begin{pmatrix} ax+by \\ cx+dy \end{pmatrix} = \begin{pmatrix} a & b \\ c & d \end{pmatrix}\begin{pmatrix} x \\ y \end{pmatrix} = A\boldsymbol{u}$ として求めることができる.

それでは逆に, ベクトル $\boldsymbol{v}$ が与えられたとき, $f(\boldsymbol{u}) = \boldsymbol{v}$ となるベクトル $\boldsymbol{u}$ を求めるにはどうしたら良いだろうか?

これはつまり, $\boldsymbol{v} = \begin{pmatrix} p \\ q \end{pmatrix}$ に対して, 式 $\begin{pmatrix} a & b \\ c & d \end{pmatrix}\begin{pmatrix} x \\ y \end{pmatrix} = \begin{pmatrix} p \\ q \end{pmatrix}$ を満たす実数の組 (x, y) を求める, つまり, $\begin{cases} ax+by=p \\ cx+dy=q \end{cases}$ という **連立一次方程式を解く** ことに他ならない.

この章では, 行列を利用した, 連立一次方程式の一般的な解法と解の判定法を紹介する.

2.1　拡大係数行列と行基本変形

目標 : 拡大係数行列と行基本変形の関係を理解しよう.

まず連立一次方程式を, 次のようにして行列で表す.

定義 2.1.1 (連立方程式と拡大係数行列) :

n 元連立一次方程式 $\begin{cases} a_{11}\,x_1 + a_{12}\,x_2 + \cdots + a_{1n}\,x_n = b_1 \\ \qquad\vdots \\ a_{m1}\,x_1 + a_{m2}\,x_2 + \cdots + a_{mn}\,x_n = b_m \end{cases}$ に対して, その係数をならべて

得られる m 行 $(n+1)$ 列の行列 $\begin{pmatrix} a_{11} & a_{12} & \cdots & a_{1n} & b_1 \\ a_{21} & a_{22} & \cdots & a_{2n} & b_2 \\ \vdots & \vdots & \ddots & \vdots & \vdots \\ a_{m1} & a_{m2} & \cdots & a_{mn} & b_m \end{pmatrix}$ を**拡大係数行列**とよぶ.

この拡大係数行列に関して, これまでに学んだ連立方程式の解法から, 次のことがわかる.

定理 2.1.2 (連立方程式と行基本変形) :

連立方程式の拡大係数行列 B から, 以下の変形を行って得られた行列を B' とする.
このとき, B' を拡大係数行列とする連立方程式の解と, もとの連立方程式の解は一致する.

(1) 第 i 行に 0 でない定数 c をかける.　　(ⓘ×c と表す)

(2) 第 i 行に第 j 行の定数 c 倍を加える　　(ⓘ + ⓙ × c と表す)

(3) 第 i 行と第 j 行を入れ換える　　(ⓘ ↔ ⓙ と表す)

この 3 種類の「行列を変形する操作」を**行基本変形**という.

例 2.1.3 : 連立方程式 $\begin{cases} x-2y=3 \\ x-3y=-1 \end{cases}$ の拡大係数行列 $\begin{pmatrix} 1 & -2 & 3 \\ 1 & -3 & -1 \end{pmatrix}$ を行基本変形で変形する.

$$\begin{pmatrix} 1 & -2 & 3 \\ 1 & -3 & -1 \end{pmatrix} \xrightarrow{②+①\times(-1)} \begin{pmatrix} 1 & -2 & 3 \\ 0 & -1 & -4 \end{pmatrix} \xrightarrow{②\times(-1)} \begin{pmatrix} 1 & -2 & 3 \\ 0 & 1 & 4 \end{pmatrix} \xrightarrow{①+②\times 2} \begin{pmatrix} 1 & 0 & 11 \\ 0 & 1 & 4 \end{pmatrix}$$

対応する連立方程式を考えると $\begin{cases} x=11 \\ y=4 \end{cases}$ これがもとの連立方程式の解である.

ここで, 次のような**機械的に行基本変形を行う手順**があるので紹介する.

定義 2.1.4 (はきだし法) : 与えられた行列 B に対し, $k=1$, $\ell=1$ からはじめて, 次のように行基本変形を繰り返し行う手順を**はきだし法**という.

> 行列 B の (k,ℓ) 成分 $b_{k\ell}$ をみて, 次のいずれかを行う.
>
> (1) $b_{k\ell}\neq 0$ のとき: 第 k 行全体を $b_{k\ell}$ でわる. 次に第 k 行以外の第 ℓ 列の成分がすべて 0 になるように, 第 k 行に適当な数をかけたものを他の行に加える. その後, $(k+1,\ell+1)$ 成分をみる.
>
> (2) $b_{k\ell}=0$ のとき: $b_{k'\ell}\neq 0$ となる k'（ただし $k<k'\leq n$）を探し, 第 k' 行と第 k 行を入れ換える. その後で (1) に戻る. もしそのような k' がなければ $(k,\ell+1)$ 成分をみる.

実は, 拡大係数行列をはきだし法で変形することによって, 連立一次方程式を解くことができる. 解法の詳細は, 次の節で説明しよう.

まとめ:

- m 個の式からなる n 元連立一次方程式に対して, その係数をならべて得られる m 行 $(n+1)$ 列の行列を**拡大係数行列**とよぶ.
- 連立方程式の拡大係数行列 B から, 以下の変形を行って得られた行列を B' とする. このとき, B' を拡大係数行列とする連立方程式の解と, もとの連立方程式の解は一致.

  (1) 第 i 行に 0 でない定数 c をかける.
  (2) 第 i 行に第 j 行の定数 c 倍を加える.
  (3) 第 i 行と第 j 行を入れ替える.

  この三種類の「行列を変形する操作」を**行基本変形**という.
- 与えられた行列に対して, 行基本変形を順番に繰り返し行う, **はきだし法**とよばれる手順がある.

解説ノート 2.1

定義 2.1.1 の連立一次方程式に現れる文字 $x_1, \cdots, x_n$ を**未知数**とよぶ.

拡大係数行列の行基本変形が元の連立方程式の変形に対応していることを, 例 2.1.3 を使って確かめよう. 対応する連立方程式の変形は, 次のようになる.

$$\begin{cases} x-2y=3 \\ x-3y=-1 \end{cases} \xrightarrow{②+① \times(-1)} \begin{cases} x-2y=3 \\ -y=-4 \end{cases} \xrightarrow{② \times(-1)} \begin{cases} x-2y=3 \\ y=4 \end{cases} \xrightarrow{①+②\times 2} \begin{cases} x=11 \\ y=4 \end{cases}$$

定義 2.1.4 のはきだし法で連立方程式を解いてみよう. はきだし法を第 k 列に行うことを, **第 k 列をはきだす**という.

連立一次方程式 $\begin{cases} x+2y+3z=6 \\ 2x+3y+4z=8 \\ 2x+y+z=3 \end{cases}$ の拡大係数行列は $\begin{pmatrix} 1 & 2 & 3 & 6 \\ 2 & 3 & 4 & 8 \\ 2 & 1 & 1 & 3 \end{pmatrix}$ である. この連立一次方程式を解いてみよう. 拡大係数行列に次のように行基本変形を行う.

$$\begin{pmatrix} 1 & 2 & 3 & 6 \\ 2 & 3 & 4 & 8 \\ 2 & 1 & 1 & 3 \end{pmatrix} \xrightarrow[③+①\times(-2)]{②+①\times(-2)} \begin{pmatrix} 1 & 2 & 3 & 6 \\ 0 & -1 & -2 & -4 \\ 0 & -3 & -5 & -9 \end{pmatrix} \xrightarrow{②\times(-1)} \begin{pmatrix} 1 & 2 & 3 & 6 \\ 0 & 1 & 2 & 4 \\ 0 & -3 & -5 & -9 \end{pmatrix} \xrightarrow[③+②\times 3]{①+②\times(-2)}$$

$$\begin{pmatrix} 1 & 0 & -1 & -2 \\ 0 & 1 & 2 & 4 \\ 0 & 0 & 1 & 3 \end{pmatrix} \xrightarrow[②+③\times(-2)]{①+③} \begin{pmatrix} 1 & 0 & 0 & 1 \\ 0 & 1 & 0 & -2 \\ 0 & 0 & 1 & 3 \end{pmatrix}.$$

よって解は $\begin{cases} x=1 \\ y=-2 \\ z=3 \end{cases}$ となる.

変形は次の方針で行っている. まず, 第 1 列をはきだす. つまり $(1,1)$ 成分を 1 とし, それ以外の成分を 0 とする. 次に第 2 列についても, $(2,2)$ 成分を 1 とし, それ以外の成分を 0 とする. 最後に, 第 3 列を $(3,3)$ 成分を 1 とし, それ以外の成分を 0 とする. そして得られた行列が解を与えている.

n 行の行列の行基本変形 (1), (2), (3) は, 次にあげるような n 次行列を左からかけることで実現できることが知られている. これらの行列を**基本行列**という.

$$(1)\ \begin{pmatrix} 1 &&&&&& \\ & \ddots &&&&& \\ && 1 &&&& \\ &&& c &&& \\ &&&& 1 && \\ &&&&& \ddots & \\ &&&&&& 1 \end{pmatrix} \quad (2)\ \begin{pmatrix} 1 &&&&&& \\ & \ddots &&&&& \\ && 1 & \cdots & c && \\ &&& \ddots & \vdots && \\ &&&& 1 && \\ &&&&& \ddots & \\ &&&&&& 1 \end{pmatrix} \quad (3)\ \begin{pmatrix} 1 &&&&&& \\ & \ddots &&&&& \\ && 0 & \cdots & 1 && \\ && \vdots & \ddots & \vdots && \\ && 1 & \cdots & 0 && \\ &&&&& \ddots & \\ &&&&&& 1 \end{pmatrix}$$

(1) の行列は対角行列で, 対角成分は (i,i) 成分だけが c で, 残りは 1 である. (2) の行列は (i,j) 成分が c, 対角成分はすべて 1, 残りはすべて 0 である. (3) の行列は (i,j) 成分と (j,i) 成分, および,

(k,k) 成分 $(k \neq i,j)$ が 1 で, 残りはすべて 0 である.

たとえば, 3 行 4 列行列 $A=(a_{ij})$ の第 1 行と第 2 行を入れ換える行列は $\begin{pmatrix} 0 & 1 & 0 \\ 1 & 0 & 0 \\ 0 & 0 & 1 \end{pmatrix}$ であり, 実際に計算してみると, $\begin{pmatrix} 0 & 1 & 0 \\ 1 & 0 & 0 \\ 0 & 0 & 1 \end{pmatrix} \begin{pmatrix} a_{11} & a_{12} & a_{13} & a_{14} \\ a_{21} & a_{22} & a_{23} & a_{24} \\ a_{31} & a_{32} & a_{33} & a_{34} \end{pmatrix} = \begin{pmatrix} a_{21} & a_{22} & a_{23} & a_{24} \\ a_{11} & a_{12} & a_{13} & a_{14} \\ a_{31} & a_{32} & a_{33} & a_{34} \end{pmatrix}$ となる.

また, 行列に基本行列を右からかけると**列の基本変形**を行うことができる. ここで列の基本変形とは,

(1) 第 i 列に 0 でない定数 c をかける.

(2) 第 i 列に第 j 列の定数 c 倍を加える.

(3) 第 i 列と第 j 列を入れ換える.

拡大係数行列に列の基本変形を行うと, 未知数の順番が変わったり, 方程式自体が変わってしまうことがあるので, 注意が必要である. たとえば, $\begin{cases} x-2y=3 \\ x-3y=-1 \end{cases}$ の拡大係数行列 $\begin{pmatrix} 1 & -2 & 3 \\ 1 & -3 & -1 \end{pmatrix}$ の第 1 列と第 2 列を入れ換える列基本変形を行うと, $\begin{pmatrix} -2 & 1 & 3 \\ -3 & 1 & -1 \end{pmatrix}$ という行列が得られるが, この行列を拡大係数行列としてもつ連立一次方程式は, $\begin{cases} -2x+y=3 \\ -3x+y=-1 \end{cases}$ となる. これは x と y という未知数を入れ換えることに対応する.

小テスト:

問題 1: 次の連立一次方程式を, 行基本変形を用いて解け.

(1) $\begin{cases} x-2y=1 \\ 2x-y=11 \end{cases}$ (2) $\begin{cases} x+2y-z=-1 \\ 3x+4y+z=11 \\ 6x+13y-6z=-3 \end{cases}$

問題 2: 次の行基本変形を実現する基本行列を求めよ.

(1) 2 行の行列の第 1 行に第 2 行の 3 倍を加える.

(2) 4 行の行列の第 2 行と第 4 行を入れ換える.

2.2 はきだし法

目標：はきだし法による連立一次方程式の解法を身につけよう.

以下のように, 拡大係数行列をはきだし法により変形することによって, 連立一次方程式を解くことができる. ただし, 一般に連立一次方程式の解は**ただ一組とは限らない**ことに注意.

例 2.2.1 : $\begin{cases} x+y\ =3 \\ 2x+2y=7 \end{cases}$

拡大係数行列 $\begin{pmatrix} 1 & 1 & 3 \\ 2 & 2 & 7 \end{pmatrix}$ をはきだし法で変形すると, $\begin{pmatrix} 1 & 1 & 3 \\ 2 & 2 & 7 \end{pmatrix} \xrightarrow{②+①\times(-2)} \begin{pmatrix} 1 & 1 & 3 \\ 0 & 0 & 1 \end{pmatrix}$

対応する連立方程式は $\begin{cases} x+y=3 \\ 0x+0y=1 \end{cases}$ となるが, これを満たすような実数の組 (x,y) は存在しない.

したがって, もとの連立方程式も解をもたないことがわかる.

一般に, 拡大係数行列をはきだし法で変形して, 右のように,「$0\ 0\ \cdots\ 0\ b$」という行 (b は 0 でない数) が現れたとき, 対応する連立方程式を考えることにより, もとの連立一次方程式は解をもたないことがわかる. (右の行列で「$*$」は「ある数」を表している)

$$\begin{pmatrix} * & * & \cdots & * & * \\ \vdots & \vdots & \vdots & \vdots & \vdots \\ 0 & 0 & 0 & 0 & b \\ \vdots & \vdots & \vdots & \vdots & \vdots \end{pmatrix}$$

例 2.2.2 : $\begin{cases} x+y\ =3 \\ 3x+2y=7 \end{cases}$ 　拡大係数行列 $\begin{pmatrix} 1 & 1 & 3 \\ 3 & 2 & 7 \end{pmatrix}$ をはきだし法で変形すると,

$$\begin{pmatrix} 1 & 1 & 3 \\ 3 & 2 & 7 \end{pmatrix} \xrightarrow{②+①\times(-3)} \begin{pmatrix} 1 & 1 & 3 \\ 0 & -1 & -2 \end{pmatrix} \xrightarrow{②\times(-1)} \begin{pmatrix} 1 & 1 & 3 \\ 0 & 1 & 2 \end{pmatrix} \xrightarrow{①+②\times(-1)} \begin{pmatrix} 1 & 0 & 1 \\ 0 & 1 & 2 \end{pmatrix}$$

対応する連立方程式を考えると $\begin{cases} x=1 \\ y=2 \end{cases}$ これがもとの連立方程式の解となる.

一般に, 拡大係数行列をはきだし法で変形して,「$0\ 0\ \cdots\ 0\ b$」という行が現れずに, 右のように, 右端の一列を除いて, 単位行列の下に零行列をおいた形となったとき, 対応する連立方程式を考えることにより, その右端の列にもとの連立一次方程式の解が現れることがわかる. このとき, もとの連立方程式の解はただ一組に決まる.

$$\begin{pmatrix} 1 & 0 & \cdots & 0 & * \\ 0 & 1 & 0 & \cdots & * \\ \vdots & \vdots & \vdots & \vdots & \vdots \\ 0 & 0 & 0 & 1 & * \\ 0 & 0 & 0 & 0 & 0 \\ \vdots & \vdots & \vdots & \vdots & \vdots \end{pmatrix}$$

練習 2.2.3 : 連立一次方程式 $\begin{cases} 5x+4y=0 \\ 4x+3y=-1 \end{cases}$ の拡大係数行列をはきだし法で変形し, 解きなさい.

例 2.2.4 : $\begin{cases} x + y &= 3 \\ 2x + 2y &= 6 \end{cases}$

拡大係数行列 $\begin{pmatrix} 1 & 1 & 3 \\ 2 & 2 & 6 \end{pmatrix}$ をはきだし法で変形すると, $\begin{pmatrix} 1 & 1 & 3 \\ 2 & 2 & 6 \end{pmatrix} \xrightarrow{②+① \times(-2)} \begin{pmatrix} 1 & 1 & 3 \\ 0 & 0 & 0 \end{pmatrix}$

対応する連立方程式は $\begin{cases} x + y = 3 \\ 0x + 0y = 0 \end{cases}$ となるが, 第 2 式は**恒等式** (いつでも成り立つ式) であって, これを満たすような実数の組 (x, y) は無限に存在する. 実際, たとえば, $y = t$ として代入し計算すると, $x = -t + 3$ となり, これは, t の値によらず, すべてが解となる. したがって, もとの連立方程式も無数の解をもつことがわかり, その解は $\begin{pmatrix} x \\ y \end{pmatrix} = \begin{pmatrix} -t + 3 \\ t \end{pmatrix}$ (ただし, t は任意の実数) と表される.

一般に, 拡大係数行列をはきだし法で変形して, 「$0\ 0\ \cdots\ 0\ b$」という行が現れず, 右端の一列を除いて, 単位行列の下に零行列をおいた形ともならないとき, もとの連立一次方程式は無数の解をもつことがわかる(解説ノート 2.2 も参照).

$$\begin{pmatrix} * & * & \cdots & * & * \\ \vdots & \vdots & \vdots & \vdots & \vdots \\ 0 & 0 & \cdots & * & * \\ \vdots & \vdots & \vdots & \vdots & \vdots \end{pmatrix}$$

以上より, 連立一次方程式の解について, それが存在するときもあれば, 存在しないときもあって, 実際, 次の定理が成り立つことがわかった.

定理 2.2.5 (連立方程式の解の個数) :

連立一次方程式に対し, (解が存在しない / 解がただ一組だけ存在する / 解が無数に存在する) のいずれかが成り立つ.

つまり, 連立一次方程式の解というのは, もし複数組存在するなら, じつは, 無数に (無限個) 存在する. したがって「ただ二組存在する」とか「ただ五組存在する」ということはおこらない.

まとめ:

- 連立一次方程式の拡大係数行列にはきだし法を適用することにより, 連立一次方程式の解を求めることができる.
- 連立一次方程式の解の個数は, 0 個 (解が存在しない), 1 個 (ただ一組の解が存在), または, 無限個 (無数の解が存在), のいずれかである.

解説ノート 2.2

連立一次方程式の解の存在, 非存在, および, どれくらい解が存在するかという問題については, 次の節で説明するように係数行列の階数と拡大係数行列の階数の関係を用いて表すことができる.

変数が 3 つの方程式について, 解が無限個ある場合の解の表し方をみてみよう.

$\begin{cases} x+y-z=3 \\ \quad x+z \quad =2 \end{cases}$ を考える. 拡大係数行列は $\begin{pmatrix} 1 & 1 & -1 & 3 \\ 1 & 0 & 1 & 2 \end{pmatrix}$ であり, はきだし法により行列は $\begin{pmatrix} 1 & 0 & 1 & 2 \\ 0 & 1 & -2 & -1 \end{pmatrix}$ と変形できる. ここで $z=t$ とおくと, $x+z=2$, $y-2z=-1$ より, $x=-t+2$, $y=2t-1$ と表すことができる. よって解は, $\begin{cases} x=-t+2 \\ y=2t+1 \\ z=t \end{cases}$ (t は任意の実数) となる.

k をある実数として, 次のような連立一次方程式を考える. $\begin{cases} x+3y+4z=1 \\ 3x+8y+10z=2 \\ 2x+y-2z=k \end{cases}$

この方程式は k の値によって変わり, 解の存在も k の値によって変わる. 解が存在するための k の条件を調べてみよう. 拡大係数行列は $\begin{pmatrix} 1 & 3 & 4 & 1 \\ 3 & 8 & 10 & 2 \\ 2 & 1 & -2 & k \end{pmatrix}$ であり, はきだし法により, $\begin{pmatrix} 1 & 0 & -2 & -2 \\ 0 & 1 & 2 & 1 \\ 0 & 0 & 0 & k+3 \end{pmatrix}$ という行列に変形できる. 第 3 行は $0=k+3$ という式に対応する. よって解をもつ条件は $k=-3$ となる. $k \neq -3$ の場合には, この方程式には解は存在しない. $k=3$ のとき, 行列 $\begin{pmatrix} 1 & 0 & -2 & -2 \\ 0 & 1 & 2 & 1 \\ 0 & 0 & 0 & 0 \end{pmatrix}$ に対応する連立一次方程式は, $\begin{cases} x-2z=-2 \\ y+2z=1 \end{cases}$ であり, 実数 t を用いて $z=t$ とおくと, $x=2t-2$, $y=-2t+1$ となる. よって解は, $\begin{cases} x=2t-2 \\ y=-2t+1 \\ z=t \end{cases}$ (t は任意の実数) となる.

一般の連立一次方程式で, 解が無限個ある場合の解の表し方を説明する. 未知数を $x_1, \cdots, x_n$ とする. この場合には, 拡大係数行列をはきだし法で変形して, 次のページにあげるような行列に変形できる. ここで, 行列の行は, 成分がすべて 0 であるものと, 行の 0 でない成分の左端に 1 である成分をもつものの 2 種類がある. ここで, 後者の行において, 左端の 1 である成分をもつ列に注目する. この行列の列は, そのような特別な 1 をもつ列と, そうでない列の 2 種類がある. 特別な 1 をもたない列に対応する変数に対して, それぞれ任意の実数をとると, 連立方程式の解を与えることができる.

$$
\begin{pmatrix}
1 & * & \cdots & * & 0 & * & \cdots & * & 0 & * & \cdots & * & 0 & * & \cdots & * \\
0 & & \cdots & 0 & 1 & * & \cdots & * & 0 & * & \cdots & * & 0 & * & \cdots & * \\
0 & & & & 0 & & \cdots & 0 & 1 & * & \cdots & * & 0 & * & \cdots & * \\
\vdots & & & & \vdots & & & & \vdots & & & & \vdots & & & \vdots \\
0 & & \cdots & & 0 & & \cdots & & 0 & & \cdots & 0 & 1 & * & \cdots & * \\
0 & & \cdots & & 0 & & \cdots & & 0 & & \cdots & & 0 & & \cdots & 0 \\
\vdots & & & & \vdots & & & & \vdots & & & & \vdots & & & \vdots \\
0 & & \cdots & & 0 & & \cdots & & 0 & & \cdots & & 0 & & \cdots & 0
\end{pmatrix}
$$

たとえば, 未知数 $x_1, \cdots, x_4$ の連立一次方程式の拡大係数行列を変形して, $\begin{pmatrix} 1 & 2 & 0 & -1 & 2 \\ 0 & 0 & 1 & 1 & 2 \\ 0 & 0 & 0 & 0 & 0 \end{pmatrix}$ という行列が得られたとする. ここで行の左端に 1 である成分をもつ列は, 第 1 列と第 3 列である. よって x_2 と x_4 に対し, 実数 s と t を用いて, $x_2 = s$, $x_4 = t$ とおく. このとき, $x_1 + 2x_2 - 4x_4 = 2$, $x_3 + x_4 = 2$ であるので, $x_3 = -t + 2$, $x_1 = -2s + t + 2$ となる. 解は,

$$
\begin{cases}
x_1 = -2s + t + 2 \\
x_2 = s \\
x_3 = -t + 2 \\
x_4 = t
\end{cases}
\qquad (s \text{ と } t \text{ は任意の実数})
$$

となる.

小テスト:

<u>**問題 1**</u>: 次の連立一次方程式を, はきだし法を用いて解け.

(1) $\begin{cases} x + 2y - z = 5 \\ 2x + y + 4z = 1 \\ -x + y + 3z = -4 \end{cases}$ (2) $\begin{cases} x + 2y - z = 5 \\ 2x + y + 4z = 1 \\ -x + y - 5z = -4 \end{cases}$ (3) $\begin{cases} x + 2y - z = 5 \\ 2x + y + 4z = 1 \\ -x + y - 5z = 4 \end{cases}$

<u>**問題 2**</u>: 次の連立一次方程式が解をもつ条件を a を用いて述べ, 解をもつときの解を求めよ.

$$
\begin{cases}
x + 2y + 5z = 1 \\
2x + 3y + 8z = 1 \\
4x + 2y + 8z = a
\end{cases}
$$

2.3 行列の階数

目標：連立一次方程式の解の個数を判定する方法を求めよう．

前節で, 連立一次方程式の解は 0 個, 1 個, または, 無限個 となることがわかった. それでは一般に, 与えられた連立一次方程式の**解の個数を判定する方法**はあるだろうか?

それを述べるために, 次の用語を準備する.

定義 2.3.1 (階段行列)：はきだし法で得られるような形の行列, つまり, 次のように左下に 0 がまとまって並んでいる行列を**階段行列**という.

$$\begin{pmatrix} * & * & \cdots & * & * & * & \cdots & * & * & * & \cdots & * & * & * & \cdots & * \\ 0 & & \cdots & 0 & * & * & \cdots & * & * & * & \cdots & * & * & * & \cdots & * \\ 0 & & & 0 & & & \cdots & 0 & * & * & \cdots & * & * & * & \cdots & * \\ & & \cdots & & & & & & & & & & & & & \\ 0 & & & 0 & & & & 0 & & & \cdots & 0 & * & * & \cdots & * \\ 0 & & & 0 & & & & 0 & & & & 0 & & & & 0 \\ & & \cdots & & & & & & & & & & & & & \\ 0 & & & 0 & & & & 0 & & & & 0 & & & & 0 \end{pmatrix}$$

上の行列において「$*$」は適当な数を表す. (ただし, 各行の左端は 0 ではないとする)

連立一次方程式の拡大係数行列をはきだし法で変形していくと, 結果として, 階段行列が得られる. 一方, はきだし法でなく, 他の手順で行基本変形を繰り返していって, 階段行列をつくることもできる. このときじつは, 次のことが成り立つ.

定理 2.3.2 (行列の階数)：
与えられた行列からどんな順番で行基本変形を繰り返しても, 得られる階段行列の「0 でない成分を含む行」の数は一定.

この定理から, 次の用語がきちんと定義されることがわかる.

定義 2.3.3 (行列の階数 (ランク (rank)))：
与えられた行列 A から, 適当な行基本変形を繰り返して得られる階段行列を S とする.
このとき, S の段の数 (0 でない成分を含む行の数) を, 行列 A の**階数** (ランク (rank)) という.
行列 A の**階数**を $\mathrm{rank}A$ で表す.

練習 2.3.4：行列 $\begin{pmatrix} 2 & 5 & 0 \\ 1 & 0 & 5 \\ -3 & 1 & -17 \end{pmatrix}$ の階数を求めなさい.

この行列の階数を使うと, 例 2.2.1, 例 2.2.2, 例 2.2.4 から, 次の定理が導かれる.

定理 2.3.5 (連立方程式の解の個数と行列の階数) :

m 個の式からなる n 元連立一次方程式 $\begin{cases} a_{11}\,x_1 + \cdots + a_{1n}\,x_n = b_1 \\ \vdots \\ a_{m1}\,x_1 + \cdots + a_{mn}\,x_n = b_m \end{cases}$ の左辺の係数だけを

並べてできる m 行 n 列の行列 $\begin{pmatrix} a_{11} & \cdots & a_{1n} \\ \vdots & \ddots & \vdots \\ a_{m1} & \cdots & a_{mn} \end{pmatrix}$ を A とし, 拡大係数行列を B とする.

このとき, 次が成り立つ: (ただし「$\Longleftrightarrow$」は, 必要十分条件を意味する)

$$\begin{array}{ccc} \text{解がただ一組だけ存在する} & \Longleftrightarrow & \mathrm{rank}A = \mathrm{rank}B = n \\ \text{解が無数に存在する} & \Longleftrightarrow & \mathrm{rank}A = \mathrm{rank}B < n \\ \text{解が存在しない} & \Longleftrightarrow & \mathrm{rank}A < \mathrm{rank}B \end{array}$$

上でできた行列 A を, その連立一次方程式の**係数行列**という.

練習 2.3.6 : 連立方程式 $\begin{cases} x - z = -1 \\ y + 2z = 2 \\ x + y + z = -1 \end{cases}$ について, 次の問いに答えなさい.

(1) 係数行列を A とし, 拡大係数行列を B とする. A と B の階数を計算しなさい.

(2) 解の個数を判定しなさい.

まとめ:

- 行列から, はきだし法により得られるような行列を**階段行列**という. 与えられた行列から基本変形の繰り返しで階段行列をつくるとき, 得られる階段行列の段の数 (0 でない成分を含む行の数) は, 基本変形を行う手順によらない. そこで, その段の数を, 行列の**階数**と定義する.

- 連立一次方程式の解の個数 (0 個, 1 個, もしくは, 無限個) は, その係数行列と拡大係数行列の階数, および, 変数の数を比較することにより, 判定することができる.

解説ノート 2.3

$\begin{pmatrix} 2 & 1 & 1 & 0 & 4 \\ 0 & 0 & 3 & 1 & 2 \\ 0 & 0 & 0 & -3 & 1 \\ 0 & 0 & 0 & 0 & 0 \end{pmatrix}$ は階段行列の例である．この行列の階数は 3 である．また，零行列も階段行列であると考える．零行列の階数は 0 となる．n 次単位行列も階段行列であり，階数は n となる．

行列の階数がきちんと定義できること (定理 2.3.2) の証明は，ここでは行うことはできない．部分ベクトル空間の次元の概念を用いて，解説ノート 4.5 で与える．

連立方程式の解の個数と行列の階数に関する定理 2.3.5 の補足説明をする．

まず，拡大係数行列 B に行う行基本変形を係数行列 A に行うと，A も階段行列に変形されることに注意する．これは B に行う行基本変形を，第 $n+1$ 列を除いて考えると，そのまま A の行基本変形となっているからである．ここで，B には第 $n+1$ 列が存在するため，$\operatorname{rank} A \leq \operatorname{rank} B$ となる．

$\operatorname{rank} A < \operatorname{rank} B$ の場合には，例 2.2.1 と同様に，ある定数 $b \neq 0$ に対し $0x_1 + 0x_2 + \cdots + 0x_n = b$ という式が導かれ，連立方程式に解は存在しない．例 2.2.1 では，$\operatorname{rank} A = \operatorname{rank} \begin{pmatrix} 1 & 1 \\ 2 & 2 \end{pmatrix} = 1$ であり，$\operatorname{rank} B = \operatorname{rank} \begin{pmatrix} 1 & 1 & 3 \\ 2 & 2 & 7 \end{pmatrix} = 2$ であるので，$\operatorname{rank} A < \operatorname{rank} B$ となっている．

$\operatorname{rank} A = \operatorname{rank} B$ の場合には，例 2.2.2，例 2.2.4 の状況となっている．例 2.2.2 では，$\operatorname{rank} \begin{pmatrix} 1 & 1 \\ 3 & 2 \end{pmatrix} = 2$ であり，$\operatorname{rank} \begin{pmatrix} 1 & 1 & 3 \\ 3 & 2 & 7 \end{pmatrix} = 2$ である．例 2.2.4 では，$\operatorname{rank} \begin{pmatrix} 1 & 1 \\ 2 & 2 \end{pmatrix} = 1$ であり，$\operatorname{rank} \begin{pmatrix} 1 & 1 & 3 \\ 2 & 2 & 6 \end{pmatrix} = 1$ である．

また，解が無限個ある n 元連立方程式の "解の自由度" について次のことがわかる．

($n - \operatorname{rank} A$) 個の実数をとると，それに対応して連立方程式の解が 1 つ定まる．

これを，解説ノート 2.2 の後半の，一般の連立方程式で解が無限個ある場合について説明する．

得られた階段行列において，左端の 1 である成分の数は，A の階数と一致する．よって，そのような 1 である成分をもたない列の数は，$n - \operatorname{rank} A$ である．解説ノート 2.2 では，そのような列に対応する ($n - \operatorname{rank} A$) 個の未知数に対し，$s, t$ 等の文字を使い実数をおいていた．そのように選ばれた ($n - \operatorname{rank} A$) 個の実数に対し，連立方程式の解が 1 つ定まる．

たとえば，x_1, x_2, x_3, x_4 に関する連立方程式の拡大係数行列を変形して，このページの初めにある階数 3 の階段行列が得られた場合には，$n - \operatorname{rank} A = 4 - 3 = 1$ であり，$x_2 = t$ と 1 つ変数を定めるとすべての解を表すことができる．

連立一次方程式において, 定数項がすべて 0 であるものを, **斉次連立一次方程式**という. たとえば, $\begin{cases} x+2y-z=0 \\ 2x+3y+z=0 \end{cases}$ は斉次連立一次方程式である. 斉次連立一次方程式は, **自明な解** $x_1=x_2=\cdots=x_n=0$ をもつので, それ以外の解が存在するかどうかが問題となる. 斉次連立一次方程式の自明でない解を, **非自明な解**ということにする. 斉次連立一次方程式は, 係数行列 A と拡大係数行列 B に対して, 必ず $\mathrm{rank}A=\mathrm{rank}B$ となることに注意して欲しい.

m 個の式からなる n 元斉次連立一次方程式を考えると, 定理 2.3.5 より $m<n$ のときには, 非自明な解が無限個存在することがわかる. $m=n$ のときには, 非自明な解の存在は $\mathrm{rank}\,A$ による. $\mathrm{rank}A=n$ のときは, 非自明な解は存在しない. $\mathrm{rank}A<n$ のときは, 非自明な解が存在する.

行基本変形に加えて, 列基本変形も行うと, m 行 n 列行列 A は**標準形** $\begin{pmatrix} I_r & O_{rq} \\ O_{pr} & O_{pq} \end{pmatrix}$ に変形することができる. ここで, $r=\mathrm{rank}\,A$, $r+p=m$, $r+q=n$ である. たとえば, 3 行 4 列の行列には, 零行列のほかに, $\begin{pmatrix} 1&0&0&0 \\ 0&0&0&0 \\ 0&0&0&0 \end{pmatrix}$, $\begin{pmatrix} 1&0&0&0 \\ 0&1&0&0 \\ 0&0&0&0 \end{pmatrix}$, $\begin{pmatrix} 1&0&0&0 \\ 0&1&0&0 \\ 0&0&1&0 \end{pmatrix}$ の 3 つの標準形がある.

標準形を得るためには次のようにすればよい. まず, 定義 2.1.4 のはきだし法により行の基本変形で階段行列をつくる. 次に, 階段行列の第 i 行の一番左の 1 が (i,i) 成分となるように, 列の基本変形で列の交換を行う. 最後に, 第 i 行の (i,i) 以外に 0 でない成分がある場合には, 列基本変形により, (i,i) 成分を用いて 第 i 行をはきだし, 0 にする.

また, このことから, 標準形の 1 の数が行列の階数と一致することがわかる.

小テスト:

問題 1: 次の行列の階数を求めよ.

(1) $\begin{pmatrix} 1&2&3 \\ 2&4&6 \\ 3&6&9 \end{pmatrix}$ (2) $\begin{pmatrix} 1&2&3 \\ 4&5&6 \\ 7&8&9 \end{pmatrix}$ (3) $\begin{pmatrix} 1&1&1 \\ 1&2&3 \\ 1&4&9 \end{pmatrix}$

問題 2: 次の連立方程式の解の個数を判定せよ.

$$\begin{cases} x+2y+3z=1 \\ 4x+5y+6z=2 \\ 7x+8y+9z=k \end{cases} \quad (k \text{ はある実数})$$

問題 3: m 行 n 列の行列 A に対し, $\mathrm{rank}A \leq \min\{m,n\}$ となることを示せ.

2.4　逆変換と逆行列

| 目標 | :　一次変換の逆変換と逆行列を導入し, 逆行列のはきだし法による求め方と, 係数行列の逆行列を利用した連立方程式の解法を身につけよう. |

係数行列が $A = \begin{pmatrix} a & b \\ c & d \end{pmatrix}$ である連立一次方程式 $\begin{cases} a\,x + by = p \\ c\,x + dy = q \end{cases}$ と, 表現行列が A の一次変換 f を考えよう. $\left(\text{つまり, } f(\begin{pmatrix} x \\ y \end{pmatrix}) = \begin{pmatrix} a & b \\ c & d \end{pmatrix} \begin{pmatrix} x \\ y \end{pmatrix} = \begin{pmatrix} p \\ q \end{pmatrix} \right)$

この連立方程式の解がただ一組である場合を考える. するとこのとき, 一次変換 f は**全単射**となる. つまり, ベクトル $\boldsymbol{v}$ に対して, $f(\boldsymbol{u})$ を満たすベクトル $\boldsymbol{u}$ がただ一つだけ存在する.

すると, 一次変換 f の**逆変換** (つまり, ベクトル $\boldsymbol{v}$ に対して, $f(\boldsymbol{u}) = \boldsymbol{v}$ となるベクトル $\boldsymbol{u}$ を対応させる一次変換) をつくることができる. この一次変換 f の逆変換 (通常, f^{-1} で表される) の表現行列を, A の**逆行列** (inverse matrix) といい, A^{-1} で表すことにしよう.

また, 一次変換 f と逆変換 f^{-1} との合成は, いわゆる**恒等写像**になる. つまり, $f^{-1} \circ f(\boldsymbol{u}) = f^{-1}(f(\boldsymbol{u})) = \boldsymbol{u}$ が任意のベクトル $\boldsymbol{u}$ に対し成り立つ. さらに, $f \circ f^{-1}(\boldsymbol{u}) = f(f^{-1}(\boldsymbol{u})) = \boldsymbol{u}$ が成り立つこともわかる. この恒等写像の表現行列 $\begin{pmatrix} 1 & 0 \\ 0 & 1 \end{pmatrix}$ を, **単位行列** (identity matrix) とよび, I で表すことにしよう.

以上のことから, 次のことが成り立つことがわかる:

・任意の行列 A に対し, $AI = IA = A$.　　・A^{-1} が存在するとき, $AA^{-1} = A^{-1}A = I$.

この性質を一般化して, 次のような定義をしよう (解説ノート 1.2 も参照).

定義 2.4.1 (正方行列 (square matrix)・単位行列 (identity matrix)) :

- 行の数と列の数が等しい行列を**正方行列**という. 正方行列の行の数 (=列の数) を正方行列の**次数**といい, 次数が n である正方行列を n **次正方行列**という.
- $(1,1)$ 成分, $(2,2)$ 成分, $\cdots$, (n,n) 成分はすべて 1 で, その他の成分はすべて 0 である n 次正方行列を n **次単位行列**という.

n 次単位行列を I で表すとき, $AI = IA = A$ が, 任意の n 次正方行列 A に対し成り立つ.

定義 2.4.2 (逆行列 (inverse matrix)・正則行列 (regular matrix)) :
n 次正方行列 A に対し, $AB = BA = I$ となる行列 B を, A の**逆行列**といい, A^{-1} と表す.
逆行列をもつ正方行列を**正則行列**という.

n 次正方行列 A とその逆行列 A^{-1} に対し, $AA^{-1} = A^{-1}A = I$ が, いつでも成り立つ.

じつは, 行基本変形を利用することによって, 逆行列を求めることができる.
(なぜこの方法で逆行列が求められるか, については, 解説ノート 2.4 を参照)

例 2.4.3 : [逆行列の行基本変形による求め方]　$A=\begin{pmatrix}1&4\\2&9\end{pmatrix}$ の逆行列を求めてみよう.

$\left(\begin{array}{cc|cc}1&4&1&0\\2&9&0&1\end{array}\right)$ という行列を考え, (2 行 4 列の行列とみなし), 行基本変形をおこなう.

$$\left(\begin{array}{cc|cc}1&4&1&0\\2&9&0&1\end{array}\right)\xrightarrow{②+①\times(-2)}\left(\begin{array}{cc|cc}1&4&1&0\\0&1&-2&1\end{array}\right)\xrightarrow{①+②\times(-4)}\left(\begin{array}{cc|cc}1&0&9&-4\\0&1&-2&1\end{array}\right)$$

すると, じつは $A^{-1}=\begin{pmatrix}9&-4\\-2&1\end{pmatrix}$ となっている.

連立方程式 $\begin{cases}a_{11}\,x_1+\cdots+a_{1n}\,x_n=b_1\\ \qquad\vdots\\ a_{m1}\,x_1+\cdots+a_{mn}\,x_n=b_m\end{cases}$ は, $A=\begin{pmatrix}a_{11}&\cdots&a_{1n}\\ \vdots&\ddots&\vdots\\ a_{m1}&\cdots&a_{mn}\end{pmatrix}, X=\begin{pmatrix}x_1\\ \vdots\\ x_n\end{pmatrix}, B=\begin{pmatrix}b_1\\ \vdots\\ b_m\end{pmatrix}$

とおけば, $AX=B$ と行列の積を用いて表される. この**係数行列** A **が正則行列**の場合には, その逆行列 A^{-1} を用いて, $\boxed{X=A^{-1}B}$ として, 連立方程式の解を求めることができる.

練習 2.4.4 :
基本変形を使って係数行列の逆行列を求め, 連立方程式 $\begin{cases}3x-7y=11\\-5x+12y=-4\end{cases}$ を解きなさい.

まとめ:

- 行の数と列の数が等しい行列を**正方行列**という. その行の数を**次数**といい, 次数が n である正方行列を n **次正方行列**という. $(1,1)$ 成分, $\cdots$, (n,n) 成分がすべて 1 で, その他の成分がすべて 0 である n 次正方行列を n **次単位行列**といい, I で表す. n 次正方行列 A に対し, $AB=I$ となる行列 B を, A の**逆行列**といい, A^{-1} と表す. 逆行列をもつ正方行列を**正則行列**という.
- はきだし法を利用することによって, 逆行列を求めることができる.
- 連立方程式を $AX=B$ と行列の積を用いて表したとき, **係数行列** A **が正則行列**の場合には, その逆行列 A^{-1} を使って, $X=A^{-1}B$ として, 解を求めることができる.

解説ノート 2.4

すべての行列が正則行列ではないことに注意して欲しい. 下で述べるが, n 次行列が正則であるための必要十分条件は, その階数が n となることである.

まず, 逆行列の性質について考察する.

正則行列 A の逆行列はただひとつに決まる.

証明　B と C が A の逆行列とする. このとき, $AB = BA = I$ であり, $AC = CA = I$ である. このとき, 逆行列と単位行列の性質から, $C = IC = (BA)C = B(AC) = BI = B$ となる. □

A, B を正則行列とすると, その積 AB も正則行列となり, 逆行列は $B^{-1}A^{-1}$ となる.

証明　$(B^{-1}A^{-1})AB = B^{-1}(A^{-1}A)B = B^{-1}B = I$ となることからわかる. $AB(B^{-1}A^{-1}) = I$ も同様である. □

また, A^{-1} も正則となり, $(A^{-1})^{-1} = A$ となることも, 逆行列の定義から確かめることができる.

正則行列の例として, 基本行列がある. 解説ノート 2.1 で挙げた基本行列 (1), (2), (3) の逆行列は次のようになる. 逆行列となっていることは, 計算で確かめることができる.

(1′)
$$\begin{pmatrix} 1 & & & & & & \\ & \ddots & & & & & \\ & & 1 & & & & \\ & & & c^{-1} & & & \\ & & & & 1 & & \\ & & & & & \ddots & \\ & & & & & & 1 \end{pmatrix}$$

(2′)
$$\begin{pmatrix} 1 & & & & & \\ & \ddots & & & & \\ & & 1 & \cdots & -c & \\ & & & \ddots & \vdots & \\ & & & & 1 & \\ & & & & & \ddots & \\ & & & & & & 1 \end{pmatrix}$$

(3′)
$$\begin{pmatrix} 1 & & & & & \\ & \ddots & & & & \\ & & 0 & \cdots & 1 & \\ & & \vdots & \ddots & \vdots & \\ & & 1 & \cdots & 0 & \\ & & & & & \ddots & \\ & & & & & & 1 \end{pmatrix}$$

$(1')$ の行列は対角行列で, 対角成分は (i, i) 成分だけが c^{-1} で, 残りは 1 である. $(2')$ の行列は (i, j) 成分が $-c$, 対角成分はすべて 1, 残りはすべて 0 である. $(3')$ の行列は (3) と同じものである. いずれも基本行列である.

n 次行列の標準形のうち正則なものは I_n しかない. I_n 以外の標準形の行列は, すべて 0 である行と列をもつ. そのようなものと n 次行列との積をとると, 得られる行列はすべて 0 の行または列をもつため, それは単位行列になることができず, 逆行列が存在しないためである.

n 次行列 A については次が成立する. A が正則であることの必要十分条件は $\mathrm{rank}A = n$.

証明　A は正則であるとする. A を行の基本変形と列の基本変形を用いて標準形にする. 基本変形は, 左または右から正則行列である基本行列をかけることによってできることに注意する. 正則行列の積は正則なので, この変形で得られる標準形も正則である. よって標準形は I_n となり, $\mathrm{rank}A = n$ となる.

次に, $\mathrm{rank}A = n$ とする. このとき, A は行基本変形のみで標準形である単位行列 I に変形できる.

解説ノート 2.1 で述べたように, 行基本変形は基本行列を左からかけることにより実現できる. 行った基本変形に対応する基本行列を $P_1, P_2 \cdots, P_k$ とし, $P = P_k P_{k-1} \cdots P_1$ とおくと, $PA = I$ となる. P は正則であり, 両辺左から P^{-1} をかけると $A = P^{-1}$ となる. P^{-1} も正則であるので, A も正則となる. □

また, 上の証明より, n 次正則行列 A は基本行列の積で表すことができる ことをもわかる.

証明　$A = P^{-1} = P_1^{-1} P_2^{-1} \cdots P_k^{-1}$ であり, 基本行列の逆行列も基本行列であるため. □

n 次正則行列 A の逆行列を, 行基本変形で求めることができることを解説する. A は上でみた通り, 基本行列の積である正則行列 P を用いて $PA = I$ と書けている. このとき, $P = A^{-1}$ である. ここで n 行 $2n$ 列の行列 $(A \mid I)$ を考える. 見やすくするために, 真ん中に線が引いてある. この行列に左から P をかけると,

$$P(A \mid I) = (PA \mid P) = (I \mid A^{-1})$$

となる. 左から基本行列の積である正則行列 P をかけることは, 行基本変形を行うことに対応する. よって, n 行 $2n$ 列の行列 $(A \mid I)$ を考え, 左半分を行基本変形で単位行列にすると, 右半分に A の逆行列が現れることがわかる.

小テスト:

問題 1: 次の行列の逆行列を, 行基本変形により求めよ.

(1) $\begin{pmatrix} 0 & 1 & 1 \\ 2 & 4 & 1 \\ 1 & 3 & 1 \end{pmatrix}$　　(2) $\begin{pmatrix} -2 & 1 & 0 \\ 3 & 1 & 1 \\ 4 & 0 & 1 \end{pmatrix}$

問題 2: 問題 1 の結果を用いて以下の連立方程式を解け.

(1) $\begin{cases} y + z = 1 \\ 2x + 4y + z = 2 \\ x + 3y + z = 3 \end{cases}$　　(2) $\begin{cases} -2x + y = 1 \\ 3x + y + z = 2 \\ 4x + z = 3 \end{cases}$

問題 3: 次の行列の逆行列を, 行基本変形により求めよ.

$$\begin{pmatrix} 0 & -5 & -2 & 3 \\ 1 & 3 & 1 & -2 \\ 1 & -1 & 1 & 1 \\ -1 & -1 & 0 & 1 \end{pmatrix}$$

第3章　行列式

2.1–2.3 節では, 与えられた連立一次方程式に対して, はきだし法を利用して,

- 解の個数 (0 個 (解無し) · 1 個 (一意解) · 無限個 (不定解)) を判定する
- (解が存在するときには) その解を求める

方法を与えた. また 2.4 節では, 行基本変形 (はきだし法) により与えられた行列の逆行列を求めた.

この章では, n 次正方行列の**行列式**というものを導入して, 連立一次方程式の解の公式 (**クラメールの公式**という) を与える. また, 行列式を利用した逆行列の求め方についても触れる.

3.1　置換の符号

目標 : 行列式を定義する為の準備として, 置換とその符号を定義しよう.

定義 3.1.1 (置換 (permutation)) : n 個の数字 $1, 2, \cdots, n$ を適当に順番をつけて並べ換える操作を, n **文字の置換**という.
たとえば, 3 個の数字 $(1, 2, 3)$ を並べ換えて, $(3, 1, 2)$ にする操作を, 次のように表す.

$$\begin{pmatrix} 1 & 2 & 3 \\ 3 & 1 & 2 \end{pmatrix}$$

たとえば, $n = 3$ のときの置換は, 次の 6 個である.

$$\begin{pmatrix} 1 & 2 & 3 \\ 1 & 2 & 3 \end{pmatrix}, \begin{pmatrix} 1 & 2 & 3 \\ 1 & 3 & 2 \end{pmatrix}, \begin{pmatrix} 1 & 2 & 3 \\ 2 & 1 & 3 \end{pmatrix}, \begin{pmatrix} 1 & 2 & 3 \\ 2 & 3 & 1 \end{pmatrix}, \begin{pmatrix} 1 & 2 & 3 \\ 3 & 1 & 2 \end{pmatrix}, \begin{pmatrix} 1 & 2 & 3 \\ 3 & 2 & 1 \end{pmatrix}$$

同様に考えると, 一般に n 文字の置換は $n!$ 個あることがわかる. ($n!$ は, $1 \times 2 \times \cdots \times (n-1) \times n$ を表し, n **の階乗**という)

練習 3.1.2 : 4 文字の置換をすべて書きなさい.

定義 3.1.3 (置換の符号 (sign)) : σ を n 文字の置換とする. $(\cdots, i, \cdots, j, \cdots)$ から $(\cdots, j, \cdots, i, \cdots)$ というように, σ によって順序が逆転されて並べ換えられる 2 つの数字の組を考える. もしそれが,

偶数個 ならば, **置換 σ の符号は** $+1$,　　奇数個 ならば, **置換 σ の符号は** -1

と定義する. 置換 σ の符号を, $\mathrm{sgn}(\sigma)$ で表す. (「sgn」は sign もしくは signature の略)

例 3.1.4 : $\begin{pmatrix}1&2&3&4\\2&4&1&3\end{pmatrix}$ という置換によって順序が逆転される数字の組は,

$(1,2,\star,\star)$ から $(2,\star,1,\star)$, と, $(1,\star,\star,4)$ から $(\star,4,1,\star)$, と, $(\star,\star,3,4)$ から $(\star,4,\star,3)$

の 3 組ある. したがって, $\mathrm{sgn}(\begin{pmatrix}1&2&3&4\\2&4&1&3\end{pmatrix})=-1$, つまり, $\begin{pmatrix}1&2&3&4\\2&4&1&3\end{pmatrix}$ の符号は -1.

置換の符号を図を使って計算する方法:

① $1,2,\cdots,n$ を, 自然な順序で, 一列に上の段に書く.
② 置換で並べ換えられた数字を, 一列に下の段に書く.
③ 上の段と下の段の同じ数字を, 自然に線で結ぶ.
(ただし, 3 本以上の線が一点で交わらないように)

このときの, **二重点の個数**が,
偶数個ならば符号は $+1$, 奇数個ならば符号は -1 となる.

例: (二重点は 4 個)

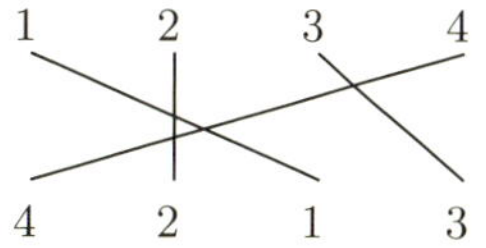

$\begin{pmatrix}1&2&3&4\\4&2&1&3\end{pmatrix}$ の符号は $+1$

練習 3.1.5 : 次の置換の符号を計算しなさい.

(1) $\begin{pmatrix}1&2&3\\3&2&1\end{pmatrix}$　(2) $\begin{pmatrix}1&2&3&4&5\\4&5&2&1&3\end{pmatrix}$　(3) $\begin{pmatrix}1&2&3&4&5&6&7\\4&6&2&5&7&1&3\end{pmatrix}$

まとめ:

- n **文字の置換**とは, n 個の数字 $1,2,\cdots,n$ を適当に順番をつけて並べ換える操作.
- n 文字の置換 σ の**符号** $\mathrm{sgn}(\sigma)$ は, σ によって順序が逆転される 2 つの数字の組が偶数個ならば $+1$, 奇数個ならば -1.
- 置換の符号を図を用いて求める方法がある.

解説ノート 3.1

まず, 置換に関する用語を定義する. n 文字の置換のうち, 2 文字だけが入れ換わったものを**互換**という. 互換の符号は -1 となる. また, 符号が $+1$ の置換を**偶置換**といい, 符号が -1 の置換を**奇置換**という. たとえば, i と j だけが入れ替わった互換は次のものである.

$$\begin{pmatrix} 1 & 2 & \cdots & i & \cdots & j & \cdots & n \\ 1 & 2 & \cdots & j & \cdots & i & \cdots & n \end{pmatrix}$$

3 文字の置換 6 個のうち, 互換は次の 3 個である.

$$\begin{pmatrix} 1 & 2 & 3 \\ 1 & 3 & 2 \end{pmatrix}, \begin{pmatrix} 1 & 2 & 3 \\ 3 & 2 & 1 \end{pmatrix}, \begin{pmatrix} 1 & 2 & 3 \\ 2 & 1 & 3 \end{pmatrix}$$

また, 次にあげる残りの 3 つは偶置換となる.

$$\begin{pmatrix} 1 & 2 & 3 \\ 1 & 2 & 3 \end{pmatrix}, \begin{pmatrix} 1 & 2 & 3 \\ 2 & 3 & 1 \end{pmatrix}, \begin{pmatrix} 1 & 2 & 3 \\ 3 & 1 & 2 \end{pmatrix}$$

次に, 図を使った置換の符号の計算がうまくいっていることを確かめる. つまり「定義に従った符号の計算」と,「図を使った置換の符号の計算」が一致することを見る. そのためには, どのように線を引いても, 図を使って計算した符号が定義に従って計算したものと一致することを示せばよい.

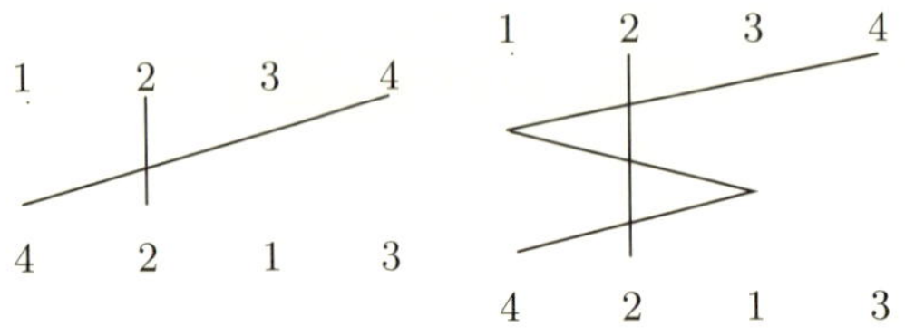

置換 $\begin{pmatrix} 1 & 2 & 3 & 4 \\ 4 & 2 & 1 & 3 \end{pmatrix}$ を例に使って考えよう. 逆転している数字の組 2 と 4 に注目する. 対応する線をひく. 図の左側のようにひくと, 二重点が 1 つできる. 図のようにひくと, 二重点の数は 3 である. これは 2 つの 4 が, 2 の線の両側に分かれているためである. それらを結ぶためには, 2 本の線は必ず奇数個の二重点をもつ. また, 逆転が起こっていない場合には, 偶数個の点で交わる.

二重点は 2 本の線の交わりである. すべての二重点の数を数えるためには, 線の組をすべて考えればよい. よって, 逆転が起こっている数字の組が奇数個のとき二重点の数は奇数個になり, 偶数個のとき二重点の数は偶数個になる. よって, 図を使った符号の計算でも, 定義に従った計算と同じ値を与える.

n 文字の置換 σ は, 上の文字を下の文字に対応させることにより, n 文字の集合 $\{1, 2, \cdots, n\}$ からそれ自身への全単射

$$\sigma : \{1, 2, \cdots, n\} \to \{1, 2, \cdots, n\}$$

に対応する．置換を写像としてみると，2 つの置換 σ, τ の積 $\tau\sigma$ を，2 つの全単射の合成写像 $\tau \circ \sigma$ として定義することができる．

たとえば，$\sigma = \begin{pmatrix} 1 & 2 & 3 \\ 2 & 3 & 1 \end{pmatrix}$，$\tau = \begin{pmatrix} 1 & 2 & 3 \\ 3 & 2 & 1 \end{pmatrix}$ の場合，$\tau\sigma = \begin{pmatrix} 1 & 2 & 3 \\ 2 & 1 & 3 \end{pmatrix}$ となる．この積を図を用いて確認するには，上に σ の図を描き，その下に τ の図を描けばよい．また，σ と τ を逆にした積を考えると，$\sigma\tau = \begin{pmatrix} 1 & 2 & 3 \\ 1 & 3 & 2 \end{pmatrix}$ となる．

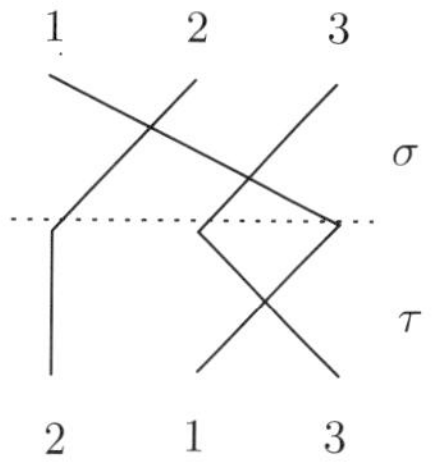

このとき，$\mathrm{sgn}(\tau\sigma) = \mathrm{sgn}(\tau)\,\mathrm{sgn}(\sigma)$ となることは，図を用いた方法で確認することができる．つまり，符号は 2 重点の数の偶奇で決まったが，全体の 2 重点の数は，上半分の σ に対応する部分の 2 重点の数と，下半分の τ に対応する部分の 2 重点の数の和と考えることができるからである．

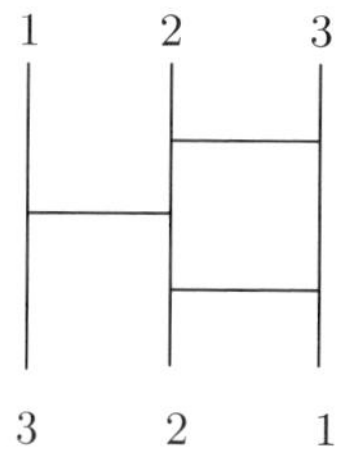

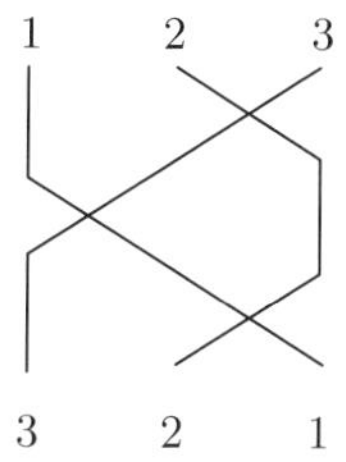

あみだくじは置換を与えることがわかる．あみだくじの横棒を 1 点につぶすと，ちょうど置換の図が得られる．あみだくじの横棒は互換に対応する．そのことから，偶置換は偶数個の互換の積で表され，奇置換は奇数個の互換の積で表されることがわかる．

この観察から，任意の置換が互換の積で表すことができることがわかる．正確な証明は，参考文献 [3] p.71 を参考にして欲しい．

小テスト:

問題 1: n 文字の置換の数が $n!$ であることを示せ．

問題 2: 次の置換の符号を計算せよ．

(1) $\begin{pmatrix} 1 & 2 & 3 \\ 3 & 1 & 2 \end{pmatrix}$　(2) $\begin{pmatrix} 1 & 2 & 3 & 4 \\ 2 & 4 & 1 & 3 \end{pmatrix}$　(3) $\begin{pmatrix} 1 & 2 & 3 & 4 & 5 & 6 \\ 6 & 5 & 4 & 3 & 2 & 1 \end{pmatrix}$

問題 3: 4 文字の互換の数を答えよ．

問題 4: $\sigma = \begin{pmatrix} 1 & 2 & 3 \\ 2 & 3 & 1 \end{pmatrix}$，$\tau = \begin{pmatrix} 1 & 2 & 3 \\ 3 & 2 & 1 \end{pmatrix}$ のとき，$\tau\sigma$ と $\sigma\tau$ が異なることを確かめよ．また，符号 $\mathrm{sgn}(\tau\sigma)$ と $\mathrm{sgn}(\sigma\tau)$ が一致することを確かめよ．

3.2　行列式の定義

目標：行列式を定義し，その計算方法を身につけよう．

定義 3.2.1 (n 次正方行列の行列式 (determinant))：

n 次正方行列 $A = \begin{pmatrix} a_{11} & \cdots & a_{1n} \\ \vdots & \ddots & \vdots \\ a_{n1} & \cdots & a_{nn} \end{pmatrix}$ に対し，A の**行列式**を

n 文字の置換について　$\operatorname{sgn}\left(\begin{pmatrix} 1 & 2 & \cdots & n \\ j_1 & j_2 & \cdots & j_n \end{pmatrix}\right) \times a_{1j_1} \times a_{2j_2} \times \cdots \times a_{nj_n}$　のすべての和

と定義する．以降，A の行列式を $\det A$ で表す．

例 3.2.2：2 次正方行列に対しては，

$$\det \begin{pmatrix} a_{11} & a_{12} \\ a_{21} & a_{22} \end{pmatrix} = \operatorname{sgn}\left(\begin{pmatrix} 1 & 2 \\ 1 & 2 \end{pmatrix}\right) \times a_{11}a_{22} + \operatorname{sgn}\left(\begin{pmatrix} 1 & 2 \\ 2 & 1 \end{pmatrix}\right) \times a_{12}a_{21} = a_{11}a_{22} - a_{12}a_{21}$$

例 3.2.3：3 次正方行列 $A = \begin{pmatrix} a_{11} & a_{12} & a_{13} \\ a_{21} & a_{22} & a_{23} \\ a_{31} & a_{32} & a_{33} \end{pmatrix}$ に対しては，

$$\begin{aligned}\det A = {} & \operatorname{sgn}\left(\begin{pmatrix} 1 & 2 & 3 \\ 1 & 2 & 3 \end{pmatrix}\right) \times a_{11}a_{22}a_{33} + \operatorname{sgn}\left(\begin{pmatrix} 1 & 2 & 3 \\ 1 & 3 & 2 \end{pmatrix}\right) \times a_{11}a_{23}a_{32} + \operatorname{sgn}\left(\begin{pmatrix} 1 & 2 & 3 \\ 2 & 1 & 3 \end{pmatrix}\right) \times a_{12}a_{21}a_{33} \\ & + \operatorname{sgn}\left(\begin{pmatrix} 1 & 2 & 3 \\ 2 & 3 & 1 \end{pmatrix}\right) \times a_{12}a_{23}a_{31} + \operatorname{sgn}\left(\begin{pmatrix} 1 & 2 & 3 \\ 3 & 1 & 2 \end{pmatrix}\right) \times a_{13}a_{21}a_{32} + \operatorname{sgn}\left(\begin{pmatrix} 1 & 2 & 3 \\ 3 & 2 & 1 \end{pmatrix}\right) \times a_{13}a_{22}a_{31} \\ = {} & a_{11}a_{22}a_{33} - a_{11}a_{23}a_{32} - a_{12}a_{21}a_{33} + a_{12}a_{23}a_{31} + a_{13}a_{21}a_{32} - a_{13}a_{22}a_{31}\end{aligned}$$

この $\det A$ の計算式に関しては，次のような覚え方がある：

(1) まず，A の第 1 列と第 2 列を，A の右側に付け加えた行列をつくる．$\left(\begin{array}{ccc|cc} a_{11} & a_{12} & a_{13} & a_{11} & a_{12} \\ a_{21} & a_{22} & a_{23} & a_{21} & a_{22} \\ a_{31} & a_{32} & a_{33} & a_{31} & a_{32} \end{array}\right)$

(2) 第 1 行の各成分から，斜め下方向に成分 3 個の積を，6 通りつくる．

(3) 左上から右下へ向かうときは「+」，右上から左下へ向かうときには「−」の符号をつけて，それらすべてをたす．

これをサラスの方法 (Sarrus' rule) という．**サラスの方法は 3 次正方行列にしか適用できない．**

練習 3.2.4 ：次の行列の行列式を計算しなさい．

(1) $\begin{pmatrix} 1 & 7 \\ 2 & 1 \end{pmatrix}$　　(2) $\begin{pmatrix} 1 & 3 & 2 \\ 1 & 1 & 0 \\ -1 & 0 & 1 \end{pmatrix}$

次に，行基本変形と行列式の関係を調べてみる．

定理 3.2.5 (行基本変形と行列式) ：A を n 次正方行列とする．

（第 i 行を c 倍）　$A \xrightarrow{ⓘ\times c} B_1$ のとき，　$\det B_1 = c \times \det A$.

（第 j 行に第 k 行の c 倍をたす）　$A \xrightarrow{ⓙ+ⓚ\times c} B_2$ のとき，　$\det B_2 = \det A$.

（第 ℓ 行と第 m 行を入れ換える）　$A \xrightarrow{ⓛ\leftrightarrow ⓜ} B_3$ のとき，　$\det B_3 = -\det A$.

なお列に関する同様の変形（解説ノート 2.1 参照）でも同じ定理が得られる．

この定理を用いて，以下のように行列式の計算をすることもできる．

例 3.2.6 ： $A = \begin{pmatrix} 0 & 1 \\ -2 & 6 \end{pmatrix}$ に対して，

$$A \xrightarrow{①\leftrightarrow②} B_1 = \begin{pmatrix} -2 & 6 \\ 0 & 1 \end{pmatrix} \xrightarrow{①\times(-1/2)} B_2 = \begin{pmatrix} 1 & -3 \\ 0 & 1 \end{pmatrix} \xrightarrow{①+②\times 3} B_3 = \begin{pmatrix} 1 & 0 \\ 0 & 1 \end{pmatrix} = I$$

定理 3.2.5 より，$\det B_1 = -\det A$,　$\det B_2 = \left(-\dfrac{1}{2}\right) \times \det B_1$,　$\det B_2 = \det B_3$.

したがって，$\left(-\dfrac{1}{2}\right) \times (-\det A) = \det B_3 = \det I = 1$ より，$\det A = 2$.

まとめ:

- (i, j) 成分が a_{ij} である n 次正方行列 A の **行列式** $\det A$ を，n 文字の置換について $\mathrm{sgn}(\begin{pmatrix} 1 & 2 & \cdots & n \\ j_1 & j_2 & \cdots & j_n \end{pmatrix}) \times a_{1j_1} \times a_{2j_2} \times \cdots \times a_{nj_n}$ のすべての和と定義する．
- 2 次と 3 次の正方行列の行列式については，比較的覚えやすい計算式がある．
- 行基本変形によって，行列式は次のように変化する:
  (1) 第 i 行を c 倍すると行列式も c 倍
  (2) 第 j 行に第 k 行の c 倍をたしても行列式は変化しない
  (3) 第 ℓ 行と第 m 行を入れ換えると行列式の符号が変わる

解説ノート 3.2

まず, n 文字の置換全体の集合を S_n で表すことにする. S_n の要素の数は $n!$ 個あることに注意.

n 次行列の行列式の定義を式で書くと次のようになる.

$$\det A = \sum_{\sigma \in S_n} \mathrm{sgn}(\sigma) a_{1\sigma(1)} a_{2\sigma(2)} \cdots a_{n\sigma(n)}$$

ここで和は, S_n に含まれる n 次置換すべてに対しての和を考えるということである. つまり, n 次行列の行列式は, 各行各列から 1 つずつ合計 n 個の成分を選んできてそれらをかけ合わせ, さらにその選び方に対応する置換の符号をかけたもの $n!$ 個の項の和となっている. たとえば 4 次の行列 $A = (a_{ij})$ の行列に対して, 4 次の置換 $\begin{pmatrix} 1 & 2 & 3 & 4 \\ 3 & 1 & 4 & 2 \end{pmatrix}$ に対応する成分は $a_{13}a_{21}a_{34}a_{42}$ であるが, それらの成分の行列内での位置は以下の通りである. 4 次の置換が $4! = 24$ 個あるというのは, そのような選び方が 24 通りあるということである.

	1	2	3	4
1			○	
2	○			
3				○
4		○		

定義に従って n 次行列の行列式を計算するためには, $n!$ 個の置換の符号を計算し, $n!$ 個の項の和を計算しなければならない. しかし, 4 次以上の行列に対しては, それは大変である. 計算の工夫についてはこの後述べる. また, サラスの方法は, 3 次行列にしか適用できないことに注意して欲しい. それは, 4 次以上の行列に関してはサラスの方法では $n!$ 個の項が得られないことからもわかる.

定理 3.2.5 の証明をする. 3 次行列の場合の例が次の 3.3 節にあるので参照して欲しい.

行列 A の第 i 行を c 倍すると, 行列式は c 倍となる.

証明

$$\begin{aligned} \det B_1 &= \sum_{\sigma \in S_n} \mathrm{sgn}(\sigma) a_{1\sigma(1)} a_{2\sigma(2)} \cdots c\, a_{i\sigma(i)} \cdots a_{n\sigma(n)} \\ &= c \sum_{\sigma \in S_n} \mathrm{sgn}(\sigma) a_{1\sigma(1)} a_{2\sigma(2)} \cdots a_{i\sigma(i)} \cdots a_{n\sigma(n)} = c \det A \end{aligned}$$

□

特に $c = 0$ とすることで, ある行やある列がすべて 0 である行列の行列式は 0 であることがわかる.

$\det B_3 = -\det A$ は, 互換の符号が -1 であることによる. 証明は 3 次行列の場合に関して解説ノート 3.3 で行う. これを認めると, 第 i 行と第 j 行が等しい行列 A に対し, $\det A = 0$ となることを次のように示すことができる.

証明 A は, 第 i 行と第 j 行を入れ換えても変わらないが, 行を入れ換えると行列式は -1 倍されるため, $\det A = -\det A$ となる. よって $\det A = 0$. □

このことを用いて, 第 j 行に第 k 行の c 倍を足した行列の行列式を計算する.

証明 $\det B_2 = \sum_{\sigma\in S_n} \mathrm{sgn}(\sigma) a_{1\sigma(1)}a_{2\sigma(2)}\cdots(a_{j\sigma(j)} + ca_{k\sigma(k)})\cdots a_{k\sigma(k)}\cdots a_{n\sigma(n)}$

$$= \sum_{\sigma\in S_n} \mathrm{sgn}(\sigma) a_{1\sigma(1)}a_{2\sigma(2)}\cdots a_{j\sigma(j)}\cdots a_{k\sigma(k)}\cdots a_{n\sigma(n)}$$
$$+c\sum_{\sigma\in S_n} \mathrm{sgn}(\sigma) a_{1\sigma(1)}a_{2\sigma(2)}\cdots a_{k\sigma(k)}\cdots a_{k\sigma(k)}\cdots a_{n\sigma(n)} = \det A$$

□

n 次行列の転置行列は n 次行列となる.(解説ノート 1.3 参照) 正方行列 A が ${}^tA = A$ をみたすとき, **対称行列**といい, ${}^tA = -A$ をみたすとき, **交代行列**という.

ここで転置行列の行列式を考察する.

<u>正方行列の転置行列の行列式は, 元の行列の行列式と一致する. つまり, $\det {}^tA = \det A$.</u>

証明 ${}^tA = (b_{ij})$ とすると, $b_{ij} = a_{ji}$ である. よって, $b_{1\sigma(1)}b_{2\sigma(2)}\cdots b_{n\sigma(n)} = a_{\sigma(1)1}a_{\sigma(2)2}\cdots a_{\sigma(n)n}$ である. また, $\sigma^{-1} = \begin{pmatrix} 1 & 2 & \cdots & n \\ \sigma^{-1}(1) & \sigma^{-1}(2) & \cdots & \sigma^{-1}(n) \end{pmatrix} = \begin{pmatrix} \sigma(1) & \sigma(2) & \cdots & \sigma(n) \\ 1 & 2 & \cdots & n \end{pmatrix}$ であるので, $a_{\sigma(1)1}a_{\sigma(2)2}\cdots a_{\sigma(n)n} = a_{1\sigma^{-1}(1)}a_{2\sigma^{-1}(2)}\cdots a_{n\sigma^{-1}(n)}$ となる. さらに, σ に σ^{-1} を対応させる写像は S_n の全単射であるので, $\sum_{\sigma\in S_n} = \sum_{\sigma^{-1}\in S_n}$ である. また, $\mathrm{sgn}(\sigma^{-1}) = \mathrm{sgn}(\sigma)$ が成り立つ. よって,

$$\det {}^tA = \sum_{\sigma\in S_n} \mathrm{sgn}(\sigma) b_{1\sigma(1)}b_{2\sigma(2)}\cdots b_{n\sigma(n)} = \sum_{\sigma\in S_n} \mathrm{sgn}(\sigma) a_{\sigma(1)1}a_{\sigma(2)2}\cdots a_{\sigma(n)n}$$
$$= \sum_{\sigma^{-1}\in S_n} \mathrm{sgn}(\sigma^{-1}) a_{1\sigma^{-1}(1)}a_{2\sigma^{-1}(2)}\cdots a_{n\sigma^{-1}(n)} = \det A$$

□

小テスト:

<u>**問題 1**</u>: 次の行列の行列式を, 行列式の定義を用いて求めよ.

(1) $\begin{pmatrix} 0 & 0 & a \\ 0 & b & c \\ d & e & f \end{pmatrix}$ (2) $\begin{pmatrix} 0 & 1 & 0 & 2 \\ 3 & 0 & 4 & 0 \\ 0 & 1 & 0 & 2 \\ 3 & 0 & 4 & 0 \end{pmatrix}$ (3) $\begin{pmatrix} a & b & b \\ b & a & b \\ b & b & a \end{pmatrix}$

<u>**問題 2**</u>: 次の行列の行列式をサラスの方法を用いて求めよ.

(1) $\begin{pmatrix} 1 & 1 & 1 \\ 2 & 3 & -1 \\ 4 & 9 & 1 \end{pmatrix}$ (2) $\begin{pmatrix} a & b & c \\ a^2 & b^2 & c^2 \\ a^3 & b^3 & c^3 \end{pmatrix}$

<u>**問題 3**</u>: 交代行列の対角成分は 0 となることを示せ.

3.3 余因子展開

目標 : 行列式の余因子展開による計算方法を身につけよう.

この節では, 前節で定義した行列式について, 余因子展開とよばれる, 一般の正方行列に対する計算方法を導入する. 以下, A を n 次正方行列とし, A の第 (i,j) 成分を a_{ij} とする.

まず, 行列の成分の余因子というものを用意する.

定義 3.3.1 (余因子 (cofactor)) : 第 (i,j) 成分を a_{ij} とする行列 A から, 第 i 行と第 j 列を取り除いて $(n-1)$ 次正方行列をつくる. この行列の行列式に $(-1)^{i+j}$ をかけたものを, a_{ij} の**余因子**といい, $\widetilde{a}_{ij}$ で表す.

このとき, 次の定理が成り立つ.

定理 3.3.2 (余因子展開 (cofactor expansion)) :
1 から n までの数 j に対して, $a_{j1}\,\widetilde{a}_{j1} + a_{j2}\,\widetilde{a}_{j2} + \cdots + a_{jn}\,\widetilde{a}_{jn} = \det A$ が成り立つ.
これを 行列 A の行列式 $\det A$ の第 j 行における**余因子展開** (cofactor expansion) という.

例 3.3.3 : $A = \begin{pmatrix} 1 & 2 & 3 \\ 4 & 5 & 4 \\ 3 & 2 & 1 \end{pmatrix}$ とすると, $a_{11} = 1, a_{12} = 2, a_{13} = 3$.

余因子は, $\widetilde{a}_{11} = \det \begin{pmatrix} 5 & 4 \\ 2 & 1 \end{pmatrix} = -3$, $\widetilde{a}_{12} = -\det \begin{pmatrix} 4 & 4 \\ 3 & 1 \end{pmatrix} = 8$, $\widetilde{a}_{13} = \det \begin{pmatrix} 4 & 5 \\ 3 & 2 \end{pmatrix} = -7$.

定理 3.3.2 で $j = 1$ とすると, $1 \times (-3) + 2 \times 8 + 3 \times (-7) = -3 + 16 - 21 = -8$.

よって, A の行列式 $\det A$ は -8 とわかる.

これから, 定理 3.3.2 を, 3 次正方行列に対して証明する. 一般の場合も, 同様に示すことができる. まず, 行列式の定義から導かれる, 次の定理を用意する(証明は解説ノート 3.3 を参照).

定理 3.3.4 (行列式の基本性質) :

(1) $\det \begin{pmatrix} a & 0 & 0 \\ d & e & f \\ g & h & i \end{pmatrix} = a \times \det \begin{pmatrix} e & f \\ h & i \end{pmatrix}$ (2) $\det \begin{pmatrix} a & b & c \\ d & e & f \\ g & h & i \end{pmatrix} = -\det \begin{pmatrix} b & a & c \\ e & d & f \\ h & g & i \end{pmatrix}$

(3) $\det \begin{pmatrix} a_1 + a_2 & b_1 + b_2 & c_1 + c_2 \\ d & e & f \\ g & h & i \end{pmatrix} = \det \begin{pmatrix} a_1 & b_1 & c_1 \\ d & e & f \\ g & h & i \end{pmatrix} + \det \begin{pmatrix} a_2 & b_2 & c_2 \\ d & e & f \\ g & h & i \end{pmatrix}$

(2) について, 他の列の入れ換えについても, 同様の式が成り立つ.

また, (3) について, 第 2 行と第 3 行についても, 同様の式が成り立つ.

すると, (3) より,

$$\det\begin{pmatrix} a & b & c \\ d & e & f \\ g & h & i \end{pmatrix} = \det\begin{pmatrix} a & 0 & 0 \\ d & e & f \\ g & h & i \end{pmatrix} + \det\begin{pmatrix} 0 & b & 0 \\ d & e & f \\ g & h & i \end{pmatrix} + \det\begin{pmatrix} 0 & 0 & c \\ d & e & f \\ g & h & i \end{pmatrix}$$

2 番目の項について, (2) より,

$$= \det\begin{pmatrix} a & 0 & 0 \\ d & e & f \\ g & h & i \end{pmatrix} - \det\begin{pmatrix} b & 0 & 0 \\ e & d & f \\ h & g & i \end{pmatrix} + \det\begin{pmatrix} 0 & 0 & c \\ d & e & f \\ g & h & i \end{pmatrix}$$

3 番目の項について, (2) を 2 回使って,

$$= \det\begin{pmatrix} a & 0 & 0 \\ d & e & f \\ g & h & i \end{pmatrix} - \det\begin{pmatrix} b & 0 & 0 \\ e & d & f \\ h & g & i \end{pmatrix} + \det\begin{pmatrix} c & 0 & 0 \\ f & d & e \\ i & g & h \end{pmatrix}$$

最後に, (1) より,

$$= a \times \det\begin{pmatrix} e & f \\ h & i \end{pmatrix} - b \times \det\begin{pmatrix} d & f \\ g & i \end{pmatrix} + c \times \det\begin{pmatrix} d & e \\ g & h \end{pmatrix}$$

これが, 3 次正方行列に関する余因子展開の公式となっている. 他の行での公式も同様に証明することができる.

練習 3.3.5 ：次の行列の行列式を余因子展開を使って計算しなさい.

(1) $A = \begin{pmatrix} 1 & 0 & 2 \\ 0 & 3 & 0 \\ 5 & 0 & 1 \end{pmatrix}$　　(2) $X = \begin{pmatrix} 0 & 1 & 0 & 3 \\ 1 & 0 & 2 & 0 \\ 0 & -1 & 0 & 0 \\ -2 & 0 & 3 & 1 \end{pmatrix}$

まとめ:

- A から第 i 行と第 j 列を取り除いてできる $(n-1)$ 次正方行列の行列式に $(-1)^{i+j}$ をかけたものを, a_{ij} の**余因子**という. これを $\widetilde{a}_{ij}$ で表す.

- 1 から n までの数 j に対して, $a_{j1}\,\widetilde{a}_{j1} + a_{j2}\,\widetilde{a}_{j2} + \cdots + a_{jn}\,\widetilde{a}_{jn} = \det A$ が成り立つ. これを, $\det A$ の第 j 行における**余因子展開** (cofactor expansion) という.

解説ノート 3.3

転置行列の行列式の性質を用いると, 定理 3.3.4 (行列式の基本性質) は行と列の役割を入れ換えたものについても成立する.

定理 3.3.4 の証明を行う. 3 次行列について述べるが, n 次行列についても証明は同様である. n 次行列の場合の証明が想像しやすいように, (i,j) 成分を a_{ij} を用いて表す.

証明 (1) について. $\det A = \det \begin{pmatrix} a_{11} & 0 & 0 \\ a_{21} & a_{22} & a_{23} \\ a_{31} & a_{32} & a_{33} \end{pmatrix} = a_{11} \det \begin{pmatrix} a_{22} & a_{23} \\ a_{32} & a_{33} \end{pmatrix}$ を示す. 行列式の定義から, $\det A = \sum_{\sigma \in S_3} \mathrm{sgn}(\sigma) a_{1\sigma(1)} a_{2\sigma(2)} a_{3\sigma(3)}$ である. ここで, 1 行目は $(1,1)$ 成分以外は 0 であるので, $\sigma(1) = 1$ となる置換のみ考えればよい. よって, σ は $\{2,3\}$ の置換を考えることになる. これは 2 次の置換 $\tau : \{2,3\} \to \{2,3\}$ に対応する. よって, $\det A = \sum_{\sigma \in S_3} \mathrm{sgn}(\sigma) a_{1\sigma(1)} a_{2\sigma(2)} a_{3\sigma(3)} = \sum_{\sigma \in S_3, \sigma(1)=1} \mathrm{sgn}(\sigma) a_{1\sigma(1)} a_{2\sigma(2)} a_{3\sigma(3)} = a_{11} \sum_{\tau \in S_2} \mathrm{sgn}(\sigma) a_{2\tau(2)} a_{3\tau(3)} = a_{11} \det \begin{pmatrix} a_{22} & a_{23} \\ a_{32} & a_{33} \end{pmatrix}$.

(2) について. 第 1 列, 第 2 列の入れ換えを考える. つまり, 次の式を示す.

$$\det A = \det \begin{pmatrix} a_{11} & a_{12} & a_{13} \\ a_{21} & a_{22} & a_{23} \\ a_{31} & a_{32} & a_{33} \end{pmatrix} = -\det \begin{pmatrix} a_{12} & a_{11} & a_{13} \\ a_{22} & a_{21} & a_{23} \\ a_{32} & a_{31} & a_{33} \end{pmatrix} = -\det B$$

$\sigma \in S_3$ に対し, $\tau = \sigma \begin{pmatrix} 1 & 2 & 3 \\ 2 & 1 & 3 \end{pmatrix} = \begin{pmatrix} 1 & 2 & 3 \\ \sigma(2) & \sigma(1) & \sigma(3) \end{pmatrix}$ となる τ を考える. このとき, $\sigma(2) = \tau(1)$, $\sigma(1) = \tau(2)$, $\sigma(3) = \tau(3)$ であるので, $a_{1\sigma(2)} a_{2\sigma(1)} a_{3\sigma(3)} = a_{1\tau(1)} a_{2\tau(2)} a_{3\tau(3)}$ となる. σ に対し τ を対応させる写像は, S_3 から S_3 への全単射である. よって, $\sigma \in S_3$ に対してとる和 $\sum_{\sigma \in S_3}$ と, $\tau \in S_3$ に対してとる和 $\sum_{\tau \in S_3}$ は等しくなる. また, $\mathrm{sgn}(\sigma) = \mathrm{sgn}(\tau)\,\mathrm{sgn}(1,2) = -\mathrm{sgn}(\tau)$ となる. よって,

$$\begin{aligned} \det A &= \sum_{\sigma \in S_3} \mathrm{sgn}(\sigma) a_{1\sigma(1)} a_{2\sigma(2)} a_{3\sigma(3)} = \sum_{\tau \in S_3} (-\mathrm{sgn}(\tau)) a_{1\tau(2)} a_{2\tau(1)} a_{3\tau(3)} \\ &= -\sum_{\tau \in S_3} \mathrm{sgn}(\tau) a_{1\tau(2)} a_{2\tau(1)} a_{3\tau(3)} = -\det B. \end{aligned}$$

(3) について.

$$\det A = \det \begin{pmatrix} b_{11} + c_{11} & b_{12} + c_{12} & b_{13} + c_{13} \\ a_{21} & a_{22} & a_{23} \\ a_{31} & a_{32} & a_{33} \end{pmatrix} = \det \begin{pmatrix} b_{11} & b_{12} & b_{13} \\ a_{21} & a_{22} & a_{23} \\ a_{31} & a_{32} & a_{33} \end{pmatrix} + \det \begin{pmatrix} c_{11} & c_{12} & c_{13} \\ a_{21} & a_{22} & a_{23} \\ a_{31} & a_{32} & a_{33} \end{pmatrix}$$

を示す.

$$\begin{aligned} \det A &= \sum_{\sigma \in S_3} \mathrm{sgn}(\sigma) (b_{1\sigma(1)} + c_{1\sigma(1)}) a_{2\sigma(2)} a_{3\sigma(3)} \\ &= \sum_{\sigma \in S_3} \mathrm{sgn}(\sigma) b_{1\sigma(1)} a_{2\sigma(2)} a_{3\sigma(3)} + \sum_{\sigma \in S_3} \mathrm{sgn}(\sigma) c_{1\sigma(1)} a_{2\sigma(2)} a_{3\sigma(3)} \end{aligned}$$

□

定理 3.2.5 と定理 3.3.4 を用いた行列式の計算例をあげる. 次にあげるような 4 次の行列式は, 定義を用いて計算すると大変であるが, 定理 3.2.5 と定理 3.3.4 であげた行列の性質を用いて行列式を変形すると, 計算が簡単になる.

以下, 行列 $A=(a_{ij})$ に対し, $\begin{vmatrix} a_{11} & \cdots & a_{1n} \\ \vdots & & \vdots \\ a_{n1} & \cdots & a_{nn} \end{vmatrix}$ で A の行列式を表すとする.

$$\begin{vmatrix} 0 & -5 & -2 & 3 \\ 1 & 3 & 1 & -2 \\ 1 & -1 & 1 & 1 \\ -1 & -1 & 0 & 1 \end{vmatrix} = \begin{vmatrix} 0 & -5 & -2 & 3 \\ 1 & 3 & 1 & -2 \\ 0 & -4 & 0 & 3 \\ 0 & 2 & 1 & -1 \end{vmatrix} = - \begin{vmatrix} 1 & 3 & 1 & -2 \\ 0 & -5 & -2 & 3 \\ 0 & -4 & 0 & 3 \\ 0 & 2 & 1 & -1 \end{vmatrix} = - \begin{vmatrix} -5 & -2 & 3 \\ -4 & 0 & 3 \\ 2 & 1 & -1 \end{vmatrix} = 1$$

初めの等式は第 2 行を第 4 行にたし, さらに第 2 行の -1 倍を第 3 行にたしている. 2 つ目の等式は, 第 1 行と第 2 行を入れ換えている. 3 つ目の等式は, 定理 3.3.4 を用いている.

行列 $A=(a_{ij})$ が, $i>j$ のとき $a_{ij}=0$ をみたすとき, **上三角行列**という. たとえば $\begin{pmatrix} 1 & 2 & 0 \\ 0 & 3 & 4 \\ 0 & 0 & 5 \end{pmatrix}$ は上三角行列の例である. <u>A が上三角行列のとき, $\det A = a_{11}a_{22}\cdots a_{nn}$ (対角成分の積) となる.</u>

証明　これは行列式の定義 $\det A = \sum_{\sigma\in S_n} \mathrm{sgn}(\sigma) a_{1\sigma(1)}a_{2\sigma(2)}\cdots a_{n\sigma(n)}$ において $\sigma = \begin{pmatrix} 1 & 2 & \cdots & n \\ 1 & 2 & \cdots & n \end{pmatrix}$ のみ考えればよいことから従う. この置換の符号は $+1$ である. または, 定理 3.3.4 を用いて帰納的に計算しても得られる. □

自然数 n, p, q が $n=p+q$ をみたしているとする. n 次行列 A が, p 次行列 B, q 次行列 D, p 行 q 列行列 C と, q 行 p 列零行列 O を用いて, $A=\begin{pmatrix} B & C \\ O & D \end{pmatrix}$ と表されているとき, $\det A = (\det B)(\det D)$ となる. 証明は参考文献 [1] p.83, [3] p.83 を参考にして欲しい. このように, 行列を小さな行列に分けることを**行列の分割**とよぶ.

小テスト:

問題 1: 次の行列の行列式を, 余因子展開を用いて計算せよ.

(1) $\begin{pmatrix} -1 & 2 & 1 \\ -1 & -1 & 2 \\ 2 & 1 & 3 \end{pmatrix}$ (2) $\begin{pmatrix} 2 & 5 & 2 \\ 4 & -2 & 4 \\ 1 & -5 & 3 \end{pmatrix}$ (3) $\begin{pmatrix} 0 & 4 & 2 & 1 \\ 3 & -2 & -5 & -1 \\ 0 & 1 & 0 & 2 \\ 1 & 3 & 2 & 1 \end{pmatrix}$ (4) $\begin{pmatrix} 1 & 1 & 2 & 2 \\ 3 & -2 & 4 & 0 \\ 0 & 0 & 3 & 5 \\ 0 & 0 & 1 & 3 \end{pmatrix}$

3.4 余因子行列と逆行列

目標：余因子を使った逆行列の求め方を身につけよう.

この節では, 前節で導入した余因子展開の応用として, 余因子をつかった**逆行列の公式**をつくってみよう. まず, そのために, 以下の用語を準備する. (解説ノート 1.3 も参照)

定義 3.4.1 (転置行列 (transpose)) :
正方行列 A から, 行と列とを入れ換えてできる行列を, A の**転置行列**といい, ${}^tA$ で表す.

また, 次の行列を定義する.

定義 3.4.2 (余因子行列 (adjoint)) : (i,j) 成分が a_{ij} である正方行列 A に関して,

余因子 $\widetilde{a}_{ij}$ を (i,j) 成分とする行列の転置行列 $\begin{pmatrix} \widetilde{a}_{11} & \cdots & \widetilde{a}_{n1} \\ \vdots & \ddots & \vdots \\ \widetilde{a}_{1n} & \cdots & \widetilde{a}_{nn} \end{pmatrix}$ を A の**余因子行列**という.

すると, 次の定理が成り立つ.

定理 3.4.3 (逆行列の公式) :

n 次正方行列 A に対し, その余因子行列を $\widetilde{A}$ で表すとき, $A\widetilde{A} = \begin{pmatrix} \det A & 0 & \cdots & 0 \\ 0 & \det A & \cdots & 0 \\ & \cdots & & \\ 0 & \cdots & 0 & \det A \end{pmatrix}$

が成り立つ. とくに, $\det A$ が 0 でないとき, $\boxed{A^{-1} = \dfrac{1}{\det A}\widetilde{A}}$ となる.

例 3.4.4 : 2 次正方行列 $A = \begin{pmatrix} a & b \\ c & d \end{pmatrix}$ を考える. このとき, $\widetilde{A} = \begin{pmatrix} d & -b \\ -c & a \end{pmatrix}$.

一方, $\det A = ad - bc$. よって, $ad - bc \neq 0$ のとき, A の逆行列は $\dfrac{1}{ad-bc}\begin{pmatrix} d & -b \\ -c & a \end{pmatrix}$ となる.

定理 3.4.3 から, 正方行列 A の行列式 $\det A$ が 0 でなければ, A は正則である (つまり, 逆行列 A^{-1} が存在する) ことがわかる. じつは, このことは必要十分条件になる.

定理 3.4.5 (正則行列と行列式) : A を n 次正方行列とする. このとき,

A が正則 (つまり, 逆行列 A^{-1} が存在) $\iff \det A \neq 0$ (必要十分条件)

以下, 定理 3.4.3 を 3 次正方行列に対して証明してみよう. 一般の場合も, 同様に証明できる.

$$A = \begin{pmatrix} a_{11} & a_{12} & a_{13} \\ a_{21} & a_{22} & a_{23} \\ a_{31} & a_{32} & a_{33} \end{pmatrix}$$ として, その余因子行列を $$\widetilde{A} = \begin{pmatrix} \widetilde{a}_{11} & \widetilde{a}_{21} & \widetilde{a}_{31} \\ \widetilde{a}_{12} & \widetilde{a}_{22} & \widetilde{a}_{32} \\ \widetilde{a}_{13} & \widetilde{a}_{23} & \widetilde{a}_{33} \end{pmatrix}$$ とする.

すると, A の余因子展開で得られる式と同じ式なので, 積 $A\widetilde{A}$ の $(1,1)$ 成分, $(2,2)$ 成分, $(3,3)$ 成分は $\det A$ となる. あとは, $A\widetilde{A}$ の (j,k) 成分 (ただし $j \neq k$) が 0 となることを示せばよい.

例として, $A\widetilde{A}$ の $(1,2)$ 成分が 0 となることを示そう. 他の場合も同様に示せる.

まず行列の積を計算すると, $A\widetilde{A}$ の $(1,2)$ 成分は, $a_{11}\,\widetilde{a}_{21} + a_{12}\,\widetilde{a}_{22} + a_{13}\,\widetilde{a}_{23}$ となる.

ここで, $$\begin{pmatrix} a_{11} & a_{12} & a_{13} \\ a_{11} & a_{12} & a_{13} \\ a_{31} & a_{32} & a_{33} \end{pmatrix}$$ という行列を考える. すると, 第 2 行において余因子展開すれば, その行列式は $a_{11}\,\widetilde{a}_{21} + a_{12}\,\widetilde{a}_{22} + a_{13}\,\widetilde{a}_{23}$ と一致することがわかる.

一方, この行列は, 行基本変形により, $$\begin{pmatrix} 0 & 0 & 0 \\ a_{11} & a_{12} & a_{13} \\ a_{31} & a_{32} & a_{33} \end{pmatrix}$$ という行列に変形できるので, 行列式は 0 でなければならない. したがって, $A\widetilde{A}$ の $(1,2)$ 成分が 0 となることが証明できた.

まとめ:

- 正方行列 A から行と列を入れ換えてできる行列を A の**転置行列**といい, ${}^tA$ で表す.
- (i,j) 成分が a_{ij} である n 次正方行列 A に関して, 余因子 $\widetilde{a}_{ij}$ を (i,j) 成分とする行列の転置行列を A の**余因子行列**という. これを $\widetilde{A}$ で表す.
- n 次正方行列 A に対し, $A\widetilde{A} = (\det A)\, I$ が成り立つ (I は単位行列). とくに, $\det A$ が 0 でないとき, $A^{-1} = \dfrac{1}{\det A}\widetilde{A}$ となる.
  たとえば, $A = \begin{pmatrix} a & b \\ c & d \end{pmatrix}$ に対しては, $\det A = ad - bc$ であり, よって,
  $\det A = ad - bc \neq 0$ のとき, A は正則行列で, その逆行列 A^{-1} は $\dfrac{1}{ad-bc}\begin{pmatrix} d & -b \\ -c & a \end{pmatrix}$.
- A を n 次正方行列とするとき, A が正則である (つまり, 逆行列 A^{-1} が存在する) ための必要十分条件は $\det A \neq 0$ である.

解説ノート 3.4

定理 3.4.5 の証明をする.

証明 A を正則行列とする. このとき, A を行基本変形で単位行列に変形することができる (解説ノート 2.4 を参照). 単位行列の行列式は 1 である. また, 上記のような行基本変形では, ある行を 0 倍する, という変形は考えていないので, 行列式が 0 であるまたは 0 でないという性質は変化しない. よって A の行列式は 0 でないことがわかる.

逆に, $\det A \neq 0$ とする. $B = \dfrac{1}{\det A}\widetilde{A}$ とおくと, 定理 3.4.3 より, $AB = \dfrac{1}{\det A}A\widetilde{A} = I$. 同様に $BA = I$. よって, B は A の逆行列である. □

解説ノート 2.4 で示したように, n 次行列 A が正則であるための必要十分条件は, $\operatorname{rank} A = n$ であった. よって, 定理 3.4.5 より n 次行列 A に対し, $\boxed{\det A \neq 0 \iff \operatorname{rank}A = n}$ が従う.

定理 3.4.3(逆行列の公式) を用いて, 3 次行列 $A = \begin{pmatrix} 1 & 2 & -3 \\ -1 & -1 & 2 \\ 2 & 1 & -2 \end{pmatrix}$ の逆行列を計算してみる. まず, $\det A = 1$ である. 余因子を計算すると, $\widetilde{a}_{11} = 0$, $\widetilde{a}_{12} = 2$, $\widetilde{a}_{13} = 1$, $\widetilde{a}_{21} = 1$, $\widetilde{a}_{22} = 4$, $\widetilde{a}_{23} = 3$, $\widetilde{a}_{31} = 1$, $\widetilde{a}_{32} = 1$, $\widetilde{a}_{33} = 1$ となるので, $A^{-1} = \begin{pmatrix} 0 & 1 & 1 \\ 2 & 4 & 1 \\ 1 & 3 & 1 \end{pmatrix}$ を得る.

4 次行列 $A = \begin{pmatrix} 0 & 2 & -3 & 2 \\ 2 & 2 & 2 & -1 \\ 5 & 5 & 3 & -1 \\ 0 & -1 & -1 & 1 \end{pmatrix}$ の逆行列を求める. 4 次行列については, 4 次行列の行列式を 1 回, 3 次行列の行列式を 16 回計算しなければならない. まず, $\det A = 1$ である. 余因子を計算すると, $\widetilde{a}_{11} = -2$, $\widetilde{a}_{12} = 1$, $\widetilde{a}_{13} = 3$, $\widetilde{a}_{14} = 4$, $\widetilde{a}_{21} = -12$, $\widetilde{a}_{22} = 5$, $\widetilde{a}_{23} = 20$, $\widetilde{a}_{24} = 25$, $\widetilde{a}_{31} = 5$, $\widetilde{a}_{32} = -2$, $\widetilde{a}_{33} = -8$, $\widetilde{a}_{34} = -10$, $\widetilde{a}_{41} = -3$, $\widetilde{a}_{42} = 1$, $\widetilde{a}_{43} = 6$, $\widetilde{a}_{44} = 8$ となるので, $A^{-1} = \begin{pmatrix} -2 & -12 & 5 & -3 \\ 1 & 5 & -2 & 1 \\ 3 & 20 & -8 & 6 \\ 4 & 25 & -10 & 8 \end{pmatrix}$ を得る.

これらの例からもわかるとおり, 逆行列の計算は, 特別な場合を除いて, 2.4 節で扱った行基本変形を用いた方が効率的な場合が多い.

ここで行列式の計算例として, ヴァンデルモンドの行列式の計算を行う. n 次の**ヴァンデルモンドの行列式**とは次のようなものである.

$$\det\begin{pmatrix} 1 & 1 & \cdots & 1 \\ x_1 & x_2 & \cdots & x_n \\ \vdots & \vdots & & \vdots \\ x_1^{n-1} & x_2^{n-1} & \cdots & x_n^{n-1} \end{pmatrix} = \prod_{i<j}(x_j - x_i)$$

この等式を証明する．この行列は $x_i = x_j$ のとき，第 i 列と第 j 列が一致する．そのとき行列式は 0 となるので，行列式は $x_j - x_i$ $(1 \leq i < j \leq n)$ を因数に持つことがわかる．よって行列式は，それらの積の $\prod_{i<j}(x_j - x_i)$ を因数にもつ．ここで，$\prod_{i<j}$ は，$i < j$ の条件をみたす組すべての積をとるということである．ここで，各 x_i についてそれぞれの次数をみると，両方とも $\dfrac{n(n-1)}{2}$ 次である．また，x_1 の最高次数の係数は両方とも 1 である．よって，上の等式が成り立つことがわかる．

3 次の場合のヴァンデルモンドの行列式は，

$$\det\begin{pmatrix} 1 & 1 & 1 \\ x_1 & x_2 & x_3 \\ x_1^2 & x_2^2 & x_3^2 \end{pmatrix} = (x_3 - x_2)(x_3 - x_1)(x_2 - x_1)$$

となる．ヴァンデルモンドの行列式は，余因子展開を用いても計算することができる．

小テスト:

問題 1: 逆行列を，逆行列の公式を用いて求めよ．

(1) $\begin{pmatrix} 2 & 3 & 0 \\ 1 & 2 & 0 \\ 0 & 0 & 1 \end{pmatrix}$　　(2) $\begin{pmatrix} -2 & 1 & 0 \\ 3 & 1 & 1 \\ 7 & 1 & 2 \end{pmatrix}$

問題 2: (1) 次の行列の行列式を求め，逆行列を持つための必要十分条件を述べよ．

(2) 逆行列をもつとき，逆行列の公式を用いて逆行列を求めよ．

$$\begin{pmatrix} 1 & 1 & 1 \\ a & b & c \\ a^2 & b^2 & c^2 \end{pmatrix}$$

問題 3: A をすべての成分が整数であり，行列式が 1 である正方行列とする．このとき，A^{-1} の各成分は整数となることを示せ．

3.5 クラメールの公式

この節で, 今までの準備をもとに, 目標だった連立一次方程式の解を求める公式を導く.

目標 : 連立一次方程式の解の公式 (クラメールの公式) を導こう.

まず, 次の定理を準備する(証明は解説ノート 3.5 を参照).

定理 3.5.1 (行列の積と行列式) : A と B を n 次正方行列とする. このとき,

$$\det(AB) = (\det A)\,(\det B)$$

とくに, AB が正則 $\Longleftrightarrow$ A も B も正則 (必要十分条件)

この定理を準備すると, 次の定理を示すことができる.

定理 3.5.2 (クラメールの公式 (Cramer's Rule)) :

n 元連立一次方程式 $\begin{cases} a_{11}x_1 + \cdots + a_{1n}x_n = b_1 \\ \qquad\vdots \\ a_{n1}x_1 + \cdots + a_{nn}x_n = b_n \end{cases}$ の係数行列 A が正則行列であると仮定する.

このとき,

$$A_j = \begin{pmatrix} a_{11} & \cdots & a_{1(j-1)} & b_1 & a_{1(j+1)} & \cdots & a_{1n} \\ \vdots & & & \vdots & & & \vdots \\ a_{n1} & \cdots & a_{n(j-1)} & b_n & a_{n(j+1)} & \cdots & a_{nn} \end{pmatrix}$$

とおくと,

解は $\boxed{x_j = \dfrac{\det A_j}{\det A}}$ と求められる $(j = 1, \cdots, n)$.

例 3.5.3 : 2 元連立一次方程式 $\begin{cases} ax + by = p \\ cx + dy = q \end{cases}$ を考える. 係数行列を $A = \begin{pmatrix} a & b \\ c & d \end{pmatrix}$ とする.

A の行列式 $\det A = ad - bc \neq 0$ のとき, $A_1 = \begin{pmatrix} p & b \\ q & d \end{pmatrix}$, $A_2 = \begin{pmatrix} a & p \\ c & q \end{pmatrix}$ とすれば,

連立方程式の解は $x = \dfrac{\det A_1}{\det A} = \dfrac{pd - bq}{ad - bc}$, $y = \dfrac{\det A_2}{\det A} = \dfrac{aq - pc}{ad - bc}$ で求められる.

練習 3.5.4 : 連立方程式 $\begin{cases} x + y = 1 \\ x - y = 3 \end{cases}$ をクラメールの公式を使って解きなさい.

以下, 定理 3.5.2 を証明しよう. まず, 与えられた連立方程式を

$$\begin{pmatrix} a_{11} & \cdots & a_{1n} \\ \vdots & \ddots & \vdots \\ a_{n1} & \cdots & a_{nn} \end{pmatrix} \begin{pmatrix} x_1 \\ \vdots \\ x_n \end{pmatrix} = \begin{pmatrix} b_1 \\ \vdots \\ b_n \end{pmatrix}$$

と行列の積を使って表しておく.

ここで, n 次単位行列 I の第 j 列を $\begin{pmatrix} x_1 \\ \vdots \\ x_n \end{pmatrix}$ で置き換えた行列 $\begin{pmatrix} 1 & 0 & \cdots & 0 & x_1 & 0 & \cdots & 0 & 0 \\ 0 & 1 & \cdots & 0 & x_2 & 0 & \cdots & 0 & 0 \\ \vdots & & & & \vdots & & & & \vdots \\ 0 & 0 & \cdots & 0 & x_n & 0 & \cdots & 0 & 1 \end{pmatrix}$

を考える. 行列の積を計算すれば,

$$\begin{pmatrix} a_{11} & \cdots & a_{1n} \\ \vdots & \ddots & \vdots \\ a_{n1} & \cdots & a_{nn} \end{pmatrix} \begin{pmatrix} 1 & 0 & \cdots & 0 & x_1 & 0 & \cdots & 0 & 0 \\ 0 & 1 & \cdots & 0 & x_2 & 0 & \cdots & 0 & 0 \\ \vdots & & & & \vdots & & & & \vdots \\ 0 & 0 & \cdots & 0 & x_n & 0 & \cdots & 0 & 1 \end{pmatrix} = \begin{pmatrix} a_{11} \cdots a_{1(j-1)} & b_1 & a_{1(j+1)} \cdots a_{1n} \\ \vdots & \vdots & \vdots \\ a_{n1} \cdots a_{n(j-1)} & b_n & a_{n(j+1)} \cdots a_{nn} \end{pmatrix}$$

$\det \begin{pmatrix} 1 & 0 & \cdots & 0 & x_1 & 0 & \cdots & 0 & 0 \\ 0 & 1 & \cdots & 0 & x_2 & 0 & \cdots & 0 & 0 \\ \vdots & & & & \vdots & & & & \vdots \\ 0 & 0 & \cdots & 0 & x_n & 0 & \cdots & 0 & 1 \end{pmatrix} = x_j$ となるから, 定理 3.5.1 より, $\det A \cdot x_j = \det A_j$.

以上より, $x_j = \dfrac{\det A_j}{\det A}$ となる.

まとめ:

n 元連立一次方程式 $\begin{cases} a_{11}x_1 + \cdots + a_{1n}x_n = b_1 \\ \qquad\qquad \vdots \\ a_{n1}x_1 + \cdots + a_{nn}x_n = b_n \end{cases}$ の係数行列 A が正則行列であるとする.

このとき, $A_j = \begin{pmatrix} a_{11} & \cdots & a_{1(j-1)} & b_1 & a_{1(j+1)} & \cdots & a_{1n} \\ \vdots & & & \vdots & & & \vdots \\ a_{n1} & \cdots & a_{n(j-1)} & b_n & a_{n(j+1)} & \cdots & a_{nn} \end{pmatrix}$ とおくと, 解は $x_j = \dfrac{\det A_j}{\det A}$

(ただし, $j = 1, \cdots, n$).

解説ノート 3.5

クラメールの公式は, 係数行列が正則である連立一次方程式に用いることができるが, 連立一次方程式の係数が文字を使って表され, さらにある種の対称性をもつ際に特に有効である. 次の例を考える.

$$\begin{cases} x+y+z=1 \\ ax+by+cz=d \\ a^2x+b^2y+c^2z=d^2 \end{cases}$$

この連立一次方程式の係数行列は, $A=\begin{pmatrix} 1 & 1 & 1 \\ a & b & c \\ a^2 & b^2 & c^2 \end{pmatrix}$ であり, 行列式は, 解説ノート 3.4 で行った 3 次のヴァンデルモンドの行列式の計算により, $\det A=(c-a)(c-b)(b-a)$ となる. a, b, c が互いに異なるときに, $\det A \neq 0$ となり, 係数行列 A は正則となる. クラメールの公式により, 解は,

$$x=\frac{(c-d)(c-b)(b-d)}{(c-a)(c-b)(b-a)}, \quad y=\frac{(c-a)(c-d)(d-a)}{(c-a)(c-b)(b-a)}, \quad z=\frac{(d-a)(d-b)(b-a)}{(c-a)(c-b)(b-a)}$$

となる.

たとえば, 連立方程式 $\begin{cases} x+y+z=1 \\ x+2y+3z=-1 \\ x+4y+9z=1 \end{cases}$ を考えると, 上の例で, $a=1, b=2, c=3, d=-1$ の場合であり, 係数行列は正則になるので, クラメールの公式より, $x=\dfrac{(3+1)(3-2)(2+1)}{(3-1)(3-2)(2-1)}=6$, $y=\dfrac{(3-1)(3+1)(-1-1)}{(3-1)(3-2)(2-1)}=-8$, $z=\dfrac{(-1-1)(-1-2)(2-1)}{(3-1)(3-2)(2-1)}=3$ となる.

定理 3.5.1 の $\det(AB)=(\det A)(\det B)$ を 3 次行列に対して示す. n 次行列の場合の証明も同様である.

証明　B の第 j 行ベクトルを $\boldsymbol{b}_j=(b_{j1}, b_{j2}, b_{j3})$ と書くと, $B=\begin{pmatrix} b_{11} & b_{12} & b_{13} \\ b_{21} & b_{22} & b_{23} \\ b_{31} & b_{32} & b_{33} \end{pmatrix}=\begin{pmatrix} \boldsymbol{b}_1 \\ \boldsymbol{b}_2 \\ \boldsymbol{b}_3 \end{pmatrix}$ と表すことができる. AB の第 i 行は, 行列の積の定義から, $\left(\sum_{j=1}^{3} a_{ij}b_{j1}, \sum_{j=1}^{3} a_{ij}b_{j2}, \sum_{j=1}^{3} a_{ij}b_{j3}\right)=\sum_{j=1}^{3} a_{ij}\boldsymbol{b}_j$ となる. よって, $\det(AB)=\det\begin{pmatrix} \sum_{j=1}^{3} a_{1j}\boldsymbol{b}_j \\ \sum_{j=1}^{3} a_{2j}\boldsymbol{b}_j \\ \sum_{j=1}^{3} a_{3j}\boldsymbol{b}_j \end{pmatrix}$ となる. 1 行目に注目して, 定理 3.3.4(3) を

用いると $\det(AB) = a_{11}\det\begin{pmatrix} \boldsymbol{b}_1 \\ \sum_{j=1}^{3} a_{2j}\boldsymbol{b}_j \\ \sum_{j=1}^{3} a_{3j}\boldsymbol{b}_j \end{pmatrix} + a_{12}\det\begin{pmatrix} \boldsymbol{b}_2 \\ \sum_{j=1}^{3} a_{2j}\boldsymbol{b}_j \\ \sum_{j=1}^{3} a_{3j}\boldsymbol{b}_j \end{pmatrix} + a_{13}\det\begin{pmatrix} \boldsymbol{b}_3 \\ \sum_{j=1}^{3} a_{2j}\boldsymbol{b}_j \\ \sum_{j=1}^{3} a_{3j}\boldsymbol{b}_j \end{pmatrix}$. これを続けて, $\det(AB) = \sum_{k=1}^{3}\sum_{\ell=1}^{3}\sum_{m=1}^{3} a_{1k}a_{2\ell}a_{3m}\det\begin{pmatrix} \boldsymbol{b}_k \\ \boldsymbol{b}_\ell \\ \boldsymbol{b}_m \end{pmatrix}$. ここで, $\det\begin{pmatrix} \boldsymbol{b}_k \\ \boldsymbol{b}_\ell \\ \boldsymbol{b}_m \end{pmatrix}$ は k, ℓ, m がすべて異なるとき以外は 0 となる. よって, 和は $\boldsymbol{b}_k, \boldsymbol{b}_\ell, \boldsymbol{b}_m$ がすべて異なる場合のみ考えればよい. よって,

$$\det(AB) = \sum_{\sigma \in S_3} a_{1\sigma(1)}a_{2\sigma(2)}a_{3\sigma(3)}\det\begin{pmatrix} \boldsymbol{b}_{\sigma(1)} \\ \boldsymbol{b}_{\sigma(2)} \\ \boldsymbol{b}_{\sigma(3)} \end{pmatrix} = \sum_{\sigma \in S_3} a_{1\sigma(1)}a_{2\sigma(2)}a_{3\sigma(3)}\mathrm{sgn}(\sigma)\det\begin{pmatrix} \boldsymbol{b}_1 \\ \boldsymbol{b}_2 \\ \boldsymbol{b}_3 \end{pmatrix}$$

$$= (\det A)(\det B).$$

また, AB が正則とすると, 定理 3.4.5 より $\det(AB) \neq 0$ となる. よって, $\det A \neq 0$ かつ $\det B \neq 0$ を得るので, A も B も正則となる. 逆に, A も B も正則なら, $\det A \neq 0$ かつ $\det B \neq 0$ である. このとき, $\det(AB) \neq 0$ となり, 定理 3.4.5 より AB が正則となる. □

$\det(AB) = (\det A)(\det B)$ から, 逆行列の行列式はもとの行列の行列式の逆数になることがわかる. つまり, $\underline{\det(A^{-1}) = \dfrac{1}{\det A}}$ である.

証明 $AA^{-1} = I$ であり, $\det I = 1$ であるので, $(\det A)(\det(A^{-1})) = 1$ となる. □

小テスト:

問題 1: 次の連立方程式をクラメールの公式を用いて解け.

$$\begin{cases} x + 2y - 3z = 1 \\ -x - y + 2z = 2 \\ 2x + y - 2z = 3 \end{cases}$$

問題 2: 次の連立方程式をクラメールの公式を用いて解け. ただし, 係数行列は正則行列であるとする.

$$\begin{cases} ax + by + cz = d \\ a^2x + b^2y + c^2z = d^2 \\ a^3x + b^3y + c^3z = d^3 \end{cases}$$

期末試験 1

$\boxed{1}$ (一次変換)

$\mathbb{R}^2$ から $\mathbb{R}^2$ への一次変換 f が, ベクトル $\begin{pmatrix} 1 \\ 1 \end{pmatrix}$ を $\begin{pmatrix} 2 \\ 1 \end{pmatrix}$ にうつし, $\begin{pmatrix} 2 \\ -1 \end{pmatrix}$ を $\begin{pmatrix} 7 \\ -4 \end{pmatrix}$ にうつすとする.

(1) f を求め, f の表現行列を書け.

(2) $g : \mathbb{R}^2 \to \mathbb{R}$, $g(\begin{pmatrix} x \\ y \end{pmatrix}) = x - 2y$ に対し, $\begin{pmatrix} x \\ y \end{pmatrix}$ の $g \circ f$ による像を求めよ.

$\boxed{2}$ (行列の和と積の計算)

$A = \begin{pmatrix} 1 & 2 & 3 \\ 0 & 1 & 2 \\ 0 & 0 & 1 \end{pmatrix}$, $B = \begin{pmatrix} 1 & 4 & 7 \\ 2 & 5 & 8 \\ 3 & 6 & 9 \end{pmatrix}$ に対し, 次の行列を計算せよ.

(1) $B - 2A$　(2) AB　(3) A^3

$\boxed{3}$ (連立一次方程式)

次の連立一次方程式を解け.

$$\begin{cases} x + y + z = 6 \\ -2x - y = -4 \\ -x + y + 3z = 10 \end{cases}$$

4 (行列の階数と逆行列)

次の行列の階数を求めよ．また逆行列をもつ場合には, 逆行列を求めよ．

(1) $\begin{pmatrix} -1 & 1 & 1 \\ 5 & 2 & 3 \\ 10 & 3 & 5 \end{pmatrix}$ (2) $\begin{pmatrix} 1 & -1 & -5 \\ 4 & 8 & 4 \\ 1 & 5 & 7 \end{pmatrix}$ (3) $\begin{pmatrix} 1 & 1 & -1 & 0 \\ 0 & 1 & -3 & -1 \\ 2 & 3 & -2 & 1 \\ 0 & -1 & 1 & 0 \end{pmatrix}$

5 (行列式)

次の行列の行列式を求めよ．

(1) $\begin{pmatrix} 1 & 2 & 3 \\ 3 & 1 & 2 \\ 2 & 3 & 1 \end{pmatrix}$ (2) $\begin{pmatrix} 0 & 1 & 2 & 3 \\ 1 & 0 & 1 & 2 \\ 2 & 1 & 0 & 1 \\ 3 & 2 & 1 & 0 \end{pmatrix}$

6 (n 次行列の行列式)

n 次行列 $A_n = \begin{pmatrix} t & -1 & 0 & \cdots & 0 \\ 0 & t & -1 & \cdots & 0 \\ \vdots & & \ddots & \ddots & \vdots \\ 0 & 0 & \cdots & t & -1 \\ c_0 & c_1 & \cdots & c_{n-2} & t+c_{n-1} \end{pmatrix}$ を考える．

(1) A_3 と A_4 の行列式を求めよ．

(2) A_n の行列式を求めよ．

以上

第 4 章　ベクトル空間

n 次元ベクトルをすべて集めてできる集合 $\mathbb{R}^n$ を考えるとき, 単に要素を集めた「集合」ではなく, ベクトルの加法やスカラー倍という演算も含めて考えている. このような「ベクトルを集めた集合」を抽象化した集合を**ベクトル空間** (vector space) (または, 線形空間 (linear space)) とよんでいる.

ベクトル空間とは「集合にいくつかの性質をみたすような演算 (加法とスカラー倍) がついたもの」であり, その要素は今まで学んできたような「ベクトル」とは限らない. たとえば, 行列の集合や, 多項式の集合, 関数の集合などもベクトル空間になる. 実際, このベクトル空間という概念は, 現代の数学や物理学におけるあらゆる分野で, 基礎として現れるものなのである.

この章では, ベクトル空間の概念を導入し, その基本的な性質を学んでいこう.

4.1　ベクトル空間とは

目標 : ベクトル空間の定義と例を理解しよう.

上のように, n 次元ベクトルをすべて集めてできる集合 $\mathbb{R}^n$ には, 加法・スカラー倍という**演算** (集合のいくつかの要素の組に対して, その集合の要素を対応させる写像) が付随している. このような考え方を一般化・抽象化してベクトル空間を定義する.

定義 4.1.1 (ベクトル空間 (vector space)) :
ある集合 V とスカラーとよばれる数の集合 K が与えられたとする.
まず, V の 2 つの要素に対して, V の 1 つの要素を対応させる**加法**とよばれる演算が存在して, 次の性質をみたすとする:

V の要素 $\boldsymbol{x}, \boldsymbol{y}$ に対して, その加法の結果を $\boldsymbol{x}+\boldsymbol{y}$ と表すとき,

(1)　V の任意の要素 $\boldsymbol{x}, \boldsymbol{y}$ に対して, $\boldsymbol{x}+\boldsymbol{y}=\boldsymbol{y}+\boldsymbol{x}$

(2)　V の任意の要素 $\boldsymbol{x}, \boldsymbol{y}, \boldsymbol{z}$ に対して, $(\boldsymbol{x}+\boldsymbol{y})+\boldsymbol{z}=\boldsymbol{x}+(\boldsymbol{y}+\boldsymbol{z})$

(3)　記号 $\boldsymbol{0}$ で表される V の要素が存在して, V のどんな要素 $\boldsymbol{u}$ に対しても $\boldsymbol{u}+\boldsymbol{0}=\boldsymbol{u}$

(4)　V の各要素 $\boldsymbol{v}$ に対して, 記号 $-\boldsymbol{v}$ で表される V の要素が存在して $\boldsymbol{v}+(-\boldsymbol{v})=\boldsymbol{0}$

次に, V の 1 つの要素と K の 1 つの要素に対して, V の 1 つの要素を対応させる**スカラー倍**とよばれる演算が存在して, 次の性質をみたすとする:

V の要素 $\boldsymbol{v}$ と K の要素 k に対して, そのスカラー倍の結果を $k\boldsymbol{v}$ と表すとき,

(5)　V の任意の要素 $\boldsymbol{x}, \boldsymbol{y}$ と K の任意の要素 k に対して, $k(\boldsymbol{x}+\boldsymbol{y})=k\boldsymbol{x}+k\boldsymbol{y}$

(6)　V の任意の要素 $\boldsymbol{u}$ と K の任意の要素 s, t に対して, $(s+t)\boldsymbol{u}=s\boldsymbol{u}+t\boldsymbol{u}$

(7)　V の任意の要素 $\boldsymbol{u}$ と K の任意の要素 s, t に対して, $s(t\boldsymbol{u})=(st)\boldsymbol{u}$

(8)　記号 1 で表される K の要素が存在して, V のどんな要素 $\boldsymbol{v}$ に対しても $1\boldsymbol{v}=\boldsymbol{v}$

このとき, V を**ベクトル空間**とよぶ. (また (3) をみたす要素 $\boldsymbol{0}$ を V の**零ベクトル**という)

以降, とくに断りのない限り, K としては実数の集合 $\mathbb{R}$ を考える.

例 4.1.2 : n 次元ベクトルすべてを集めた集合 $\mathbb{R}^n$ は, ベクトルの加法とスカラー倍を考えるとベクトル空間になる. つまり, 定義 4.1.1 の 8 個の性質をすべてみたすことが確かめられる (0.3 節参照).

例 4.1.3 : 2 次元ベクトルの集合 $V = \left\{ t\boldsymbol{a} \;\middle|\; \boldsymbol{a} = \begin{pmatrix} 3 \\ -2 \end{pmatrix},\ t \text{ は実数} \right\}$ は, ベクトルの加法とスカラー倍を考えるとき, ベクトル空間になる. つまり, 定義 4.1.1 の 8 個の性質をすべてみたすことが確かめられる. たとえば, 性質 (4) については, V の要素 $\boldsymbol{v} = t\boldsymbol{a}$ に対し $-\boldsymbol{v} = (-t)\,\boldsymbol{a}$ とすればよい.

練習 4.1.4 : 3 次元ベクトルを集めた集合 $W = \left\{ s\begin{pmatrix} 1 \\ 0 \\ -1 \end{pmatrix} + t\begin{pmatrix} 0 \\ -1 \\ 1 \end{pmatrix} \;\middle|\; s, t \text{ は実数} \right\}$ は, 通常のベクトルの加法とスカラー倍を考えるとき, ベクトル空間になることを示しなさい.

例 4.1.5 : m 行 n 列の行列すべてを集めた集合 $\left\{ \begin{pmatrix} a_{11} & \cdots & a_{1n} \\ \vdots & \ddots & \vdots \\ a_{m1} & \cdots & a_{mn} \end{pmatrix} \;\middle|\; a_{ij} \text{は実数} \right\}$ は, 通常の行列の加法とスカラー倍を考えるとき, ベクトル空間になる. つまり, 定義 4.1.1 の 8 個の性質をすべてみたすことが確かめられる. たとえば, 性質 (6) について, 任意の行列 M と任意の実数 s, t に対して, $(s+t)M = sM + tM$ が成り立つ (解説ノート 1.2 を参照).

例 4.1.6 : 実数係数の p 次以下の多項式をすべて集めた集合 $\{a_p x^p + \cdots + a_1 x + a_0 \mid a_i \text{は実数}\}$ は, 通常の多項式の加法と実数倍を考えるとき, ベクトル空間になる. つまり, 定義 4.1.1 の 8 個の性質をすべてみたすことが確かめられる.

まとめ:

- 「n 次元ベクトルを集めてできる集合」と「ベクトルの演算」を一般化することで, **ベクトル空間**が定義される. 具体的には, 集合 V とスカラーとよばれる数の集合 K に対し, 8 個の性質をみたすような**加法・スカラー倍**とよばれる演算が存在するとき, その V を (その加法・スカラー倍に関する) ベクトル空間という.
- ベクトル空間の例としては, n 次元ベクトルすべてを集めた集合 $\mathbb{R}^n$, m 行 n 列の行列の集合, p 次以下の多項式の集合, などがある.

解説ノート 4.1

これまで考えてきた $\mathbb{R}^n$ と区別して, これから考える一般的なベクトル空間は, 抽象的ベクトル空間とよばれることもある.

この本では, K として主に実数の集合 $\mathbb{R}$ を考えるが, 複素数の集合 $\mathbb{C}$ を考える場合もある. それらを区別する場合, K が $\mathbb{R}$ のとき, **実ベクトル空間**または **$\mathbb{R}$ 上のベクトル空間**とよぶ. K が $\mathbb{C}$ のとき, **複素ベクトル空間**または **$\mathbb{C}$ 上のベクトル空間**とよぶ.

ベクトル空間の要素を**ベクトル**とよぶ. たとえば, 行列からなるベクトル空間では, 1 つ 1 つの行列がベクトルであり, 多項式からなるベクトル空間では, 多項式がベクトルである. 加法の結果を**和**という.

ベクトル空間とは, 集合とその上の演算であるベクトルの加法とスカラー倍からなる構造である. 集合を 1 つ決めても, その上に演算をきちんと定めないとベクトル空間にはならないことに注意して欲しい.

ベクトル $\boldsymbol{v}$ に対して, 定義 4.1.1(4) で定義されたベクトル $-\boldsymbol{v}$ を, **逆ベクトル**とよぶ.

行列のなすベクトル空間において, 零行列が零ベクトルとなる. また, 多項式からなるベクトル空間では, 定数 0 が零ベクトルである.

ベクトル空間の例を考える.

(1) 実数全体で定義された <u>連続関数全体の集合</u> を V とする. V は関数の加法と関数のスカラー倍を用いて V の加法とスカラー倍を定義すると, ベクトル空間となる. つまり, 関数 $f(x)$ と $g(x)$ に対し和 $(f+g)(x)$ を, $(f+g)(x) = f(x) + g(x)$ で定義し, スカラー倍 $(kf)(x)$ $(k \in \mathbb{R})$ を $(kf)(x) = k(f(x))$ で定義すればよい. このとき, 連続関数と連続関数の和は連続関数になり, 連続関数のスカラー倍も連続関数になるので, $(f+g)(x)$ と $(kf)(x)$ も V に含まれることがわかる. 零ベクトルは $f(x) = 0$ という定値関数である. 関数 $f(x)$ の逆ベクトルは $-f(x)$ である.

(2) 実数全体で定義された <u>微分可能関数全体の集合</u> も, 同様に加法とスカラー倍を定義するとベクトル空間になる. これは微分可能な関数 2 つの和の関数は微分可能であり, 微分可能な関数の定数倍も微分可能であるからである. 零ベクトルは $f(x) = 0$ という定値関数であり, 関数 $f(x)$ の逆ベクトルは $-f(x)$ である.

(3) 実数全体で定義された関数 $f(x)$ が, $f(-x) = f(x)$ をみたすとき偶関数という. <u>偶関数全体の集合</u>は関数の加法と関数のスカラー倍に関してベクトル空間となる. 証明は, $f(x)$ と $g(x)$ を偶関数とするとき, $(f+g)(-x) = f(-x) + g(-x) = f(x) + g(x) = (f+g)(x)$, $(kf)(-x) = k(f(-x)) = k(f(x)) = (kf)(x)$ となることより従う. 上と同様に, 零ベクトルは $f(x) = 0$ という定値関数であり, 関数 $f(x)$ の逆ベクトルは $-f(x)$ である.

(4) 解説ノート 2.3 で定義したある <u>斉次連立一次方程式の解全体の集合</u> はベクトル空間となる. 斉次連立一次方程式は, 係数行列 A を用いて $A\boldsymbol{x} = \boldsymbol{0}$ (A は $m \times n$ 行列, $\boldsymbol{x} \in \mathbb{R}^n$, $\boldsymbol{0} \in \mathbb{R}^m$) と表すことができたので, 解全体の空間は, $\{\boldsymbol{x} \in \mathbb{R}^n \mid A\boldsymbol{x} = \boldsymbol{0}\} \subset \mathbb{R}^n$ となる. この集合に $\mathbb{R}^n$ のベクトルの加

法とベクトルのスカラー倍を考える. 2 つの解 $\boldsymbol{x}$ と $\boldsymbol{y}$ に対し, $A(\boldsymbol{x}+\boldsymbol{y})=A\boldsymbol{x}+A\boldsymbol{y}=\boldsymbol{0}$ となるので, $\boldsymbol{x}+\boldsymbol{y}$ もこの斉次連立方程式の解となる. また, $k\boldsymbol{x}$ も, $A(k\boldsymbol{x})=k(A\boldsymbol{x})=\boldsymbol{0}$ となるので, 解となる. よって, 解全体の空間がベクトル空間となることがわかる. 零ベクトルは, 自明な解である. 連立一次方程式の右辺がすべて 0 ではない場合には, 解全体の空間はベクトル空間とはならないことに注意して欲しい.

(5) 文字 x の 多項式全体の集合は, 多項式の和とスカラー倍に関してベクトル空間である. ここで, 定数も 0 次多項式と考え, V に含んでいることに注意して欲しい. 零ベクトルは定数 0 であり, 多項式 $P(x)$ の逆ベクトルは $-P(x)$ である.

(6) すべての項が実数であるような 数列全体の集合 は, 数列の和とスカラー倍に関してベクトル空間となる. 零ベクトルはすべての項が 0 であるような数列である. 数列 $\{a_n\}$ の逆ベクトルは $\{-a_n\}$ である.

零ベクトルと逆ベクトルの性質を考察する.

各ベクトル空間において, 零ベクトルはただひとつ存在する.

証明　V をベクトル空間とし, $\boldsymbol{0}$ と $\boldsymbol{0}'$ を V の零ベクトルとする. ベクトル $\boldsymbol{0}+\boldsymbol{0}'$ を考え, $\boldsymbol{0}$ を零ベクトルとみると, $\boldsymbol{0}+\boldsymbol{0}'=\boldsymbol{0}'$. 同様に $\boldsymbol{0}'$ を零ベクトルとみると, $\boldsymbol{0}+\boldsymbol{0}'=\boldsymbol{0}$. よって, $\boldsymbol{0}=\boldsymbol{0}'$ を得る. □

また, ベクトルを 1 つ固定すると, その逆ベクトルもただひとつに決まる.

証明　$\boldsymbol{v}$ を V のベクトルとする. $\boldsymbol{v}'$ と $\boldsymbol{v}''$ を $\boldsymbol{v}$ の逆ベクトルとする. つまり, $\boldsymbol{v}+\boldsymbol{v}'=\boldsymbol{v}''+\boldsymbol{v}=\boldsymbol{0}$ が成立している. ここで, $\boldsymbol{v}'=\boldsymbol{0}+\boldsymbol{v}'=(\boldsymbol{v}''+\boldsymbol{v})+\boldsymbol{v}'=\boldsymbol{v}''+(\boldsymbol{v}+\boldsymbol{v}')=\boldsymbol{v}''+\boldsymbol{0}=\boldsymbol{v}''$ となる. □

また, $\boldsymbol{v}\in V$ と $k\in K$ に対し, 以下が成立する

(1) $0\,\boldsymbol{v}=\boldsymbol{0}$　(2) $(-1)\,\boldsymbol{v}=-\boldsymbol{v}$　(3) $k\,\boldsymbol{0}=\boldsymbol{0}$　(4) $k\,\boldsymbol{v}=\boldsymbol{0}$ ならば, $k=0$, または, $\boldsymbol{v}=\boldsymbol{0}$

証明 (1) $0\,\boldsymbol{v}+0\,\boldsymbol{v}=(0+0)\,\boldsymbol{v}=0\,\boldsymbol{v}$. よって, $0\,\boldsymbol{v}=\boldsymbol{0}$. (2) $\boldsymbol{v}+(-1)\,\boldsymbol{v}=(1-1)\,\boldsymbol{v}=0\,\boldsymbol{v}=\boldsymbol{0}$. よって, $(-1)\,\boldsymbol{v}=-\boldsymbol{v}$. (3) $k\,\boldsymbol{0}+k\,\boldsymbol{0}=k\,(\boldsymbol{0}+\boldsymbol{0})=k\,\boldsymbol{0}$. よって, $k\,\boldsymbol{0}=\boldsymbol{0}$. (4) $k\neq 0$ とする. $\boldsymbol{v}=1\,\boldsymbol{v}=(k^{-1}k)\,\boldsymbol{v}=k^{-1}(k\,\boldsymbol{v})=k^{-1}\,\boldsymbol{0}=\boldsymbol{0}$. □

小テスト:

問題 1: m 行 n 列の行列全体の集合が, 行列の加法とスカラー倍についてベクトル空間となることを確かめよ.

問題 2: 関数 $f(x)$ が, $f(-x)=-f(x)$ をみたすとき奇関数という. 奇関数全体の集合は関数の加法とスカラー倍に関してベクトル空間となることを確かめよ.

4.2　一次従属と一次独立

目標：ベクトルの一次従属と一次独立を理解しよう．

ベクトル空間の要素の組 $\boldsymbol{a}_1, \cdots, \boldsymbol{a}_n$ から，加法とスカラー倍を使うと，$c_1\,\boldsymbol{a}_1 + \cdots + c_n\,\boldsymbol{a}_n$ のように，他の要素を作ることができる．では，このようにして，どのような要素の組から，どのくらいの要素がつくれるだろうか？　このような考え方から生まれたのが，**一次従属・一次独立**という概念である．この節では，これらの概念を導入し説明する．

まず，ベクトル空間の要素について，次の用語を用意する．

定義 4.2.1 (一次結合と一次関係式)：　ベクトル空間 V の要素の組 $\boldsymbol{a}_1, \boldsymbol{a}_2, \cdots, \boldsymbol{a}_n$ に対して，
$c_1\,\boldsymbol{a}_1 + c_2\,\boldsymbol{a}_2 + \cdots + c_n\,\boldsymbol{a}_n$　のように加法とスカラー倍を用いて作られる V の要素を $\boldsymbol{a}_1, \boldsymbol{a}_2, \cdots, \boldsymbol{a}_n$ の**一次結合**という (ただし，$c_1, c_2, \cdots, c_n$ はスカラー)．
また，ベクトル空間 V の要素の組 $\boldsymbol{a}_1, \boldsymbol{a}_2, \cdots, \boldsymbol{a}_n$ に対して，

$$c_1\,\boldsymbol{a}_1 + c_2\,\boldsymbol{a}_2 + \cdots + c_n\,\boldsymbol{a}_n = \boldsymbol{0}$$

という形で得られる式を $\boldsymbol{a}_1, \boldsymbol{a}_2, \cdots, \boldsymbol{a}_n$ の**一次関係式**という．

ベクトル空間のどんな要素の組に対しても，$c_1 = c_2 = \cdots = c_n = 0$ とすれば，いつでも上のような一次関係式が成り立つ．これを**自明な一次関係式**という．

逆に，ベクトル空間の要素の組 $\boldsymbol{a}_1, \cdots, \boldsymbol{a}_n$ に対する一次関係式 $c_1\,\boldsymbol{a}_1 + c_2\,\boldsymbol{a}_2 + \cdots + c_n\,\boldsymbol{a}_n = \boldsymbol{0}$ で，係数 $c_1, c_2, \cdots, c_n$ のうち，どれか 1 つでも 0 でないようなものを，**自明でない一次関係式**という．

自明でない一次関係式が見つかると，式変形を使って，たとえば，$\boldsymbol{a}_1 = c_2'\,\boldsymbol{a}_2 + \cdots + c_n'\,\boldsymbol{a}_n$ のように，ある要素を他の要素たちから加法とスカラー倍を用いてつくりだすことができる．

このことから，次の概念を考えることができる．

定義 4.2.2 (一次従属と一次独立)：　ベクトル空間の，どれも零ベクトルでない要素の組 $\boldsymbol{a}_1, \boldsymbol{a}_2, \cdots, \boldsymbol{a}_n$ に対して，自明でない一次関係式が成り立つとき，$\boldsymbol{a}_1, \boldsymbol{a}_2, \cdots, \boldsymbol{a}_n$ は**一次従属**であるといい，そうでないとき**一次独立**であるという．

つまり，ベクトル空間の要素の組が一次従属ならば，そのうちのある要素は，他の要素たちから加法とスカラー倍を用いて作り出すことができる．逆に，一次独立ならば，そのうちのどの要素も，他の要素たちから加法とスカラー倍を用いて作り出すことができない．

例 4.2.3：　2 次元ベクトルすべてを集めたベクトル空間 $\mathbb{R}^2$ の要素の組 $\boldsymbol{u} = \begin{pmatrix} 1 \\ -1 \end{pmatrix}, \boldsymbol{v} = \begin{pmatrix} 2 \\ -3 \end{pmatrix}$ が一次従属か一次独立かを調べよう．$\boldsymbol{u}$ と $\boldsymbol{v}$ の一次関係式 $s\,\boldsymbol{u} + t\,\boldsymbol{v} = \boldsymbol{0}$ を満たす実数 s, t を求めてみる．

$$s\boldsymbol{u}+t\boldsymbol{v}=s\begin{pmatrix}1\\-1\end{pmatrix}+t\begin{pmatrix}2\\-3\end{pmatrix}=\begin{pmatrix}s+2t\\-s-3t\end{pmatrix}=\mathbf{0}$$

これから, 連立方程式をたてて解くと, 解は $s=t=0$ のみ. よって, $\boldsymbol{u}$ と $\boldsymbol{v}$ に対して自明でない一次関係式は成り立たない. つまり, $\boldsymbol{u}$ と $\boldsymbol{v}$ は一次独立であることがわかった.

練習 4.2.4 :
ベクトル空間 $\mathbb{R}^3$ において, 要素の組 $\begin{pmatrix}1\\1\\0\end{pmatrix}, \begin{pmatrix}0\\1\\1\end{pmatrix}, \begin{pmatrix}1\\0\\1\end{pmatrix}$ が一次従属か一次独立か調べなさい.

ベクトル空間 $\mathbb{R}^2$ において, 2 つの要素の組 $\boldsymbol{u}=\begin{pmatrix}p\\q\end{pmatrix}$ と $\boldsymbol{v}=\begin{pmatrix}r\\s\end{pmatrix}$ が一次独立であるための必要十分条件を求めてみよう. 例 4.2.3 のように, 自明でない一次関係式が成り立つかを考えると, その条件は「連立方程式 $\begin{cases}px+ry=0\\qx+sy=0\end{cases}$ が解 $x=y=0$ のみをもつ」だとわかる.

このことから, じつは次のことがわかる (詳しくは解説ノート 4.2 を参照).

定理 4.2.5 (一次独立と行列式) : 2 次元ベクトルすべてを集めたベクトル空間 $\mathbb{R}^2$ において, 要素の組 $\boldsymbol{u}=\begin{pmatrix}p\\q\end{pmatrix}, \boldsymbol{v}=\begin{pmatrix}r\\s\end{pmatrix}$ が一次独立であるための必要十分条件は $\det\begin{pmatrix}p&r\\q&s\end{pmatrix}\neq 0$.
一般に, n 次元ベクトルすべてを集めたベクトル空間 $\mathbb{R}^n$ において, n 個の要素の組 $\boldsymbol{a}_1, \boldsymbol{a}_2, \cdots, \boldsymbol{a}_n$ が一次独立であるための必要十分条件は, それらを横に並べてできる行列を A としたとき, $\det A\neq 0$ となることである.

まとめ:

- ベクトル空間 V の要素の組 $\boldsymbol{a}_1, \cdots, \boldsymbol{a}_n$ から, $c_1\boldsymbol{a}_1+\cdots+c_n\boldsymbol{a}_n$ のように加法とスカラー倍を用いてつくられる V の要素を, $\boldsymbol{a}_1, \cdots, \boldsymbol{a}_n$ の**一次結合**という.
  また, $c_1\boldsymbol{a}_1+\cdots+c_n\boldsymbol{a}_n=\mathbf{0}$ という形の式を $\boldsymbol{a}_1, \boldsymbol{a}_2, \cdots, \boldsymbol{a}_n$ の**一次関係式**という.
- ベクトル空間の, どれも零ベクトルでない要素の組 $\boldsymbol{a}_1, \cdots, \boldsymbol{a}_n$ に対して, 自明でない一次関係式が成り立つとき, それらは**一次従属**であるといい, そうでないとき, **一次独立**であるという.
- ベクトル空間 $\mathbb{R}^n$ において, n 個の要素の組 $\boldsymbol{a}_1, \boldsymbol{a}_2, \cdots, \boldsymbol{a}_n$ が一次独立であるための必要十分条件は, それらを横に並べてできる行列を A としたとき, $\det A\neq 0$.

解説ノート 4.2

$\mathbb{R}^n$ の n 個のベクトルの組 $\boldsymbol{e_1} = \begin{pmatrix} 1 \\ 0 \\ \vdots \\ 0 \end{pmatrix}, \boldsymbol{e_2} = \begin{pmatrix} 0 \\ 1 \\ \vdots \\ 0 \end{pmatrix}, \cdots, \boldsymbol{e}_n = \begin{pmatrix} 0 \\ 0 \\ \vdots \\ 1 \end{pmatrix}$ は一次独立である．実際，一次関係式 $c_1\,\boldsymbol{e_1} + c_2\,\boldsymbol{e_2} + \cdots + c_n\,\boldsymbol{e_n} = \boldsymbol{0}$ を考えると $c_1 = c_2 = \cdots = c_n = 0$ となるからである．

2 次行列全体からなるベクトル空間において，$\begin{pmatrix} 1 & 2 \\ 3 & 4 \end{pmatrix}$ と $\begin{pmatrix} 5 & 6 \\ 7 & 8 \end{pmatrix}$ は一次独立である．$c_1 \begin{pmatrix} 1 & 2 \\ 3 & 4 \end{pmatrix} + c_2 \begin{pmatrix} 5 & 6 \\ 7 & 8 \end{pmatrix} = \begin{pmatrix} 0 & 0 \\ 0 & 0 \end{pmatrix}$ とおくと，$c_1 = c_2 = 0$ となるからである．

また，実数の集合から実数の集合への連続関数全体からなるベクトル空間において，$\sin x$ と $\cos x$ は一次独立である．零ベクトルは，$f(x) = 0$ という定値関数であった．$c_1 \sin x + c_2 \cos x = 0$ とすると，両辺の $x = 0$, $x = \frac{\pi}{2}$ の値を比べることにより，$c_1 = c_2 = 0$ を得る．一方で，$\sin x$ と $2 \sin x$ は一次従属である．

定理 4.2.5 を証明する．$\boldsymbol{a_1} = \begin{pmatrix} a_{11} \\ \vdots \\ a_{n1} \end{pmatrix}, \cdots, \boldsymbol{a_n} = \begin{pmatrix} a_{1n} \\ \vdots \\ a_{nn} \end{pmatrix}$ に対し，$A = \begin{pmatrix} a_{11} & \cdots & a_{1n} \\ \vdots & & \vdots \\ a_{n1} & \cdots & a_{nn} \end{pmatrix}$ を考える．$\boldsymbol{a_1}, \boldsymbol{a_2}, \cdots, \boldsymbol{a_n}$ が一次独立であるための必要十分条件が，$\det A \neq 0$ であることを示す．

証明　$\det A \neq 0$ とする．定理 3.4.5 より A は正則なので，$\boldsymbol{x} = \begin{pmatrix} x_1 \\ \vdots \\ x_n \end{pmatrix}$ に対し，斉次連立一次方程式 $A\boldsymbol{x} = \boldsymbol{0}$ の解は $\boldsymbol{x} = \boldsymbol{0}$ のみである．つまり，$A\boldsymbol{x} = \begin{pmatrix} \boldsymbol{a_1} & \boldsymbol{a_2} & \cdots & \boldsymbol{a_n} \end{pmatrix} \begin{pmatrix} x_1 \\ \vdots \\ x_n \end{pmatrix} = x_1\boldsymbol{a_1} + x_2\boldsymbol{a_2} + \cdots + x_n\boldsymbol{a_n} = \boldsymbol{0}$ の解は $x_1 = x_2 = \cdots = x_n = 0$ のみ．つまり，$\boldsymbol{a_1}, \boldsymbol{a_2}, \cdots, \boldsymbol{a_n}$ は一次独立となる．

逆に，一次独立のとき $\det A \neq 0$ となることを示す．対偶を用いて示す．$\det A = 0$ とすると，解説ノート 3.4 により，$\mathrm{rank} A < n$ となる．このとき，定理 2.3.5 により $A\boldsymbol{x} = \boldsymbol{0}$ に非自明な解が存在する．これは $\boldsymbol{a_1}, \boldsymbol{a_2}, \cdots, \boldsymbol{a_n}$ が一次従属であることを示している．　□

たとえば，$\mathbb{R}^3$ において，3 つのベクトル $\begin{pmatrix} 0 \\ 2 \\ 1 \end{pmatrix}, \begin{pmatrix} 1 \\ 1 \\ 1 \end{pmatrix}, \begin{pmatrix} 1 \\ 4 \\ 3 \end{pmatrix}$ を考えると，$\begin{pmatrix} 0 & 1 & 1 \\ 2 & 1 & 4 \\ 1 & 1 & 3 \end{pmatrix}$ は行列式が

0 でなく正則行列となるので, 3 つのベクトルは一次独立である. $\begin{pmatrix}1\\0\\2\end{pmatrix}, \begin{pmatrix}-1\\1\\-1\end{pmatrix}, \begin{pmatrix}1\\2\\4\end{pmatrix}$ を考えると, $\begin{pmatrix}1 & -1 & 1\\0 & 1 & 2\\2 & -1 & 4\end{pmatrix}$ は行列式が 0 となるので, 3 つのベクトルは一次従属である. また, 3 つのベクトル $\begin{pmatrix}1\\x\\x^2\end{pmatrix}, \begin{pmatrix}1\\y\\y^2\end{pmatrix}, \begin{pmatrix}1\\z\\z^2\end{pmatrix}$ は, 解説ノート 3.4 のヴァンデルモンドの行列式により, $\det\begin{pmatrix}1 & 1 & 1\\x & y & z\\x^2 & y^2 & z^2\end{pmatrix} = (z-y)(z-x)(y-x)$ であるので, x, y, z がすべて異なるとき一次独立であることがわかる.

$\mathbb{R}^3$ の 3 つのベクトルが一次従属であるための必要十分条件は, 3 つのベクトルが原点を通る平面に含まれることである. 3 つのベクトルが一次独立であるとき, その 3 つのベクトルを含むような平面は存在しない.

n 個のベクトル $\boldsymbol{a_1}, \boldsymbol{a_2}, \cdots, \boldsymbol{a_n}$ が一次独立とする. あるベクトル $\boldsymbol{x}$ が $\boldsymbol{x} = c_1\,\boldsymbol{a_1} + c_2\,\boldsymbol{a_2} + \cdots + c_n\,\boldsymbol{a_n}$ と表されるとき, その表し方は一意となる.

証明　$\boldsymbol{x} = c_1\,\boldsymbol{a_1} + c_2\,\boldsymbol{a_2} + \cdots + c_n\,\boldsymbol{a_n} = c_1'\,\boldsymbol{a_1} + c_2'\,\boldsymbol{a_2} + \cdots + c_n'\,\boldsymbol{a_n}$ と 2 通りの表し方で表されたとする. 移項すると, $(c_1' - c_1)\,\boldsymbol{a_1} + (c_2' - c_2)\,\boldsymbol{a_2} + \cdots + (c_n' - c_n)\,\boldsymbol{a_n} = \boldsymbol{0}$. よって, $c_1' = c_1, c_2' = c_2, \cdots, c_n' = c_n$ を得る. □

n 個のベクトル $\boldsymbol{a_1}, \boldsymbol{a_2}, \cdots, \boldsymbol{a_n}$ が一次従属のとき, ある $\boldsymbol{a_i}$ が他のベクトルの一次結合で表すことができることを示す. (任意の $\boldsymbol{a_i}$ が他のベクトルの一次結合で表せるわけではないことに注意.)

証明　一次従属であるので, 自明でない関係式 $c_1\,\boldsymbol{a_1} + c_2\,\boldsymbol{a_2} + \cdots + c_n\,\boldsymbol{a_n} = \boldsymbol{0}$ が存在する. 係数 $c_1, c_2, \cdots, c_n$ のうち, 0 でないものを c_i とすると, $\boldsymbol{a_i} = -\frac{c_1}{c_i}\boldsymbol{a_1} - \frac{c_2}{c_i}\boldsymbol{a_2} - \cdots - \frac{c_n}{c_i}\boldsymbol{a_n}$ と表すことができる. □

上の証明から, 特に, 一次独立な n 個のベクトル $\boldsymbol{a_1}, \boldsymbol{a_2}, \cdots, \boldsymbol{a_n}$ にあるベクトル $\boldsymbol{b}$ を加えて得られた組が一次従属になるとき, $\boldsymbol{b}$ は $\boldsymbol{a_1}, \boldsymbol{a_2}, \cdots, \boldsymbol{a_n}$ の一次結合で一意に表される ことがわかる.

小テスト:

問題 1: $\mathbb{R}^3$ のベクトル $\boldsymbol{a_1} = \begin{pmatrix}3\\-2\\1\end{pmatrix}, \boldsymbol{a_2} = \begin{pmatrix}1\\4\\5\end{pmatrix}, \boldsymbol{a_3} = \begin{pmatrix}1\\0\\1\end{pmatrix}$ は一次従属であるが, この中の任意の 2 つのベクトルの組は一次独立であることを示せ.

問題 2: $\mathbb{R}^2$ の 3 つのベクトルの組 $\boldsymbol{a_1}$, $\boldsymbol{a_2}$, $\boldsymbol{a_3}$ は一次従属となることを示せ.

4.3 基底と次元

目標：ベクトル空間の基底と次元を理解しよう.

成分表示を考えれば, 任意の平面ベクトルは, ベクトル $\begin{pmatrix} 1 \\ 0 \end{pmatrix}$ と $\begin{pmatrix} 0 \\ 1 \end{pmatrix}$ の一次結合として得られることがわかる. つまり, これらを使えば, ベクトル空間 $\mathbb{R}^2$ のすべての要素がつくられる. 同様に, ベクトル空間 $\mathbb{R}^3$ のすべての要素をつくるには, 3 本のベクトルがあれば十分であり, 一般に, ベクトル空間 $\mathbb{R}^n$ のすべての要素をつくるには, n 本のベクトルがあれば十分だということもわかるだろう.

この節では, この考え方を一般化して, ベクトル空間の**基底**と**次元**を定義する.

まず, $\mathbb{R}^2$ に対する $\begin{pmatrix} 1 \\ 0 \end{pmatrix}$ と $\begin{pmatrix} 0 \\ 1 \end{pmatrix}$ の一般化として, ベクトル空間の基底を定義しよう.

定義 4.3.1 (ベクトル空間の基底 (basis)) ：
ベクトル空間 V の要素の組 $\boldsymbol{a}_1, \boldsymbol{a}_2, \cdots, \boldsymbol{a}_n$ が次を満たすとする:

(1) V のどんな要素も, $\boldsymbol{a}_1, \boldsymbol{a}_2, \cdots, \boldsymbol{a}_n$ の一次結合として得られる.

(2) $\boldsymbol{a}_1, \boldsymbol{a}_2, \cdots, \boldsymbol{a}_n$ は一次独立である.

このとき, $\boldsymbol{a}_1, \boldsymbol{a}_2, \cdots, \boldsymbol{a}_n$ をベクトル空間 V の**基底** (basis) という.

例 4.3.2 ：
ベクトル空間 $\mathbb{R}^2$ の要素の組 $\boldsymbol{a} = \begin{pmatrix} 1 \\ -2 \end{pmatrix}$ と $\boldsymbol{b} = \begin{pmatrix} 0 \\ 1 \end{pmatrix}$ が基底になることを示そう. $\mathbb{R}^2$ の要素 $\begin{pmatrix} x \\ y \end{pmatrix}$ に対して, $z = y + 2x$ とおくと,

$$\begin{pmatrix} x \\ y \end{pmatrix} = \begin{pmatrix} x \\ z - 2x \end{pmatrix} = \begin{pmatrix} x \\ -2x \end{pmatrix} + \begin{pmatrix} 0 \\ z \end{pmatrix} = x \begin{pmatrix} 1 \\ -2 \end{pmatrix} + z \begin{pmatrix} 0 \\ 1 \end{pmatrix}$$

となる. よって, $\mathbb{R}^2$ の任意の要素は, $\boldsymbol{a}$ と $\boldsymbol{b}$ の一次結合で表される. また, 定理 4.2.5 を使うと $\boldsymbol{a}$ と $\boldsymbol{b}$ が一次独立であることが確かめられる. したがって, $\boldsymbol{a}$ と $\boldsymbol{b}$ は $\mathbb{R}^2$ の基底になる.

練習 4.3.3 ：
ベクトル空間 $\mathbb{R}^3$ の要素の組 $\boldsymbol{p} = \begin{pmatrix} 1 \\ 1 \\ 0 \end{pmatrix}, \boldsymbol{q} = \begin{pmatrix} 0 \\ -1 \\ 0 \end{pmatrix}, \boldsymbol{r} = \begin{pmatrix} 0 \\ 3 \\ -1 \end{pmatrix}$ が基底になることを示しなさい.

例 4.3.4 ： 実数係数の 2 次以下の多項式すべてを集めた集合 $V = \left\{ ax^2 + bx + c \,\middle|\, a, b, c \text{ は実数} \right\}$ は, 通常の多項式の加法と実数倍を考えるとベクトル空間となる (例 4.1.6 参照). このとき V の任意の要素は, $1, x, x^2$ の一次結合として得られるし, 要素の組 $1, x, x^2$ に対し自明でない一次関係式が成り立たないので一次独立. したがって, 要素の組 $1, x, x^2$ は V の基底となる.

上の例の V において, たとえば, 2, $2x$, $2x^2$ という要素の組も基底となることがわかる. このように, ベクトル空間の基底となる要素の組は, 一般に複数ある.

しかし, じつは次のことが成り立つ.

定理 4.3.5 (基底の本数) :
ベクトル空間 V に対し, 基底となる要素の個数は, その選び方によらず一定.

たとえば, あるベクトル空間 V に $\boldsymbol{a_1}, \boldsymbol{a_2}$ という 2 つの要素からなる基底があったとしよう. このとき, どんな 3 つの要素の組も基底にならないことを示そう. 一般の場合も同様に示すことができる.

V の 3 つの要素の組 $\boldsymbol{b_1}, \boldsymbol{b_2}, \boldsymbol{b_3}$ を考える.

すると, $\boldsymbol{a_1}, \boldsymbol{a_2}$ は基底なので, $\boldsymbol{b_1}, \boldsymbol{b_2}, \boldsymbol{b_3}$ のすべては, $\begin{cases} \boldsymbol{b_1} = \lambda_{11}\,\boldsymbol{a_1} + \lambda_{21}\,\boldsymbol{a_2} \\ \boldsymbol{b_2} = \lambda_{12}\,\boldsymbol{a_1} + \lambda_{22}\,\boldsymbol{a_2} \\ \boldsymbol{b_3} = \lambda_{13}\,\boldsymbol{a_1} + \lambda_{23}\,\boldsymbol{a_2} \end{cases}$ と一次結合で表される.

ここで $\begin{cases} \lambda_{11}\,x_1 + \lambda_{12}\,x_2 + \lambda_{13}\,x_3 = 0 \\ \lambda_{21}\,x_1 + \lambda_{22}\,x_2 + \lambda_{23}\,x_3 = 0 \end{cases}$ という連立方程式を考える. 係数行列と拡大係数行列の階数をみると, 定理 2.3.5 より, 少なくとも 1 つは 0 でない解 μ_1, μ_2, μ_3 が存在することがわかる.

この μ_1, μ_2, μ_3 を用いると,

$$\begin{aligned} \mu_1\,\boldsymbol{b_1} + \mu_2\,\boldsymbol{b_2} + \mu_3\,\boldsymbol{b_3} &= \mu_1\,(\lambda_{11}\,\boldsymbol{a_1} + \lambda_{21}\,\boldsymbol{a_2}) + \mu_2\,(\lambda_{12}\,\boldsymbol{a_1} + \lambda_{22}\,\boldsymbol{a_2}) + \mu_3\,(\lambda_{13}\,\boldsymbol{a_1} + \lambda_{23}\,\boldsymbol{a_2}) \\ &= (\lambda_{11}\,\mu_1 + \lambda_{12}\,\mu_2 + \lambda_{13}\,\mu_3)\,\boldsymbol{a_1} + (\lambda_{21}\,\mu_1 + \lambda_{22}\,\mu_2 + \lambda_{23}\,\mu_3)\,\boldsymbol{a_2} \\ &= 0\,\boldsymbol{a_1} + 0\,\boldsymbol{a_2} = \boldsymbol{0} \end{aligned}$$

となる. つまり, $\boldsymbol{b_1}, \boldsymbol{b_2}, \boldsymbol{b_3}$ は一次従属である. よって, 基底にならないことが示された.

このことから, ベクトル空間の次元を次のように定義することができる.

定義 4.3.6 (次元 (dimension)) : ベクトル空間 V の n 個の要素の組 $\boldsymbol{a_1}, \boldsymbol{a_2}, \cdots, \boldsymbol{a_n}$ が V の基底であるとき, この要素の個数 n を, V の**次元** (dimension) といい, $\dim V$ と表わす.

まとめ:

- ベクトル空間 V の一次独立な要素の組 $\boldsymbol{a_1}, \cdots, \boldsymbol{a_n}$ で, V のすべての要素を一次結合として作ることができるものを, V の**基底** (basis) という.
- ベクトル空間 V に対し, 基底となる要素の組の選び方は複数あるが, じつは, 基底となる要素の個数はその選び方によらず一定となる. このことから, V の次元 (dimension) を, その基底となる要素の個数と定義し, $\dim V$ で表す.

解説ノート 4.3

$\mathbb{R}^n$ の基底として, n 個のベクトルの組 $\begin{pmatrix}1\\0\\\vdots\\0\end{pmatrix}, \begin{pmatrix}0\\1\\\vdots\\0\end{pmatrix}, \cdots, \begin{pmatrix}0\\0\\\vdots\\1\end{pmatrix}$ をとることができる. この基底を $\mathbb{R}^n$ の**標準基底**とよぶ. 一次独立であることは, 解説ノート 4.2 を参照して欲しい. $\mathbb{R}^n$ のベクトル $\boldsymbol{x} = \begin{pmatrix}x_1\\x_2\\\vdots\\x_n\end{pmatrix}$ に対し, $\boldsymbol{x} = \begin{pmatrix}x_1\\x_2\\\vdots\\x_n\end{pmatrix} = x_1\begin{pmatrix}1\\0\\\vdots\\0\end{pmatrix} + x_2\begin{pmatrix}0\\1\\\vdots\\0\end{pmatrix} + \cdots + x_n\begin{pmatrix}0\\0\\\vdots\\1\end{pmatrix}$ となっている. よって, 標準基底は確かに $\mathbb{R}^n$ の基底になっており, $\dim\mathbb{R}^n = n$.

n 次以下の多項式全体からなるベクトル空間は, $1, x, x^2, \cdots, x^n$ を基底にもつので, $n+1$ 次元ベクトル空間である.

V を $m \times n$ 行列全体のなすベクトル空間とする (例 4.1.5 参照). このとき, $1 \leq s \leq m$, $1 \leq t \leq n$ という s と t に対し, E_{st} を (s,t) 成分だけが 1 で他の成分は 0 であるような行列とすると, mn 個の行列 $E_{11}, E_{12}, \cdots, E_{1n}, E_{21}, \cdots, E_{mn}$ は V の基底となる. よって $\dim V = mn$ である.

ベクトル空間の基底を 1 つ決めると, ベクトルの成分表示を与えることができる. 基底 $\boldsymbol{a}_1, \boldsymbol{a}_2, \cdots, \boldsymbol{a}_n$ に対し, $\boldsymbol{v} = x_1\boldsymbol{a}_1 + x_2\boldsymbol{a}_2 + \cdots + x_n\boldsymbol{a}_n$ と表されているとき, $\begin{pmatrix}x_1\\x_2\\\vdots\\x_n\end{pmatrix}$ を $\boldsymbol{v}$ の**基底 $\boldsymbol{a}_1, \boldsymbol{a}_2, \cdots, \boldsymbol{a}_n$ に関する成分表示**という. 成分表示は基底の取り方により変わる. その変化の様子は解説ノート 5.3 で扱う.

ベクトル空間 V の基底 $\boldsymbol{a}_1, \boldsymbol{a}_2, \cdots, \boldsymbol{a}_n$ を 1 つ決めたとき, V のベクトルの基底 $\boldsymbol{a}_1, \boldsymbol{a}_2, \cdots, \boldsymbol{a}_n$ での表し方は一意になる. これは, 基底のベクトルが一次独立であることから従う (解説ノート 4.2 参照).

定理 4.3.5 の一般の場合の証明もまったく同じ方針で行える. また, 同様の方針で次のことが示せる. n 次元ベクトル空間に $n+1$ 個以上のベクトルがあると一次従属となる. よって, ベクトル空間の次元はその中に含まれる一次独立なベクトルの最大数と一致する.

V のどんな要素も $\boldsymbol{a}_1, \boldsymbol{a}_2, \cdots, \boldsymbol{a}_n$ の 1 次結合で表すことができるとき, $\boldsymbol{a}_1, \boldsymbol{a}_2, \cdots, \boldsymbol{a}_n$ は V を**生成する**という.

$\dim V = n$ のとき, 以下は同値となる.

(1) $\boldsymbol{a}_1, \boldsymbol{a}_2, \cdots, \boldsymbol{a}_n$ は V の基底

(2) $\boldsymbol{a}_1, \boldsymbol{a}_2, \cdots, \boldsymbol{a}_n$ は一次独立

(3) $\boldsymbol{a}_1, \boldsymbol{a}_2, \cdots, \boldsymbol{a}_n$ は V を生成

証明　(1) $\Rightarrow$ (2), (3) は基底の定義から成立. (2) $\Rightarrow$ (1) : V のベクトル $\boldsymbol{v}$ に対し, $n+1$ 個のベク

トルの組 $\boldsymbol{v}, \boldsymbol{a}_1, \boldsymbol{a}_2, \cdots, \boldsymbol{a}_n$ を考えると, 一次従属になる. つまり自明でない一次関係式 $c\boldsymbol{v} + c_1\boldsymbol{a}_1 + c_2\boldsymbol{a}_2 + \cdots + c_n\boldsymbol{a}_n = \boldsymbol{0}$ が存在する. ここで $c = 0$ とすると, $\boldsymbol{a}_1, \boldsymbol{a}_2, \cdots, \boldsymbol{a}_n$ が一次従属になり矛盾. よって $c \neq 0$ となり, $\boldsymbol{v}$ は $\boldsymbol{a}_1, \boldsymbol{a}_2, \cdots, \boldsymbol{a}_n$ で表すことができる. よって V を生成するので, 基底となる. (3) $\Rightarrow$ (1) : $\boldsymbol{a}_1, \boldsymbol{a}_2, \cdots, \boldsymbol{a}_n$ が一次従属とする. このとき, ある $\boldsymbol{a}_i$ は残りのベクトルで表すことができる. ここで, $\boldsymbol{a}_1, \cdots, \boldsymbol{a}_{i-1}, \boldsymbol{a}_{i+1}, \cdots, \boldsymbol{a}_n$ はやはり V を生成する. もしこれらが一次独立とすると, 基底となり, 定理 4.3.5 に矛盾. 一次従属の場合には, 同様の議論を続けていくと矛盾を得る. よって $\boldsymbol{a}_1, \boldsymbol{a}_2, \cdots, \boldsymbol{a}_n$ は一次独立となり, 基底となる. □

零ベクトル $\boldsymbol{0}$ だけからなるベクトル空間 $\{\boldsymbol{0}\}$ には基底が存在しないので, 0 次元ベクトル空間であると考える. ベクトル空間 V に有限個のベクトルが存在して, V の任意のベクトルがこれらの一次結合で表されるとき, V は**有限次元**であるといい, そうでないとき**無限次元**という. たとえば, 連続写像全体のなすベクトル空間は, 無限次元であることが知られている. ベクトル空間 $\{\boldsymbol{0}\}$ 以外の有限次元ベクトル空間には, 基底が存在する. 有限次元の場合の基底の存在は, 以下のように示すことができる.

$\boldsymbol{b}_1, \boldsymbol{b}_2, \cdots, \boldsymbol{b}_m$ をベクトル空間 V の一次独立なベクトルの組とするとき, これらにいくつかベクトルを加えて V の基底をつくることができる.

証明 $\boldsymbol{a}_1, \boldsymbol{a}_2, \cdots, \boldsymbol{a}_n$ が V を生成するとする. $\boldsymbol{b}_1, \boldsymbol{b}_2, \cdots, \boldsymbol{b}_m$ が基底でないとすると, それらは V を生成していない. このとき, $\boldsymbol{a}_1, \boldsymbol{a}_2, \cdots, \boldsymbol{a}_n$ のなかで, $\boldsymbol{b}_1, \boldsymbol{b}_2, \cdots, \boldsymbol{b}_m$ で表せないものが存在する. それを $\boldsymbol{a}_i$ とする. ここで, $(m+1)$ 個のベクトルの組 $\boldsymbol{b}_1, \boldsymbol{b}_2, \cdots, \boldsymbol{b}_m, \boldsymbol{a}_i$ は一次独立となる. (一次従属とすると, 非自明な関係式の $\boldsymbol{a}_i$ の係数が 0 でないことがいえ, $\boldsymbol{a}_i$ が $\boldsymbol{b}_1, \boldsymbol{b}_2, \cdots, \boldsymbol{b}_m$ で表せてしまう.) 得られたものが基底でない場合は, $\boldsymbol{a}_1, \cdots, \boldsymbol{a}_{i-1}, \boldsymbol{a}_{i+1}, \cdots, \boldsymbol{a}_n$ の中に $\boldsymbol{b}_1, \boldsymbol{b}_2, \cdots, \boldsymbol{b}_m, \boldsymbol{a}_i$ で表せないものが存在する. この場合には上と同様の議論を続けると, 最終的に $\boldsymbol{a}_1, \boldsymbol{a}_2, \cdots, \boldsymbol{a}_n$ を表すことができる. 得られたベクトルの組を $\boldsymbol{c}_1, \boldsymbol{c}_2, \cdots, \boldsymbol{c}_n$ と書くと, それらは一次独立で, かつ, V を生成する. □

小テスト:

問題 1: $\mathbb{R}^3$ 内の部分集合 $V = \left\{ \begin{pmatrix} x \\ y \\ z \end{pmatrix} \middle| \, x + y + z = 0 \right\}$ に $\mathbb{R}^3$ のベクトルの加法とスカラー倍を考える.

(1) V はベクトル空間となることを示せ. (2) V の基底を一組求めよ.

問題 2: V を 2 次以下の多項式全体のなすベクトル空間とする. このとき, 次のベクトルの組が基底となることを示せ.

(1) $2, 2x, 2x^2$ (2) $1, x+1, (x+1)^2$

4.4　内積と正規直交基底

目標：ベクトル空間における内積を定義し，正規直交基底の構成法を理解しよう．

0.3 節において，ベクトルの加法とスカラー倍の次に定義されたのはベクトルの内積だった．この節では，一般のベクトル空間の要素に対して内積を定義する．さらにそれを用いて，正規直交基底とよばれるよい性質をもつ基底の構成方法を学ぶ．なお以下では，スカラーはすべて実数としている．

まず，$\mathbb{R}^n$ におけるベクトルの内積を一般化して，次のようにベクトル空間における内積を定義する．

定義 4.4.1 (ベクトル空間における内積)：ベクトル空間 V に対して，V の 2 個の要素の組に対し実数を対応させる写像で，次の性質を満たすものを**内積** (inner product) という：

V の任意の要素 $\boldsymbol{u}, \boldsymbol{v}$ に対し，その像を $\boldsymbol{u} \cdot \boldsymbol{v}$ で表すとき，

- V の任意の要素 $\boldsymbol{v}$ に対して，$\boldsymbol{v} \cdot \boldsymbol{v} \geq 0$．とくに，$\boldsymbol{v} \cdot \boldsymbol{v} = 0 \Leftrightarrow \boldsymbol{v} = \boldsymbol{0}$ (必要十分条件)
- 任意の実数 k_1, k_2 と，V の任意の要素 $\boldsymbol{u_1}, \boldsymbol{u_2}, \boldsymbol{v}$ に対して，

$$(k_1\boldsymbol{u_1} + k_2\boldsymbol{u_2}) \cdot \boldsymbol{v} = k_1(\boldsymbol{u_1} \cdot \boldsymbol{v}) + k_2(\boldsymbol{u_2} \cdot \boldsymbol{v})$$

- V の任意の要素 $\boldsymbol{u}, \boldsymbol{v}$ に対して，$\boldsymbol{u} \cdot \boldsymbol{v} = \boldsymbol{v} \cdot \boldsymbol{u}$

内積の定義されたベクトル空間を**計量ベクトル空間**または**内積空間**とよぶ．

ベクトルのノルムの一般化として，計量ベクトル空間における要素のノルムも同様に定義される．

定義 4.4.2 (ベクトル空間におけるノルム)：
計量ベクトル空間の要素 $\boldsymbol{v}$ に対し，実数 $\sqrt{\boldsymbol{v} \cdot \boldsymbol{v}}$ を，$\boldsymbol{v}$ の**ノルム** (norm) といい，$\|\boldsymbol{v}\|$ で表す．

同様に考えれば，計量ベクトル空間の要素に対し**なす角**も定義できるが，ここでは省略する．ただしベクトルの直交の一般化として，計量ベクトル空間の零ベクトルでない 2 つの要素 $\boldsymbol{u}, \boldsymbol{v}$ が $\boldsymbol{u} \cdot \boldsymbol{v} = 0$ をみたすとき，$\boldsymbol{u}$ **と** $\boldsymbol{v}$ **は直交する**ということにする．

さて，ベクトル空間 $\mathbb{R}^2$ において，ベクトル $\begin{pmatrix} 1 \\ 0 \end{pmatrix}$ と $\begin{pmatrix} 0 \\ 1 \end{pmatrix}$ は「標準的」な基底を与えていた．この一般化として，次のような「標準的」な基底を計量ベクトル空間に定義しよう．

定義 4.4.3 (正規直交基底)：計量ベクトル空間 V の基底 $\boldsymbol{v_1}, \boldsymbol{v_2}, \cdots, \boldsymbol{v_n}$ は，次の 2 つの条件をみたすとき，V の**正規直交基底** (orthonormal basis) とよばれる．

(1) 各 $\boldsymbol{v_i}$ のノルムは 1，つまり，$\|\boldsymbol{v_i}\| = 1$

(2) どの $\boldsymbol{v_i}$ と $\boldsymbol{v_j}$ も直交している，つまり，$\boldsymbol{v_i} \cdot \boldsymbol{v_j} = 0$　　(ただし，$i \neq j$)

じつは，すべての計量ベクトル空間はこのような基底をもつ．

実際, 与えられた基底から正規直交基底をつくりだす, 次のような方法が知られている.

定理 4.4.4 (グラム・シュミットの正規直交化法) : 計量ベクトル空間 V の基底 $\boldsymbol{a}_1, \cdots, \boldsymbol{a}_n$ から, 次のようにつくられる要素の組 $\boldsymbol{v}_1, \cdots, \boldsymbol{v}_n$ は, V の正規直交基底になる.

(1) $\boldsymbol{v}_1$ は $\boldsymbol{a}_1$ を**正規化** (スカラー倍してノルムを 1 に) したもの. つまり, $\boldsymbol{v}_1 = \dfrac{1}{\|\boldsymbol{a}_1\|}\boldsymbol{a}_1$

(2) ベクトル $\boldsymbol{v}_1, \cdots, \boldsymbol{v}_j$ がすでにつくられたとき,

$$\boldsymbol{a}_{j+1} - (\boldsymbol{a}_{j+1} \cdot \boldsymbol{v}_1)\,\boldsymbol{v}_1 - (\boldsymbol{a}_{j+1} \cdot \boldsymbol{v}_2)\,\boldsymbol{v}_2 - \cdots - (\boldsymbol{a}_{j+1} \cdot \boldsymbol{v}_j)\,\boldsymbol{v}_j$$

を $\boldsymbol{u}_{j+1}$ とする. これを正規化した要素を $\boldsymbol{v}_{j+1}$ とする. つまり, $\boldsymbol{v}_{j+1} = \dfrac{1}{\|\boldsymbol{u}_{j+1}\|}\boldsymbol{u}_{j+1}$

例 4.4.5 : 例として, ベクトル空間 $\mathbb{R}^2$ の基底 $\begin{pmatrix} 1 \\ 0 \end{pmatrix}, \begin{pmatrix} 1 \\ -1 \end{pmatrix}$ から正規直交基底をつくってみよう.

まず, $\boldsymbol{a}_1 = \begin{pmatrix} 1 \\ 0 \end{pmatrix}, \boldsymbol{a}_2 = \begin{pmatrix} 1 \\ -1 \end{pmatrix}$ とおくと, $\quad \boldsymbol{v}_1 = \dfrac{1}{\|\boldsymbol{a}_1\|}\boldsymbol{a}_1 = \dfrac{1}{1}\begin{pmatrix} 1 \\ 0 \end{pmatrix} = \begin{pmatrix} 1 \\ 0 \end{pmatrix}$

次に, $\boldsymbol{u}_2 = \boldsymbol{a}_2 - (\boldsymbol{a}_2 \cdot \boldsymbol{v}_1)\,\boldsymbol{v}_1 = \begin{pmatrix} 1 \\ -1 \end{pmatrix} - \left(\begin{pmatrix} 1 \\ -1 \end{pmatrix} \cdot \begin{pmatrix} 1 \\ 0 \end{pmatrix}\right)\begin{pmatrix} 1 \\ 0 \end{pmatrix} = \begin{pmatrix} 1 \\ -1 \end{pmatrix} - \begin{pmatrix} 1 \\ 0 \end{pmatrix} = \begin{pmatrix} 0 \\ -1 \end{pmatrix}$

よって, $\boldsymbol{v}_2 = \dfrac{1}{\|\boldsymbol{u}_2\|}\boldsymbol{u}_2 = \dfrac{1}{1}\begin{pmatrix} 0 \\ -1 \end{pmatrix} = \begin{pmatrix} 0 \\ -1 \end{pmatrix}$.

以上より, $\mathbb{R}^2$ の正規直交基底 $\boldsymbol{v}_1 = \begin{pmatrix} 1 \\ 0 \end{pmatrix}, \boldsymbol{v}_2 = \begin{pmatrix} 0 \\ -1 \end{pmatrix}$ が得られた.

まとめ:

- ベクトル空間 V の要素の組 $\boldsymbol{u}, \boldsymbol{v}$ に対し, 実数 $\boldsymbol{u} \cdot \boldsymbol{v}$ を対応させる写像で,
  (1) V の任意の要素 $\boldsymbol{v}$ に対し $\boldsymbol{v} \cdot \boldsymbol{v} \geq 0$. 特に $\boldsymbol{v} \cdot \boldsymbol{v} = 0 \Leftrightarrow \boldsymbol{v} = \boldsymbol{0}$ (必要十分条件)
  (2) 実数 k_1, k_2 と V の要素 $\boldsymbol{u}_1, \boldsymbol{u}_2, \boldsymbol{v}$ に対し, $(k_1\boldsymbol{u}_1 + k_2\boldsymbol{u}_2) \cdot \boldsymbol{v} = k_1(\boldsymbol{u}_1 \cdot \boldsymbol{v}) + k_2(\boldsymbol{u}_2 \cdot \boldsymbol{v})$
  (3) V の任意の要素の組 $\boldsymbol{u}, \boldsymbol{v}$ に対し, $\boldsymbol{u} \cdot \boldsymbol{v} = \boldsymbol{v} \cdot \boldsymbol{u}$
  という性質をみたすものを**内積** (inner product) という.
  内積が定義されたベクトル空間を**計量ベクトル空間**という.
- 計量ベクトル空間の要素 $\boldsymbol{v}$ に対し, 実数 $\sqrt{\boldsymbol{v} \cdot \boldsymbol{v}}$ を $\boldsymbol{v}$ の**ノルム** (norm) といい, $\|\boldsymbol{v}\|$ で表す.
- 計量ベクトル空間 V の基底 $\boldsymbol{v}_1, \cdots, \boldsymbol{v}_n$ で, (1) 各 $\boldsymbol{v}_i$ のノルムは 1 (つまり, $\|\boldsymbol{v}_i\| = 1$)
  (2) どの $\boldsymbol{v}_i$ と $\boldsymbol{v}_j$ も直交している (つまり, $\boldsymbol{v}_i \cdot \boldsymbol{v}_j = 0$, ただし $i \neq j$)
  をみたすものを, V の**正規直交基底** (orthonormal basis) という.
- 計量ベクトル空間は, いつでも正規直交基底をもつ.
  実際, **グラム・シュミットの正規直交化法**という, 正規直交基底をつくる方法がある.

解説ノート 4.4

すべての有限次元ベクトル空間は内積を持つ ことを示すことができる.

証明 たとえば, 次のように構成すればよい. ベクトル空間 V の基底 $\boldsymbol{a_1}, \cdots, \boldsymbol{a_n}$ を 1 つとる. このとき V のベクトル $\boldsymbol{u}, \boldsymbol{v}$ は基底を用いて, $\boldsymbol{u} = u_1\,\boldsymbol{a_1} + \cdots + u_n\,\boldsymbol{a_n}$, $\boldsymbol{v} = v_1\,\boldsymbol{a_1} + \cdots + v_n\,\boldsymbol{a_n}$ と表すことができる. このとき, 内積を $\boldsymbol{u} \cdot \boldsymbol{v} = u_1 v_1 + \cdots + u_n v_n$ と定義すればよい. □

ベクトル空間を 1 つ固定しても内積は数多く存在する. たとえば, 基底を取り換えることにより, 上記の方法で異なる内積を得ることができる.

V を, x を文字とする n 次以下の多項式全体のなすベクトル空間とする. V に積分を用いて内積を定義することができる. $\boldsymbol{u}, \boldsymbol{v}$ を V のベクトルとするとき, $\boldsymbol{u} \cdot \boldsymbol{v} = \displaystyle\int_0^1 \boldsymbol{uv}\, dx$ と定義すると内積となる (小テスト問題 3 参照). ここで $\boldsymbol{uv}$ は多項式の積を表している. また, 内積を定義するための積分区間は $[0, 1]$ を用いたが, 任意の区間 $[a, b]$ でかまわない $(a < b)$.

V を, x を文字とする一次以下の多項式全体のなすベクトル空間とする. 基底 $\boldsymbol{a_1} = 1$, $\boldsymbol{a_2} = x$ から上の内積に関する正規直交基底を, グラム・シュミットの正規直交化法で求める. まず, $\|\boldsymbol{a_1}\| = \sqrt{\displaystyle\int_0^1 1^2\, dx} = 1$. よって, $\boldsymbol{v_1} = \dfrac{1}{\|\boldsymbol{a_1}\|}\boldsymbol{a_1} = 1$. 次に, $\boldsymbol{a_2} \cdot \boldsymbol{v_1} = \displaystyle\int_0^1 x\, dx = \frac{1}{2}$ より, $\boldsymbol{u_2} = \boldsymbol{a_2} - (\boldsymbol{a_2} \cdot \boldsymbol{v_1})\,\boldsymbol{v_1} = x - \dfrac{1}{2}$. また, $\|\boldsymbol{u_2}\| = \sqrt{\displaystyle\int_0^1 (x - \frac{1}{2})^2\, dx} = \dfrac{1}{2\sqrt{3}}$. よって, $\boldsymbol{v_2} = \dfrac{1}{\|\boldsymbol{u_2}\|}\boldsymbol{u_2} = 2\sqrt{3}(x - \dfrac{1}{2})$ となる. $\boldsymbol{v_1} \cdot \boldsymbol{v_2} = 2\sqrt{3}\displaystyle\int_0^1 (x - \frac{1}{2})\, dx = 0$ となり, $\boldsymbol{v_1} = 1$ と $\boldsymbol{v_2} = 2\sqrt{3}(x - \dfrac{1}{2})$ は直交している.

n 次元ベクトル空間 V の n 個のベクトル $\boldsymbol{v_1}, \boldsymbol{v_2}, \cdots, \boldsymbol{v_n}$ が, $\boldsymbol{v_i} \cdot \boldsymbol{v_j} = \delta_{ij}$ (δ_{ij} はクロネッカーのデルタ. 解説ノート 1.2 参照) をみたすとき, $\boldsymbol{v_1}, \boldsymbol{v_2}, \cdots, \boldsymbol{v_n}$ は V の正規直交基底となる.

証明 $\boldsymbol{v_1}, \boldsymbol{v_2}, \cdots, \boldsymbol{v_n}$ が基底となることを示せばよい. そのためには, 解説ノート 4.3 で示したことより, $\boldsymbol{v_1}, \boldsymbol{v_2}, \cdots, \boldsymbol{v_n}$ が一次独立であることを示せば十分である. $c_1\,\boldsymbol{v_1} + \cdots + c_n\,\boldsymbol{v_n} = \boldsymbol{0}$ とする. このとき, $\boldsymbol{v_i} \cdot (c_1\,\boldsymbol{v_1} + \cdots + c_n\,\boldsymbol{v_n}) = c_i \boldsymbol{v_i} \cdot \boldsymbol{v_i} = c_i$ よって, $c_i = 0$ を得る. これは任意の i について成り立つので, $c_1 = c_2 = \cdots = c_n = 0$ となり, $\boldsymbol{v_1}, \boldsymbol{v_2}, \cdots, \boldsymbol{v_n}$ は一次独立となる. □

一般のベクトル空間の内積は, $\mathbb{R}^n$ の標準内積と同様に, 次の 2 つの不等式をみたす.

(1) $|\boldsymbol{u} \cdot \boldsymbol{v}| \leq \|\boldsymbol{u}\|\,\|\boldsymbol{v}\|$ (シュワルツの不等式)

(2) $\|\boldsymbol{u} + \boldsymbol{v}\| \leq \|\boldsymbol{u}\| + \|\boldsymbol{v}\|$ (三角不等式)

ここで等号成立は, 一方のベクトルが他方のベクトルのスカラー倍のときである.

証明 (1) $v = 0$ の場合は成立する. 以下, $v \neq 0$ とする. $c = \dfrac{\boldsymbol{u} \cdot \boldsymbol{v}}{\|\boldsymbol{v}\|^2}$ とおく. ベクトル $\boldsymbol{u} - c\boldsymbol{v}$ に対し, $\|\boldsymbol{u} - c\boldsymbol{v}\|^2 \geq 0$. 一方, $\|\boldsymbol{u} - c\boldsymbol{v}\|^2 = \|\boldsymbol{u}\|^2 - 2c(\boldsymbol{u} \cdot \boldsymbol{v}) + c^2\|\boldsymbol{v}\|^2 = \|\boldsymbol{u}\|^2 - \dfrac{(\boldsymbol{u} \cdot \boldsymbol{v})^2}{\|\boldsymbol{v}\|^2}$. よって, $|\boldsymbol{u} \cdot \boldsymbol{v}| \leq \|\boldsymbol{u}\|\|\boldsymbol{v}\|$ を得る.

(2) $\|\boldsymbol{u} + \boldsymbol{v}\|^2 = \|\boldsymbol{u}\|^2 + 2(\boldsymbol{u} \cdot \boldsymbol{v}) + \|\boldsymbol{v}\|^2 \leq \|\boldsymbol{u}\|^2 + 2\|\boldsymbol{u}\|\|\boldsymbol{v}\| + \|\boldsymbol{v}\|^2 = (\|\boldsymbol{u}\| + \|\boldsymbol{v}\|)^2$. □

0.3 節で考えた $\mathbb{R}^n$ の内積を, $\mathbb{R}^n$ の**標準内積**という. $\mathbb{R}^n$ のベクトルを n 行 1 列の行列とみて, 行列の転置と行列の積を用いて $\mathbb{R}^n$ の標準内積を表すと, $\boldsymbol{u}\cdot\boldsymbol{v} = ({}^t\boldsymbol{u})\,\boldsymbol{v}$ となる.

定理 4.4.4 の証明を行う.

証明 $\boldsymbol{v_1},\cdots,\boldsymbol{v_n}$ のノルムは, 構成からそれぞれ 1 である. $\boldsymbol{v_i}\cdot\boldsymbol{v_j} = 0$ $(i \neq j)$ を数学的帰納法を用いて示す. $1 \le k \le n-1$ となる k に対し, $\boldsymbol{v_1},\cdots,\boldsymbol{v_k}$ は互いに直交するとする. このとき, $\boldsymbol{v_{k+1}}$ が $\boldsymbol{v_1},\cdots,\boldsymbol{v_k}$ と直交することを示す. そのためには, $\boldsymbol{u_{k+1}}$ が $\boldsymbol{v_1},\cdots,\boldsymbol{v_k}$ と直交することを示せばよい. $\boldsymbol{v_i}$ $(1 \le i \le k)$ をとる. このとき,

$$
\begin{aligned}
\boldsymbol{u_{k+1}}\cdot\boldsymbol{v_i} &= (\boldsymbol{a_{k+1}} - (\boldsymbol{a_{k+1}}\cdot\boldsymbol{v_1})\,\boldsymbol{v_1} - (\boldsymbol{a_{k+1}}\cdot\boldsymbol{v_2})\,\boldsymbol{v_2} - \cdots - (\boldsymbol{a_{k+1}}\cdot\boldsymbol{v_k})\,\boldsymbol{v_k})\cdot\boldsymbol{v_i} \\
&= \boldsymbol{a_{k+1}}\cdot\boldsymbol{v_i} - (\boldsymbol{a_{k+1}}\cdot\boldsymbol{v_i})\,\boldsymbol{v_i}\cdot\boldsymbol{v_i} = \boldsymbol{a_{k+1}}\cdot\boldsymbol{v_i} - \boldsymbol{a_{k+1}}\cdot\boldsymbol{v_i} = 0
\end{aligned}
$$

となるので, 直交する. □

複素ベクトル空間の場合は, 内積の代わりに, 次のエルミート積を考える. まず, 複素数の共役を定義する. i を虚数単位とし, 複素数 $z = a + bi$ に対し, z の**共役複素数** $\overline{z}$ を $\overline{z} = a - bi$ と定義する.

V を複素ベクトル空間とする. V の 2 つのベクトル $\boldsymbol{u}$ と $\boldsymbol{v}$ に対し, 複素数 $\boldsymbol{u}\cdot\boldsymbol{v}$ を対応させる写像が以下の性質をみたすとき, **エルミート積** (Hermitian product) という.

- $\boldsymbol{v}\cdot\boldsymbol{v}$ は実数で, $\boldsymbol{v}\cdot\boldsymbol{v} \ge 0$ をみたす. とくに, $\boldsymbol{v}\cdot\boldsymbol{v} = 0 \Leftrightarrow \boldsymbol{v} = \boldsymbol{0}$ (必要十分条件)
- 複素数 k_1, k_2 と, V のベクトル $\boldsymbol{u_1}, \boldsymbol{u_2}, \boldsymbol{u}, \boldsymbol{v_1}, \boldsymbol{v_2}, \boldsymbol{v}$ に対して,
$$(k_1\boldsymbol{u_1} + k_2\boldsymbol{u_2})\cdot\boldsymbol{v} = k_1\,(\boldsymbol{u_1}\cdot\boldsymbol{v}) + k_2\,(\boldsymbol{u_2}\cdot\boldsymbol{v}), \quad \boldsymbol{u}\cdot(k_1\boldsymbol{v_1} + k_2\boldsymbol{v_2}) = \overline{k_1}\,(\boldsymbol{u}\cdot\boldsymbol{v_1}) + \overline{k_2}\,(\boldsymbol{u}\cdot\boldsymbol{v_2})$$
- V の要素 $\boldsymbol{u}, \boldsymbol{v}$ に対して, $\boldsymbol{u}\cdot\boldsymbol{v} = \overline{\boldsymbol{v}\cdot\boldsymbol{u}}$

成分が複素数であるような n 次元ベクトルすべてのなす集合を $\mathbb{C}^n$ と書く. $\mathbb{C}^n$ は複素ベクトル空間の例である. $\mathbb{C}^n$ の 2 つのベクトル $\boldsymbol{u}, \boldsymbol{v}$ に対し, $\boldsymbol{u}\cdot\boldsymbol{v} = ({}^t\boldsymbol{u})\,\overline{\boldsymbol{v}}$ と定義すると, $\mathbb{C}^n$ 上のエルミート積を定義することができる. これを $\mathbb{C}^n$ 上の**標準エルミート積**とよぶ.

小テスト:

<u>**問題 1**</u>: $\mathbb{R}^2$ の基底 $\boldsymbol{a_1} = \begin{pmatrix} 1 \\ \sqrt{3} \end{pmatrix}$, $\boldsymbol{a_2} = \begin{pmatrix} \sqrt{3} \\ 1 \end{pmatrix}$ から, グラム・シュミットの正規直交化法をもちいて $\mathbb{R}^2$ の正規直交基底を構成せよ.

<u>**問題 2**</u>: $A = \begin{pmatrix} 1 & 1 \\ 1 & 3 \end{pmatrix}$ とする. $\mathbb{R}^2$ のベクトル $\boldsymbol{u}$ と $\boldsymbol{v}$ に対し, $\boldsymbol{u}\cdot\boldsymbol{v} = ({}^t\boldsymbol{u})A\boldsymbol{v}$ と定義すると, $\mathbb{R}^2$ の内積となることを示せ.

<u>**問題 3**</u>: V を x を文字とする 1 次以下の多項式全体のなすベクトル空間とする. このとき, $\boldsymbol{u}\cdot\boldsymbol{v} = \displaystyle\int_0^1 \boldsymbol{u}\boldsymbol{v}\,dx$ は V の内積となることを示せ.

4.5　部分ベクトル空間の和・共通集合

目標：部分ベクトル空間を定義し，その和・共通部分の次元を調べよう．

まずベクトル空間の部分集合について考えてみよう．それはいつでもベクトル空間になるだろうか？

例 4.5.1：ベクトル空間 $\mathbb{R}^2$ の部分集合 $V_+ = \left\{ \begin{pmatrix} x \\ 0 \end{pmatrix} \;\middle|\; x > 0 \right\}$ を考える．たとえば，$\begin{pmatrix} 3 \\ 0 \end{pmatrix}$ は V_+ の要素だが，-2 倍した $\begin{pmatrix} -6 \\ 0 \end{pmatrix}$ は V_+ に含まれない．したがって V_+ はベクトル空間ではない．

つまり，ベクトル空間の部分集合は必ずしもベクトル空間になるとは限らない．そこで，次のように定義することにする．

定義 4.5.2 (部分ベクトル空間)：ベクトル空間 V の部分集合 W について，

「W の要素の一次結合で表わされるどんな要素も，再び W に含まれる」

が成り立つとき，W は V の**部分ベクトル空間**であるという．
実際，このとき，(V の加法とスカラー倍に対して) W はそれ自身ベクトル空間になる．

例 4.5.3：ベクトル空間 $\mathbb{R}^2$ の部分集合 $V = \left\{ t\boldsymbol{a} \;\middle|\; \boldsymbol{a} = \begin{pmatrix} 3 \\ -2 \end{pmatrix},\ t \text{ は実数} \right\}$ では，どんな要素の組の一次結合もやはり V の要素となっている．したがって V は $\mathbb{R}^2$ の部分ベクトル空間になる．

実際，次のようにすれば，簡単に部分ベクトル空間をつくることができる．

定義 4.5.4 (生成された部分空間)：ベクトル空間 V の一次独立な要素の組 $\boldsymbol{a}_1, \cdots, \boldsymbol{a}_m$ が与えられたとき，これらの一次結合でできる V の要素をすべて集めてできる集合

$$W = \left\{ \boldsymbol{v} \in V \mid \boldsymbol{v} = k_1 \boldsymbol{a}_1 + k_2 \boldsymbol{a}_2 + \cdots + k_m \boldsymbol{a}_m,\ k_i \text{ は実数} \right\}$$

は V の部分ベクトル空間となる．この W を，$\boldsymbol{a}_1, \cdots, \boldsymbol{a}_m$ から**生成された** V の**部分ベクトル空間**という．このとき，$\boldsymbol{a}_1, \cdots, \boldsymbol{a}_m$ は W の基底となり，W の次元 $\dim W$ は m となる．

例 4.5.5：3 次元ベクトルを集めた集合 $V = \left\{ s \begin{pmatrix} 1 \\ 0 \\ -1 \end{pmatrix} + t \begin{pmatrix} 0 \\ -1 \\ 1 \end{pmatrix} \;\middle|\; s, t \text{ は実数} \right\}$ は，ベクトル空間 $\mathbb{R}^3$ の部分ベクトル空間であり，その次元は 2 になる (練習 4.1.4 参照)．

さて, 与えられた 2 つの部分ベクトル空間から, さらに別の部分ベクトル空間をつくりだすことができるだろうか？　これについて, じつは次のことがわかる.

> **定理 4.5.6 (部分ベクトル空間の共通部分)** ：ベクトル空間 V の部分ベクトル空間 W と W' の共通部分 $W \cap W' = \{\boldsymbol{v} \in V \mid \boldsymbol{v} \in W$ かつ $\boldsymbol{v} \in W'\}$ は, また V の部分ベクトル空間になる.

一方で, 上の定理において, W と W' の和集合 $W \cup W' = \{\boldsymbol{v} \in V \mid \boldsymbol{v} \in W$ または $\boldsymbol{v} \in W'\}$ では, 一般には V の 部分ベクトル空間にならない. (ならないような具体例をつくることができる.)

ところがじつは, 次のようにすれば, また別の部分ベクトル空間をつくることができる.

> **定理 4.5.7 (部分ベクトル空間の和空間)** ：ベクトル空間 V の部分ベクトル空間 W と W' に対し, $\{\boldsymbol{v} + \boldsymbol{v}' \in V \mid \boldsymbol{v} \in W$ かつ $\boldsymbol{v}' \in W'\}$ は, また V の部分ベクトル空間になる.
> これを W と W' の **和空間**としてできる部分ベクトル空間といい, $W + W'$ と表す.

また, 上のようにしてつくられた部分ベクトル空間たちの次元はどうなっているのだろうか？実は, 次のような関係式が成り立つことがわかる.

> **定理 4.5.8 (部分ベクトル空間の次元公式)** ：
> ベクトル空間 V の 2 つの部分ベクトル空間を W と W' とする.
> このとき, 次が成り立つ.　$\dim(W + W') = \dim W + \dim W' - \dim(W \cap W')$

まとめ:

- ベクトル空間 V の部分集合 W に対し, 「W のどんな要素の組の一次結合も, 再び W に含まれる」が成り立つとき, W は V の**部分ベクトル空間**であるという.
- ベクトル空間 V の一次独立な要素の組 $\boldsymbol{a}_1, \cdots, \boldsymbol{a}_m$ が与えられたとき, これらの一次結合をすべて集めてできる集合 W は V の部分ベクトル空間となる. この W を, $\boldsymbol{a}_1, \cdots, \boldsymbol{a}_m$ から**生成された V の部分ベクトル空間**という. このとき, $\boldsymbol{a}_1, \cdots, \boldsymbol{a}_m$ は W の基底となり, W の次元 $\dim W$ は m となる.
- ベクトル空間 V の 2 つの部分ベクトル空間 W, W' の共通部分 $W \cap W' = \{\boldsymbol{v} \in V \mid \boldsymbol{v} \in W$ かつ $\boldsymbol{v} \in W'\}$ は, V の部分ベクトル空間になる. 一方, W と W' の和集合は部分ベクトル空間にならないこともあるが, $\{\boldsymbol{v} + \boldsymbol{v}' \in V \mid \boldsymbol{v} \in W$ かつ $\boldsymbol{v}' \in W'\}$ は, また V の部分ベクトル空間になる. またそれらの次元に関して, 次が成り立つ.

$$\dim(W + W') = \dim W + \dim W' - \dim(W \cap W')$$

解説ノート 4.5

部分ベクトル空間は省略して, **部分空間**ともいわれる.

ベクトル空間 V の部分集合 W が V の部分ベクトル空間となるための必要十分条件は, 任意の W のベクトル $\boldsymbol{a}, \boldsymbol{b}$ と, 任意の実数 s, t に対し, $s\boldsymbol{a}+t\boldsymbol{b}$ が W に含まれることである.

部分ベクトル空間の例をあげる.

(1) $\mathbb{R}^3$ の部分ベクトル空間の例を考える. $\mathbb{R}^3$ 自身と $\{\boldsymbol{0}\}$ は $\mathbb{R}^3$ の部分ベクトル空間である. $\mathbb{R}^3$ のベクトル $\boldsymbol{a}, \boldsymbol{b}$ を考える. ただし, $\boldsymbol{a}$ と $\boldsymbol{b}$ は一次独立とする. このとき, $W_1 = \{s\boldsymbol{a} \mid s \in \mathbb{R}\}$ は $\mathbb{R}^3$ の 1 次元の部分ベクトル空間であり, $W_2 = \{s\boldsymbol{a}+t\boldsymbol{b} \mid s, t \in \mathbb{R}\}$ は $\mathbb{R}^3$ の 2 次元の部分ベクトル空間である. W_1 は原点を通る直線であり, W_2 は原点を通る平面となる.

(2) V を関数全体の集合とし, W を何回でも微分可能な関数全体の集合とする. このとき W は V の部分ベクトル空間となる. これは, 微分可能な関数の一次結合で得られる関数が, 微分可能であることから従う.

(3) n 次行列 $A=(a_{ij})$ が, $i>j$ のとき $a_{ij}=0$ をみたすとき上三角行列とよばれた. n 次上三角行列全体の集合は n 次行列全体のなすベクトル空間の部分ベクトル空間となる. これは, 上三角行列の一次結合が上三角行列となることから従う.

$\mathbb{R}^3$ の部分ベクトル空間として, $W = \left\{ \begin{pmatrix} x \\ y \\ 0 \end{pmatrix} \middle| \ x, y \in \mathbb{R} \right\}$, $W' = \left\{ \begin{pmatrix} 0 \\ s \\ t \end{pmatrix} \middle| \ s, t \in \mathbb{R} \right\}$ を考える.

W は 2 つのベクトル $\begin{pmatrix} 1 \\ 0 \\ 0 \end{pmatrix}, \begin{pmatrix} 0 \\ 1 \\ 0 \end{pmatrix}$ から生成される 2 次元部分ベクトル空間であり, W' は 2 つのベクトル $\begin{pmatrix} 0 \\ 1 \\ 0 \end{pmatrix}, \begin{pmatrix} 0 \\ 0 \\ 1 \end{pmatrix}$ から生成される 2 次元部分ベクトル空間である. $W \cap W'$ は $\begin{pmatrix} 0 \\ 1 \\ 0 \end{pmatrix}$ が生成する 1 次元部分ベクトル空間であり, 和空間 $W+W'$ は $\mathbb{R}^3$ となる. 定理 4.5.8 の次元公式が成立していることを確かめて欲しい.

計量ベクトル空間 V の部分空間 W に対し**直交補空間** $W^{\perp}$ を

$$W^{\perp} = \left\{ \boldsymbol{v} \in V \mid W \text{ の任意の元 } \boldsymbol{w} \text{ に対し, } \boldsymbol{v} \cdot \boldsymbol{w} = 0 \right\}$$

と定義する. このとき内積の性質により, $W^{\perp}$ は V の部分ベクトル空間になる(小テスト問題 2 参照).

V をベクトル空間とするとき, V の部分ベクトル空間 W は必ず V の零ベクトルを含むことに注意して欲しい. これは, W の元の 0 倍が V の零ベクトルになることからわかる. これを用いると, V の零ベクトルを含まない部分集合は部分ベクトル空間にはなれないことがわかる. たとえば W を $\mathbb{R}^3$ の原点を通らない平面とするとき, W は $\mathbb{R}^3$ の部分ベクトル空間ではない.

ここで, 定理 2.3.2 の証明を行う. つまり, 行列 A から基本変形で得られる階段行列 S の段の数が, 基本変形によらず一定となることを示す. 証明ができると, 定義 2.3.3 の行列の階数の定義に矛盾が無いこと (well-definedness) が導かれる.

A を $m \times n$ 行列とする. A の各行ベクトル $\boldsymbol{a}_1, \cdots, \boldsymbol{a}_m$ は, $\mathbb{R}^n$ のベクトルと思える. V を $\boldsymbol{a}_1, \cdots, \boldsymbol{a}_m$ から生成される $\mathbb{R}^n$ の部分空間とする. このとき, $\operatorname{rank} A = \dim V$ となることを示す. つまり, $\operatorname{rank} A$ は A の一次独立な行ベクトルの最大数となる.

証明　行列 A から基本変形で得られる階段行列を S とする. 階段行列 S の第 1 行から第 r 行までが 0 でない成分を含むとし, 第 $r+1$ 行から第 n 行までは成分がすべて 0 とする. (ここで, $r = n$ の場合では, 成分がすべて 0 の行はない.) つまり, S の各行ベクトル $\boldsymbol{s}_1, \cdots, \boldsymbol{s}_m$ に対し, $\boldsymbol{s}_{r+1}, \cdots, \boldsymbol{s}_m$ は零ベクトルである. このとき, $\boldsymbol{s}_1, \cdots, \boldsymbol{s}_r$ は 1 次独立となる. また, 行列 A から S への基本変形の逆操作を行うと, S から A を得ることができる. その操作により, A の各行ベクトル $\boldsymbol{a}_1, \cdots, \boldsymbol{a}_m$ は S の行ベクトルの 1 次結合で表される. つまり, $\boldsymbol{s}_1, \cdots, \boldsymbol{s}_r$ の 1 次結合で表すことができる. V の各ベクトルは $\boldsymbol{a}_1, \cdots, \boldsymbol{a}_m$ の 1 次結合で表すことができるが, 今, $\boldsymbol{a}_1, \cdots, \boldsymbol{a}_m$ が $\boldsymbol{s}_1, \cdots, \boldsymbol{s}_r$ の 1 次結合で表されているので, V の各ベクトルも $\boldsymbol{s}_1, \cdots, \boldsymbol{s}_r$ で表すことができる. よって, $\boldsymbol{s}_1, \cdots, \boldsymbol{s}_r$ は V を生成する. 以上により, $\boldsymbol{s}_1, \cdots, \boldsymbol{s}_r$ が V の基底であることがわかった. よって, $\dim V = r$ となる. □

また, A から V は一意に定まるので, A の階数は基本変形によらずに定まる. 同様の議論で, 列ベクトルに関しても同様の結果が得られる.

定理 4.5.8 の次元公式の証明は, 参考文献 [1] p.109, [3] p.165 を参照して欲しい.

小テスト:

問題 **1**: $\mathbb{R}^3$ の 2 次元部分ベクトル空間 $W_1 = \left\{ s \begin{pmatrix} 1 \\ 1 \\ 0 \end{pmatrix} + t \begin{pmatrix} 0 \\ -1 \\ 1 \end{pmatrix} \middle| s, t \in \mathbb{R} \right\}$, $W_2 = \left\{ p \begin{pmatrix} 1 \\ 0 \\ 1 \end{pmatrix} + q \begin{pmatrix} 1 \\ 1 \\ 1 \end{pmatrix} \middle| p, q \in \mathbb{R} \right\}$ について, 以下の問いに答えよ.

(1) $W_1 \cap W_2$ を求めよ.　(2) $W_1^{\perp}$ を求めよ.

問題 **2**: $W^{\perp}$ が部分空間となることを示せ.

第5章　線形写像

この章ではベクトル空間からベクトル空間への写像を取り扱う．前章で学んだように，ベクトル空間とは「ある集合にいくつかの性質をみたすような演算 (加法とスカラー倍) がついたもの」だった．そこで，その演算に着目して「演算を保つという性質」をもつ写像を考えてみよう．それはつまり，1.1 節「一次変換」で導入した **写像の線形性**というものである．ここでは，この写像の線形性をもつ写像 (線形写像) を一般に定義して，その基本的な性質を学んでいく．

5.1　線形写像とは

目標：線形写像の定義と基本的性質を理解しよう．

ここでは，1.1 節で導入した性質を一般化して **線形写像** を定義しよう．考えるのは，一般にベクトル空間からベクトル空間への写像である．

定義 5.1.1 (線形写像 (linear map)) ：
ベクトル空間 V からベクトル空間 V' への写像を f とする．任意の V の要素 $\boldsymbol{x}$ と $\boldsymbol{y}$，および，任意のスカラー α と β に対して，$f(\alpha\boldsymbol{x}+\beta\boldsymbol{y})=\alpha f(\boldsymbol{x})+\beta f(\boldsymbol{y})$ が成り立つ とき，f を V から V' への**線形写像**という．

このような線形写像がもつ性質を，(1.1 節でも定義したように) **写像の線形性**という．次の例で見るように，線形性という名の由来ともなったもっとも簡単な線形写像は，いわゆる比例関数である．

まず，実数の集合 $\mathbb{R}$ を 1 次元ベクトルの集合とみなしてみよう．つまり，集合 $\{\boldsymbol{v}=(x) \mid x \text{ は実数 }\}$ に，自然に定まる加法とスカラー倍を考えると，ベクトル空間となることがわかる．このベクトル空間を $\mathbb{R}^1$ で表すことにする．たとえば $\mathbb{R}^1$ の要素は $\boldsymbol{v}=(\,7\,)$ などである．

例 5.1.2 ： $f(\boldsymbol{v})=3\boldsymbol{v}$ で定義される $\mathbb{R}^1$ から $\mathbb{R}^1$ への写像 f を考えると，この f は線形写像になる．実際，$\mathbb{R}^1$ の任意の要素 $\boldsymbol{x}$ と $\boldsymbol{y}$，および，任意のスカラー α と β に対して，次が成り立つ．

$$f(\alpha\boldsymbol{x}+\beta\boldsymbol{y})=3(\alpha\boldsymbol{x}+\beta\boldsymbol{y})=\alpha\cdot(3\boldsymbol{x})+\beta\cdot(3\boldsymbol{y})=\alpha f(\boldsymbol{x})+\beta f(\boldsymbol{y})$$

この例を一般化したのが，1.1 節，1.2 節で扱った写像である．定理 1.1.6 を思い出そう．

定理 1.1.6 (線形写像の例 (一次変換の一般化)) ：

n 次元ベクトル $\begin{pmatrix} x_1 \\ x_2 \\ \vdots \\ x_n \end{pmatrix}$ を m 次元ベクトル $\begin{pmatrix} a_{11}\,x_1+a_{12}\,x_2+\cdots+a_{1n}\,x_n \\ a_{21}\,x_1+a_{22}\,x_2+\cdots+a_{2n}\,x_n \\ \vdots \\ a_{m1}\,x_1+a_{m2}\,x_2+\cdots+a_{mn}\,x_n \end{pmatrix}$ にうつす

写像 $f:\mathbb{R}^n\to\mathbb{R}^m$ は線形写像である．ただし，$a_{11},a_{12},\cdots,a_{mn}$ は実数の定数．

ここでは以下のような具体的な例で確認してみよう．

例 5.1.3 ： 平面ベクトルをすべて集めた集合をベクトル空間とみなし，これを $\mathbb{R}^2$ で表す．このとき，$f(\begin{pmatrix} x \\ y \end{pmatrix}) = x + y$ で決まる写像 $f : \mathbb{R}^2 \to \mathbb{R}^1$ が線形写像であることを示してみよう．実際，$\mathbb{R}^2$ の任意の要素 $\boldsymbol{v} = \begin{pmatrix} x \\ y \end{pmatrix}$ と $\boldsymbol{v'} = \begin{pmatrix} x' \\ y' \end{pmatrix}$，および，任意のスカラー α と β に対し，次のように計算できる．

$$f(\alpha\boldsymbol{v} + \beta\boldsymbol{v'}) = f(\alpha \begin{pmatrix} x \\ y \end{pmatrix} + \beta \begin{pmatrix} x' \\ y' \end{pmatrix}) = f(\begin{pmatrix} \alpha x + \beta x' \\ \alpha y + \beta y' \end{pmatrix}) = (\alpha x + \beta x' + \alpha y + \beta y')$$
$$= (\alpha x + \alpha y) + (\beta x' + \beta y') = \alpha(x + y) + \beta(x' + y') = \alpha f(\boldsymbol{v}) + \beta f(\boldsymbol{v'})$$

練習 5.1.4 ： $f(\begin{pmatrix} x \\ y \end{pmatrix}) = \begin{pmatrix} 2x + 1 \\ 3y - 1 \end{pmatrix}$ で定まる写像 $f : \mathbb{R}^2 \to \mathbb{R}^2$ が線形写像でないことを示しなさい．

さらに次のようなもっと様子の異なった例も考えられる．

例 5.1.5 ： 実数係数の一次以下の多項式すべてを集めた集合 $V = \{ax + b \mid a, b \text{ は実数}\}$ は，通常の多項式の加法と実数倍を考えるとベクトル空間となる (例 4.1.6 参照)．ここで「与えられた多項式から一次の係数を選ぶ」という操作で定まる写像 $f : V \to \mathbb{R}^1$ は線形写像になる．実際，任意の要素 $\boldsymbol{v} = px + q$ と $\boldsymbol{v'} = p'x + q'$，および，任意のスカラー α と β に対し，次が成り立つ．

$$f(\ \alpha\boldsymbol{v} + \beta\boldsymbol{v'}\ ) = f(\ \alpha(px + q) + \beta(p'x + q')\ ) = f(\ (\alpha p + \beta p')x + (\alpha q + \beta q')\ ) = \alpha p + \beta p'$$
$$= \alpha f(px + q) + \beta f(p'x + q') = \alpha f(\boldsymbol{v}) + \beta f(\boldsymbol{v'})$$

この例から推測できるように，じつは，関数を集めてできる集合をベクトル空間とみなしたとき，「関数を微分する」という操作で決まる写像は線形写像になる．このことは「微分の線形性」ともよばれる非常に重要な事実である．これを使って 6.3 節では，微分方程式を解くことに線形写像を応用する．

まとめ:

- ベクトル空間 V から V' への写像 f で，任意の V の要素 $\boldsymbol{x}$ と $\boldsymbol{y}$，および，任意のスカラー α と β に対して，$f(\alpha\boldsymbol{x} + \beta\boldsymbol{y}) = \alpha f(\boldsymbol{x}) + \beta f(\boldsymbol{y})$ が成り立つものを V から V' への**線形写像**という．
- 線形写像の例としては，$f(\boldsymbol{v}) = 3\boldsymbol{v}$ で定義される $\mathbb{R}^1$ から $\mathbb{R}^1$ への写像 f や，「与えられた多項式から一次の係数を選ぶ」という操作で決まる実数係数の一次以下の多項式すべてを集めた集合から $\mathbb{R}^1$ への写像など，さまざまなものがある．

解説ノート 5.1

定義 5.1.1 の線形写像の定義は,

$$f(\boldsymbol{x}+\boldsymbol{y})=f(\boldsymbol{x})+f(\boldsymbol{y}) \quad \text{かつ} \quad f(\alpha\boldsymbol{x})=\alpha f(\boldsymbol{x})$$

と同値である. つまり線形写像は, ベクトル空間の加法とスカラー倍について自然な写像である.

$\mathbb{R}^2$ から $\mathbb{R}^2$ への一次変換 $f(\begin{pmatrix} x \\ y \end{pmatrix})=\begin{pmatrix} ax+by \\ cx+dy \end{pmatrix}$ は線形写像の例である.

V を実数全体で定義された連続関数全体の集合とする. このとき, 関数 $f(x)$ に対し, その 0 における値 $f(0)$ を対応させる写像を φ とすると, $\varphi: V \to \mathbb{R}$ は線形写像となる. 実際, $f, g \in V$, $\alpha, \beta \in \mathbb{R}$ に対し, $\varphi(\alpha f+\beta g)=(\alpha f+\beta g)(0)=\alpha f(0)+\beta g(0)=\varphi(f)+\varphi(g)$ となるからである.

S を数列全体のなすベクトル空間とする. 数列 $\{a_n\}$ に対し, a_n という項を a_{n+1} にうつす写像 ψ を考える. つまり数列 $\{a_n\}$ に対し, $b_n=a_{n+1}$ となる数列 $\{b_n\}$ をとり, $\psi(\{a_n\})=\{b_n\}$ とする. このとき, $\psi: S \to S$ は線形写像となる(小テスト問題 1 参照). この線形写像は 5.5 節で考察する.

M を n 次行列全体のなすベクトル空間とする. n 次行列に対しその行列式を対応させる写像 $\det: M \to \mathbb{R}$ を考える. このとき det は一般には線形写像とはならない. これは行列の c 倍を考えると, 行列式は c^n 倍されることからわかる. つまり行列 A に対し, $\det(cA)=c^n\det(A)=c^n\det(A)$ となり, $n \neq 1$ のとき det は線形写像にならない.

線形写像 $f: V \to V'$ は, V の基底 $\boldsymbol{v_1}, \cdots, \boldsymbol{v_n}$ の像 $f(\boldsymbol{v_1}), \cdots, f(\boldsymbol{v_n})$ を指定すると, 写像が定まることをみる. V のベクトル $\boldsymbol{x}=x_1\boldsymbol{v_1}+\cdots+x_n\boldsymbol{v_n}$ に対し, f の線形性を用いると,

$$f(\boldsymbol{x})=f(x_1\boldsymbol{v_1}+\cdots+x_n\boldsymbol{v_n})=f(x_1\boldsymbol{v_1})+\cdots+f(x_n\boldsymbol{v_n})=x_1f(\boldsymbol{v_1})+\cdots+x_nf(\boldsymbol{v_n})$$

となり, V のすべてのベクトルの像が定まっている.

線形写像は零ベクトルを零ベクトルにうつす.

証明 $f: V \to V'$ を線形写像とする. $\boldsymbol{0}$ を V の零ベクトルとし, $\boldsymbol{0}'$ を V' の零ベクトルとする. $\boldsymbol{v} \in V$ に対し, $0\boldsymbol{v}=\boldsymbol{0}$ であった. f が線形写像であることを用いると $f(\boldsymbol{0})=f(0\boldsymbol{v})=0f(\boldsymbol{v})=\boldsymbol{0}'$. つまり $f(\boldsymbol{0})=\boldsymbol{0}'$ を得る. □

このことより, たとえば $\mathbb{R}^2$ の平行移動を与える写像 $f(\begin{pmatrix} x \\ y \end{pmatrix})=\begin{pmatrix} x+a \\ y+b \end{pmatrix}$ $((a,b)\neq(0,0))$ は線形写像ではないことがわかる.

線形写像 $f: V \to V'$ と線形写像 $g: V' \to V''$ の合成写像 $g \circ f: V \to V''$ も線形写像となる (1.3 節参照).

証明 $\boldsymbol{x}, \boldsymbol{y} \in V$, $\alpha, \beta \in \mathbb{R}$ に対し, $(g\circ f)(\alpha\boldsymbol{x}+\beta\boldsymbol{y})=g(f(\alpha\boldsymbol{x}+\beta\boldsymbol{y}))=g(\alpha f(\boldsymbol{x})+\beta f(\boldsymbol{y}))=g(\alpha f(\boldsymbol{x}))+g(\beta f(\boldsymbol{y}))=\alpha g(f(\boldsymbol{x}))+\beta g(f(\boldsymbol{y}))=\alpha(g\circ f)(\boldsymbol{x})+\beta(g\circ f)(\boldsymbol{y})$. □

V' の零ベクトルを $\mathbf{0}'$ とする．線形写像 $f : V \to V'$ に対し, $\mathrm{Ker}\, f = \{\boldsymbol{x} \in V \mid f(\boldsymbol{x}) = \mathbf{0}'\} \subset V$ を f の**核** (kernel) といい, $\mathrm{Im}\, f = \{f(\boldsymbol{x}) \mid \boldsymbol{x} \in V\} \subset V'$ を f の**像** (image) とよぶ．$\mathrm{Ker}\, f$ は V の部分空間となり, $\mathrm{Im}\, f$ は V' の部分空間となる(小テスト問題 2 参照)．このとき, $\dim V = \dim \mathrm{Ker}\, f + \dim \mathrm{Im}\, f$ という関係がある．この証明は参考文献 [1] p.109, [3] p.176 を参照して欲しい．

線形写像が単射 (定義 0.2.4 参照) である条件を与える．$f : V \to V'$ を線形写像とし, $\mathbf{0}$ と $\mathbf{0}'$ をそれぞれ V と V' の零ベクトルとする．f が単射であるための必要十分条件は, $\mathrm{Ker}\, f = \{\mathbf{0}\}$ である．

証明　まず, f は線形写像であるので, $f(\mathbf{0}) = \mathbf{0}'$ である．f が単射とすると, $\boldsymbol{v} \in V$ に対し $f(\boldsymbol{v}) = \mathbf{0}'$ とすると $\boldsymbol{v} = \mathbf{0}$ となる．よって, $\mathrm{Ker}\, f = \{\mathbf{0}\}$．逆に $\mathrm{Ker}\, f = \{\mathbf{0}\}$ とする．$\boldsymbol{x}, \boldsymbol{y} \in V$ に対し $f(\boldsymbol{x}) = f(\boldsymbol{y})$ と仮定する．このとき, $f(\boldsymbol{x}) - f(\boldsymbol{y}) = f(\boldsymbol{x} - \boldsymbol{y}) = \mathbf{0}'$．よって, $\boldsymbol{x} - \boldsymbol{y} \in \mathrm{Ker}\, f = \{\mathbf{0}\}$ となり, $\boldsymbol{x} = \boldsymbol{y}$ となる．□

$f : V \to V'$ を単射である線形写像とし, $\boldsymbol{v}_1, \cdots, \boldsymbol{v}_n$ を V の一次独立なベクトルの組とする．このとき, $f(\boldsymbol{v}_1), \cdots, f(\boldsymbol{v}_n)$ は V' で一次独立 となる．

証明　$c_1 f(\boldsymbol{v}_1) + \cdots + c_n f(\boldsymbol{v}_n) = \mathbf{0}$ とする．このとき, $c_1 f(\boldsymbol{v}_1) + \cdots + c_n f(\boldsymbol{v}_n) = f(c_1 \boldsymbol{v}_1) + \cdots + f(c_n \boldsymbol{v}_n) = f(c_1 \boldsymbol{v}_1 + \cdots + c_n \boldsymbol{v}_n) = \mathbf{0}$．ここで f が単射より, $c_1 \boldsymbol{v}_1 + \cdots + c_n \boldsymbol{v}_n = \mathbf{0}$．よって, $c_1 = \cdots = c_n = 0$．□

線形写像 $f : V \to V'$ が全単射 (定義 0.2.4 参照) であるとき, **同型写像**という．同型写像 $f : V \to V'$ が存在するとき, ベクトル空間 V と V' は**同型**といい, $V \cong V'$ と表す．同型写像 $f : V \to V'$ の逆写像も同型写像となる．また, V と V' が同型となるための必要十分条件は, $\dim V = \dim V'$ である．(小テスト問題 3 参照.) ベクトル空間 V の次元が n のとき, V は $\mathbb{R}^n$ と同型となる．

小テスト:

問題 1: (1) S を数列全体のなすベクトル空間とする．写像 $\psi : S \to S$ を, 数列 $\{a_n\}$ に対し, a_n という項を a_{n+1} にうつす写像とする．このとき, ψ が線形写像であることを示せ．

(2) M を 2 次行列全体のなすベクトル空間とし, M の元 A を 1 つとる．写像 $f : M \to M$ を $X \in M$ に対し行列の積 XA を対応させる写像とする．このとき f が線形写像であることを示せ．

問題 2: $\mathrm{Ker}\, f$ は V の部分空間となり, $\mathrm{Im}\, f$ は V' の部分空間となることを示せ．

問題 3: (1) 同型写像の逆写像が同型写像であることを示せ．

(2) V と V' が同型となるための必要十分条件が, $\dim V = \dim V'$ であることを示せ．

5.2 線形写像の表現行列

目標：行列を使って線形写像を表してみよう.

1.2 節で, 一次変換を表す手段として行列を導入した. この節では, その一般化として, 線形写像を行列を使って表すことを考えてみよう. ふたたび定理 1.1.6 を思い出してみる.

定理 1.1.6 (線形写像の例 (一次変換の一般化)) :

n 次元ベクトル $\begin{pmatrix} x_1 \\ \vdots \\ x_n \end{pmatrix}$ を m 次元ベクトル $\begin{pmatrix} a_{11}\,x_1 + a_{12}\,x_2 + \cdots + a_{1n}\,x_n \\ \vdots \\ a_{m1}\,x_1 + a_{m2}\,x_2 + \cdots + a_{mn}\,x_n \end{pmatrix}$ にうつす

写像 $f : \mathbb{R}^n \to \mathbb{R}^m$ は線形写像である. ただし, $a_{11}, a_{12}, \cdots, a_{mn}$ は実数の定数.

このことから, 一次変換の表現行列の一般化として, 次の定義が自然に考えられる. (1.2 節参照)

定義 5.2.2 ($\mathbb{R}^n$ から $\mathbb{R}^m$ への線形写像の表現行列) :

$\mathbb{R}^n$ から $\mathbb{R}^m$ への線形写像 $f : \mathbb{R}^n \to \mathbb{R}^m$ に対し, 次をみたす m 行 n 列の行列 A が存在する:

$\mathbb{R}^n$ の任意のベクトル $\boldsymbol{v}$ に対し, $f(\boldsymbol{v}) = A\boldsymbol{v}$.

この行列 A を, 線形写像 f の**表現行列**(representation matrix) とよぶことにする.

この定義を一般のベクトル空間に対するものへ拡張しよう. 注目することは, $\mathbb{R}^n$ の自然な基底 $\boldsymbol{e_1}, \cdots, \boldsymbol{e_n}$ を使うと, $\begin{pmatrix} x_1 \\ \vdots \\ x_n \end{pmatrix} = x_1\boldsymbol{e_1} + \cdots + x_n\boldsymbol{e_n}$ と表されることである.

まず一般のベクトル空間 V と V' に対し, V の基底 $\boldsymbol{v_1}, \boldsymbol{v_2}, \cdots, \boldsymbol{v_n}$ と V' の基底 $\boldsymbol{v'_1}, \boldsymbol{v'_2}, \cdots, \boldsymbol{v'_m}$ を選んでおく. ここで, n と m はそれぞれ V と V' の次元としている.

さて, V から V' への線形写像を $f : V \to V'$ とする. このとき, $\boldsymbol{v_i}$ の像 $f(\boldsymbol{v_i})$ は V' の要素なので基底 $\boldsymbol{v'_1}, \cdots, \boldsymbol{v'_m}$ の一次結合で表される. つまり, ある実数の組 $\alpha_{1i}, \alpha_{2i}, \cdots, \alpha_{mi}$ が存在して, $f(\boldsymbol{v_i}) = \alpha_{1i}\boldsymbol{v'_1} + \alpha_{2i}\boldsymbol{v'_2} + \cdots + \alpha_{mi}\boldsymbol{v'_m}$ が成り立つ.

これらの実数たちから得られる行列を考えると, じつは次が成り立つ.

定理 5.2.3 (線形写像の行列表現) : 上の設定のもとで, V の要素 $\boldsymbol{x}$ が $\boldsymbol{x} = x_1\boldsymbol{v_1} + \cdots + x_n\boldsymbol{v_n}$ と表され, また, その像である V' の要素 $f(\boldsymbol{x})$ が $f(\boldsymbol{x}) = y_1\boldsymbol{v'_1} + \cdots + y_m\boldsymbol{v'_m}$ と表されるとき,

$$\begin{pmatrix} y_1 \\ \vdots \\ y_m \end{pmatrix} = \begin{pmatrix} \alpha_{11} & \cdots & \alpha_{1n} \\ \vdots & \ddots & \vdots \\ \alpha_{m1} & \cdots & \alpha_{mn} \end{pmatrix} \begin{pmatrix} x_1 \\ \vdots \\ x_n \end{pmatrix}$$

が成り立つ.

この定理はつまり, 基底が決まったベクトル空間の間の線形写像は行列を用いて表すことができる, ということを言っている. したがって, 次の定義を自然に考えることができる.

定義 5.2.4 (線形写像の表現行列) ： ベクトル空間 V と V' に対して, V の基底 $\boldsymbol{v_1}, \cdots, \boldsymbol{v_n}$ と V' の基底 $\boldsymbol{v'_1}, \cdots, \boldsymbol{v'_m}$ を選んでおく (ここで, n と m はそれぞれ V と V' の次元). f を V から V' への線形写像とするとき, $f(\boldsymbol{v_i}) = \alpha_{1i}\boldsymbol{v'_1} + \alpha_{2i}\boldsymbol{v'_2} + \cdots + \alpha_{mi}\boldsymbol{v'_m}$ (ただし, $i = 1, \cdots, n$) で決まる実数 $\alpha_{11}, \cdots, \alpha_{mn}$ から得られる行列 $\begin{pmatrix} \alpha_{11} & \cdots & \alpha_{1n} \\ \vdots & \ddots & \vdots \\ \alpha_{m1} & \cdots & \alpha_{mn} \end{pmatrix}$ を, 線形写像 f の**表現行列**という.

練習 5.2.5 ： ベクトル空間 $\mathbb{R}^1$ の基底を $\boldsymbol{v} = \begin{pmatrix} 1 \end{pmatrix}$ とし (5.1 節参照), $\mathbb{R}^2$ の基底を $\boldsymbol{v_1} = \begin{pmatrix} 1 \\ -2 \end{pmatrix}$ と $\boldsymbol{v_2} = \begin{pmatrix} 0 \\ 1 \end{pmatrix}$ とする (例 4.3.2 参照). このとき, $f(\begin{pmatrix} x \\ y \end{pmatrix}) = \begin{pmatrix} x+y \end{pmatrix}$ で決まる線形写像 $f : \mathbb{R}^2 \to \mathbb{R}^1$ の表現行列を求めなさい.

以下のことは, 一次変換の表現行列について分かっていることから自然に拡張されることなので, 簡単に結果のみをまとめておく (1.3 節と 2.4 節を参照).

合成写像の線形性 と表現行列 :

2 つの線形写像 $f : V \to V'$ と $g : V' \to V''$ に対して, その合成写像 $g \circ f : V \to V''$ は必ず線形写像. また f の表現行列が A で, g の表現行列が B ならば, その合成写像 $g \circ f$ の表現行列は BA (表現行列の積).

逆写像の線形性と表現行列 :

線形写像 $f : V \to V'$ の表現行列を A とするとき,

- f が逆写像 f^{-1} を持つならば, その f^{-1} も線形写像で, 表現行列は A^{-1}.
- A が正則（つまり逆行列 A^{-1} を持つ）ならば, その逆行列 A^{-1} を表現行列にもつ線形写像が f の逆写像.

まとめ:
- 基底が決まったベクトル空間 V から V' への線形写像 f は, V の基底の各要素の像を V' の基底の一次結合で表したときの係数によって決まる行列を用いて表される. この行列を f の**表現行列**という.
- 2 つの線形写像の合成写像は必ず線形写像になり, その表現行列は, もとの線形写像たちの表現行列の積になる.
- 線形写像が逆写像をもつとき, その逆写像は必ず線形写像になり, その表現行列は, もとの線形写像の表現行列の逆行列になる.

解説ノート 5.2

定義 5.2.4 において, $f(\boldsymbol{v_i}) = \alpha_{1i}\boldsymbol{v'_1} + \alpha_{2i}\boldsymbol{v'_2} + \cdots + \alpha_{mi}\boldsymbol{v'_m}$ により表現行列が定められた. つまり $\boldsymbol{v_i}$ の像により, 表現行列の第 i 列 (第 i 行ではない) が定まる. 定義 5.2.4 の表現行列は, 「ベクトル空間 V と V' の基底をそれぞれ定めると, 線形写像 $f : V \to V'$ に行列が対応する」ことに注意して欲しい. つまり基底を取り換えると, 線形写像は同じでも一般に表現行列は変化する. $\mathbb{R}^n$ から $\mathbb{R}^m$ への線形写像の場合には, 定義 5.2.2 において標準基底を用いて表現行列を考えているが, それ以外の基底をとると表現行列は変化する. たとえば, $f : \mathbb{R}^2 \to \mathbb{R}^2$ を $f(\begin{pmatrix} x \\ y \end{pmatrix}) = \begin{pmatrix} 2x + y \\ x + 2y \end{pmatrix}$ で与えられる写像とする. f の定義域, 終集合ともそれぞれ $\mathbb{R}^2$ の標準基底 $\boldsymbol{e_1} = \begin{pmatrix} 1 \\ 0 \end{pmatrix}, \boldsymbol{e_2} = \begin{pmatrix} 0 \\ 1 \end{pmatrix}$ を考えると, この基底に関する f の表現行列は $\begin{pmatrix} 2 & 1 \\ 1 & 2 \end{pmatrix}$ となる. また, それぞれで基底 $\begin{pmatrix} 1 \\ -1 \end{pmatrix}, \begin{pmatrix} 1 \\ 1 \end{pmatrix}$ を考えると, この基底に関する f の表現行列は $\begin{pmatrix} 1 & 0 \\ 0 & 3 \end{pmatrix}$ となる. これは $f(\begin{pmatrix} 1 \\ -1 \end{pmatrix}) = \begin{pmatrix} 2-1 \\ 1-2 \end{pmatrix} = \begin{pmatrix} 1 \\ -1 \end{pmatrix} = 1\begin{pmatrix} 1 \\ -1 \end{pmatrix} + 0\begin{pmatrix} 1 \\ 1 \end{pmatrix}$, $f(\begin{pmatrix} 1 \\ 1 \end{pmatrix}) = \begin{pmatrix} 2+1 \\ 1+2 \end{pmatrix} = \begin{pmatrix} 3 \\ 3 \end{pmatrix} = 0\begin{pmatrix} 1 \\ -1 \end{pmatrix} + 3\begin{pmatrix} 1 \\ 1 \end{pmatrix}$ より従う. このような基底を取り換えた際の表現行列の変化の様子は, 次の節で扱う. また行列をつくる際には, 基底のベクトルの順序も考慮している.

n 次元ベクトル空間 V の基底 $\boldsymbol{v_1}, \boldsymbol{v_2}, \cdots, \boldsymbol{v_n}$ をとる. 写像 $f : V \to \mathbb{R}^n$ を, $\mathbb{R}^n$ の標準基底 $\boldsymbol{e_1}, \boldsymbol{e_2}, \cdots, \boldsymbol{e_n}$ に対して $f(\boldsymbol{v_i}) = \boldsymbol{e_i}$ をみたす線形写像と定義する. 解説ノート 5.1 により, f は V 全体で定義された線形写像となり, V のベクトル $\boldsymbol{x} = x_1\boldsymbol{v_1} + \cdots + x_n\boldsymbol{v_n}$ に対し, $f(\boldsymbol{x}) = \begin{pmatrix} x_1 \\ \vdots \\ x_n \end{pmatrix}$ となる. これらの基底に関する f の表現行列は n 次単位行列 I_n となる.

V を, x を文字とする二次以下の多項式全体のなすベクトル空間とする. $1, x, x^2$ は V の基底であった. $f : V \to V$ を, 多項式の微分を与える写像とすると, 微分の性質により f は線形写像である. 基底 $1, x, x^2$ に関する f の表現行列は, $f(1) = 0 + 0x + 0x^2$, $f(x) = 1 + 0x + 0x^2$, $f(x^2) = 0 + 2x + 0x^2$ より, $\begin{pmatrix} 0 & 1 & 0 \\ 0 & 0 & 2 \\ 0 & 0 & 0 \end{pmatrix}$ となる.

定理 5.2.3 の証明を行う.

証明 まず, $f(\boldsymbol{x}) = y_1\boldsymbol{v'_1} + \cdots + y_m\boldsymbol{v'_m}$ である. 一方 $f(\boldsymbol{x}) = f(x_1\boldsymbol{v_1} + \cdots + x_n\boldsymbol{v_n}) = f(x_1\boldsymbol{v_1}) + \cdots + f(x_n\boldsymbol{v_n}) = x_1 f(\boldsymbol{v_1}) + \cdots + x_n f(\boldsymbol{v_n}) = x_1(\alpha_{11}\boldsymbol{v'_1} + \cdots + \alpha_{m1}\boldsymbol{v'_m}) + \cdots + x_n(\alpha_{1n}\boldsymbol{v'_1} + \cdots + \alpha_{mn}\boldsymbol{v'_m}) = (x_1\alpha_{11} + \cdots + x_n\alpha_{1n})\boldsymbol{v'_1} + \cdots + (x_1\alpha_{m1} + \cdots + x_n\alpha_{mn})\boldsymbol{v'_m}$. よって, $y_i = x_1\alpha_{i1} + \cdots + x_n\alpha_{in}$ $(1 \leq i \leq m)$

を得る．これを m 行 n 列行列を用いてまとめて，$\begin{pmatrix} y_1 \\ \vdots \\ y_m \end{pmatrix} = \begin{pmatrix} \alpha_{11} & \cdots & \alpha_{1n} \\ \vdots & \ddots & \vdots \\ \alpha_{m1} & \cdots & \alpha_{mn} \end{pmatrix} \begin{pmatrix} x_1 \\ \vdots \\ x_n \end{pmatrix}$ となる． □

逆に V の基底 $\boldsymbol{v_1}, \boldsymbol{v_2}, \cdots, \boldsymbol{v_n}$ と V' の基底 $\boldsymbol{v'_1}, \boldsymbol{v'_2}, \cdots, \boldsymbol{v'_m}$ が定まっているとき，m 行 n 列行列 $A = (\alpha_{ij})$ を 1 つ定めると，A が表現行列となる線形写像がただひとつ定まる．

証明 (存在) $f : V \to V'$ を，V のベクトル $\boldsymbol{x} = x_1\boldsymbol{v_1} + \cdots + x_n\boldsymbol{v_n}$ に対し $f(\boldsymbol{x}) = y_1\boldsymbol{v'_1} + \cdots + y_m\boldsymbol{v'_m}$ $(y_i = x_1\alpha_{i1} + \cdots + x_n\alpha_{in}\ (1 \leq i \leq m))$ と定義すると線形写像となる．構成より f の表現行列は A となる．(一意性) $f, g : V \to V'$ を 2 つの線形写像とし，それぞれ A を表現行列としてもつとする．写像に対し $f = g$ の定義は，任意の V のベクトル $\boldsymbol{x}$ に対し $f(\boldsymbol{x}) = g(\boldsymbol{x})$ が成立することであった(解説ノート 0.2)．V のベクトル $\boldsymbol{x} = x_1\boldsymbol{v_1} + \cdots + x_n\boldsymbol{v_n}$ に対し $f(\boldsymbol{x}) = y_1\boldsymbol{v'_1} + \cdots + y_m\boldsymbol{v'_m}$, $g(\boldsymbol{x}) = y'_1\boldsymbol{v'_1} + \cdots + y'_m\boldsymbol{v'_m}$ とすると，$y_i = x_1\alpha_{i1} + \cdots + x_n\alpha_{in} = y'_i\ (1 \leq i \leq m)$ となり，$f(\boldsymbol{x}) = g(\boldsymbol{x})$ となる． □

ベクトル空間 V, V', V'' の次元がそれぞれ ℓ, m, n であるとする．基底をそれぞれ選んでおく．それらの基底に対して，m 行 ℓ 列行列 A が線形写像 $f : V \to V'$ の表現行列であり，n 行 m 列行列 B が線形写像 $g : V' \to V''$ の表現行列であるとする．

このとき合成写像 $g \circ f : V \to V''$ の表現行列は，n 行 ℓ 列行列 BA となる．

証明 $\boldsymbol{x} \in V$ に対し，$f(\boldsymbol{x}) = \boldsymbol{y}$, $g(\boldsymbol{y}) = \boldsymbol{z}$ とする．ベクトル $\boldsymbol{x}, \boldsymbol{y}, \boldsymbol{z}$ のそれぞれの基底に対する成分を，$\begin{pmatrix} x_1 \\ \vdots \\ x_\ell \end{pmatrix}, \begin{pmatrix} y_1 \\ \vdots \\ y_m \end{pmatrix}, \begin{pmatrix} z_1 \\ \vdots \\ z_n \end{pmatrix}$ とすると，$\begin{pmatrix} y_1 \\ \vdots \\ y_m \end{pmatrix} = A \begin{pmatrix} x_1 \\ \vdots \\ x_\ell \end{pmatrix}, \begin{pmatrix} z_1 \\ \vdots \\ z_n \end{pmatrix} = B \begin{pmatrix} y_1 \\ \vdots \\ y_m \end{pmatrix}$ となる．よって，

$\begin{pmatrix} z_1 \\ \vdots \\ z_n \end{pmatrix} = B \begin{pmatrix} y_1 \\ \vdots \\ y_m \end{pmatrix} = BA \begin{pmatrix} x_1 \\ \vdots \\ x_\ell \end{pmatrix}$ となるので，$g \circ f$ の表現行列は BA となる． □

小テスト:

問題 1: 線形写像 $f : \mathbb{R}^2 \to \mathbb{R}^2$ を $f(\begin{pmatrix} x \\ y \end{pmatrix}) = \begin{pmatrix} 2x + 3y \\ x + 4y \end{pmatrix}$ で定義する．f の基底 $\begin{pmatrix} 1 \\ 0 \end{pmatrix}, \begin{pmatrix} 0 \\ 1 \end{pmatrix}$ に関する f の表現行列を求めよ．

問題 2: V を，x を文字とする三次以下の多項式全体のなすベクトル空間とする．$f : V \to V$ を多項式を微分する写像とするとき，V の基底 $1, x, x^2, x^3$ に関する f の表現行列を求めよ．

問題 3: $\mathbb{R}^2$ の直線 $y = \left(\tan \dfrac{\theta}{2}\right) x$ に関する対称移動の表現行列を求めよ．

5.3 基底変換

目標 : 基底変換行列と線形写像の表現行列について理解しよう.

前節で, 線形写像が表現行列というものにより表されることがわかった. しかし, そのためには, それぞれのベクトル空間に 一組の基底が決められている ことが前提となっている. それでは, 線形写像を変えないで, それぞれの基底だけを別のものに取り換えたら, 表現行列はどのように変化するだろうか? この節では, この問題について考えてみよう.

まず, 行列を使って, ベクトル空間の二組の基底の間の関係を表してみる.

定義 5.3.1 (基底変換行列) : 次元が n のベクトル空間 V の二組の基底 $\boldsymbol{u}_1, \boldsymbol{u}_2, \cdots, \boldsymbol{u}_n$ と $\boldsymbol{v}_1, \boldsymbol{v}_2, \cdots, \boldsymbol{v}_n$ を考える. このとき, 各 $\boldsymbol{v}_i$ はもちろん V の要素なのでもう 1 つの基底 $\boldsymbol{u}_1, \cdots, \boldsymbol{u}_n$ の一次結合で表される. つまり, ある実数の組 $\alpha_{1i}, \alpha_{2i}, \cdots, \alpha_{ni}$ が存在して, $\boldsymbol{v}_i = \alpha_{1i}\boldsymbol{u}_1 + \alpha_{2i}\boldsymbol{u}_2 + \cdots + \alpha_{ni}\boldsymbol{u}_n$ が成り立つ. これらの実数たちから得られる行列 $P = \begin{pmatrix} \alpha_{11} & \cdots & \alpha_{1n} \\ \vdots & \ddots & \vdots \\ \alpha_{n1} & \cdots & \alpha_{nn} \end{pmatrix}$ を用いて, 二組の基底の間の関係を次のように表すことにする.

$$(\boldsymbol{v}_1, \boldsymbol{v}_2, \cdots, \boldsymbol{v}_n) = (\boldsymbol{u}_1, \boldsymbol{u}_2, \cdots, \boldsymbol{u}_n)P$$

この行列 P を, 基底 $\boldsymbol{u}_1, \boldsymbol{u}_2, \cdots, \boldsymbol{u}_n$ から $\boldsymbol{v}_1, \boldsymbol{v}_2, \cdots, \boldsymbol{v}_n$ への**基底変換行列**とよぶことにする.

定義からわかるように, ベクトル空間 V のどの二組の基底に対しても, 基底変換行列は存在する. さらに, 逆向きの変換を考えると, 次が成り立つことがわかる.

定理 5.3.2 (基底変換行列の正則性) :
V のどの基底からどの基底への基底変換行列も逆行列をもつ. つまり, 正則行列になる.

逆に, 与えられた V の基底 $\boldsymbol{u}_1, \cdots, \boldsymbol{u}_n$ から, 正則行列 P を使って, $(\boldsymbol{v}_1, \cdots, \boldsymbol{v}_n) = (\boldsymbol{u}_1, \cdots, \boldsymbol{u}_n)P$ として, ベクトルの組をつくる. P が正則であれば, この $\boldsymbol{v}_1, \cdots, \boldsymbol{v}_n$ が V を生成すること, さらに, $\boldsymbol{v}_1, \cdots, \boldsymbol{v}_n$ が一次独立であることが確かめられる. したがって, 次が成り立つ.

定理 5.3.3 (基底変換行列の性質) : ベクトル空間 V の二組の n 個のベクトル $\boldsymbol{u}_1, \boldsymbol{u}_2, \cdots, \boldsymbol{u}_n$, および, $\boldsymbol{v}_1, \boldsymbol{v}_2, \cdots, \boldsymbol{v}_n$ の間に $(\boldsymbol{v}_1, \boldsymbol{v}_2, \cdots, \boldsymbol{v}_n) = (\boldsymbol{u}_1, \boldsymbol{u}_2, \cdots, \boldsymbol{u}_n)P$ という関係があったとする. ここで, P は n 次正方行列. もし, P が正則行列であり, $\boldsymbol{u}_1, \boldsymbol{u}_2, \cdots, \boldsymbol{u}_n$ が V の基底ならば, $\boldsymbol{v}_1, \boldsymbol{v}_2, \cdots, \boldsymbol{v}_n$ も V の基底となる.

例 5.3.4 : 実数係数の一次以下の多項式すべてを集めた集合 $V = \{ax + b \mid a, b \text{ は実数}\}$ は, 例 4.1.6 でみたようにベクトル空間になる. このとき, 1, x, および, 2, $x-1$ は, それぞれ V の基底になることがわかる. ここで, $2 = 2 \cdot 1 + 0 \cdot x$, $x - 1 = (-1) \cdot 1 + 1 \cdot x$ であるから, $(2, x-1) = (1, x)\begin{pmatrix} 2 & -1 \\ 0 & 1 \end{pmatrix}$ となる. したがって, 基底 $1, x$ から $2, x-1$ への基底変換行列は $\begin{pmatrix} 2 & -1 \\ 0 & 1 \end{pmatrix}$.

練習 5.3.5 : ベクトル空間 $\mathbb{R}^2$ に対して, $\boldsymbol{a} = \begin{pmatrix} 1 \\ -2 \end{pmatrix}$ と $\boldsymbol{b} = \begin{pmatrix} 0 \\ 1 \end{pmatrix}$ は基底となる (例 4.3.2 参照).
このとき基底 $\boldsymbol{a}, \boldsymbol{b}$ から標準的な基底 $\boldsymbol{e_1} = \begin{pmatrix} 1 \\ 0 \end{pmatrix}, \boldsymbol{e_2} = \begin{pmatrix} 0 \\ 1 \end{pmatrix}$ への基底変換行列を求めなさい.

さて考えたいのは, 基底を取り換えることによって, 線形写像の表現行列がどのように変化するか, だった. 実際, 次のことが成り立つ.

> **定理 5.3.6 (線形写像と基底変換行列)** : ベクトル空間 V から V' への線形写像を $f : V \to V'$ とする. V の基底 $\boldsymbol{u_1}, \cdots, \boldsymbol{u_n}$ から $\boldsymbol{v_1}, \cdots, \boldsymbol{v_n}$ への基底変換行列を P とし, V' の基底 $\boldsymbol{u'_1}, \cdots, \boldsymbol{u'_m}$ から $\boldsymbol{v'_1}, \cdots, \boldsymbol{v'_m}$ への基底変換行列を P' とする. さらに, $\boldsymbol{u_1}, \cdots, \boldsymbol{u_n}$ と $\boldsymbol{u'_1}, \cdots, \boldsymbol{u'_m}$ に関する f の表現行列を A とし, $\boldsymbol{v_1}, \cdots, \boldsymbol{v_n}$ と $\boldsymbol{v'_1}, \cdots, \boldsymbol{v'_m}$ に関する f の表現行列を B とする. このとき, $\boxed{B = (P')^{-1}AP}$ が成り立つ.

この定理の証明の鍵は, 線形写像の表現行列の使い方にある. 例として, ベクトル空間 V の基底 $\boldsymbol{v_1}, \boldsymbol{v_2}$ と V' の基底 $\boldsymbol{v'_1}, \boldsymbol{v'_2}$ を選び, この基底に関する線形写像 $f : V \to V'$ の表現行列を $A = \begin{pmatrix} a_{11} & a_{12} \\ a_{21} & a_{22} \end{pmatrix}$ として考えてみる. すると, 定義 5.2.4 より, $f(\boldsymbol{v_1}) = a_{11}\boldsymbol{v'_1} + a_{21}\boldsymbol{v'_2}, f(\boldsymbol{v_2}) = a_{12}\boldsymbol{v'_1} + a_{22}\boldsymbol{v'_2}$ が成り立つ. これは, 定義 5.3.1 のように表すと, $(f(\boldsymbol{v_1}), f(\boldsymbol{v_2})) = (a_{11}\boldsymbol{v'_1} + a_{21}\boldsymbol{v'_2}, a_{12}\boldsymbol{v'_1} + a_{22}\boldsymbol{v'_2}) = (\boldsymbol{v'_1}, \boldsymbol{v'_2})A$ となる. この表現行列の表し方と定義 5.3.1 を使うと, 定理 5.3.6 は証明できるのである.

まとめ:

- V の二組の基底 $\boldsymbol{u_1}, \cdots, \boldsymbol{u_n}$ と $\boldsymbol{v_1}, \cdots, \boldsymbol{v_n}$ を考える. このとき, 各 $\boldsymbol{v_i}$ に対して, 実数の組 $\alpha_{1i}, \cdots, \alpha_{ni}$ が存在し, $\boldsymbol{v_i} = \alpha_{1i}\boldsymbol{u_1} + \cdots + \alpha_{ni}\boldsymbol{u_n}$ が成り立つ. これらの実数たちから得られる行列 P を**基底変換行列**とよぶ. また, この P を用いて, 二組の基底の間の関係を $(\boldsymbol{v_1}, \cdots, \boldsymbol{v_n}) = (\boldsymbol{u_1}, \cdots, \boldsymbol{u_n})P$ と表す.
- V のどの基底からどの基底への基底変換行列も逆行列をもつ. つまり, 正則行列になる. 逆に, V の二組の n 個のベクトル $\boldsymbol{u_1}, \cdots, \boldsymbol{u_n}$, および, $\boldsymbol{v_1}, \cdots, \boldsymbol{v_n}$ の間に $(\boldsymbol{v_1}, \cdots, \boldsymbol{v_n}) = (\boldsymbol{u_1}, \cdots, \boldsymbol{u_n})P$ という関係があったとき, もし, P が正則行列で, かつ, $\boldsymbol{u_1}, \cdots, \boldsymbol{u_n}$ が V の基底ならば, $\boldsymbol{v_1}, \cdots, \boldsymbol{v_n}$ も V の基底となる.
- V の基底 $\boldsymbol{u_1}, \cdots, \boldsymbol{u_n}$ から $\boldsymbol{v_1}, \cdots, \boldsymbol{v_n}$ への基底変換行列を P とし, V' の基底 $\boldsymbol{u'_1}, \cdots, \boldsymbol{u'_m}$ から $\boldsymbol{v'_1}, \cdots, \boldsymbol{v'_m}$ への基底変換行列を P' とする. さらに, $\boldsymbol{u_1}, \cdots, \boldsymbol{u_n}$ と $\boldsymbol{u'_1}, \cdots, \boldsymbol{u'_m}$ に関する線形写像 $f : V \to V'$ の表現行列を A とし, $\boldsymbol{v_1}, \cdots, \boldsymbol{v_n}$ と $\boldsymbol{v'_1}, \cdots, \boldsymbol{v'_m}$ に関する f の表現行列を B とする. このとき, $B = (P')^{-1}AP$ となる.

解説ノート 5.3

基底 $\boldsymbol{u}_1, \boldsymbol{u}_2, \cdots, \boldsymbol{u}_n$ から基底 $\boldsymbol{v}_1, \boldsymbol{v}_2, \cdots, \boldsymbol{v}_n$ への基底変換行列 $P = (p_{ij})$ は, 成分が $\boldsymbol{v}_j = \sum_{i=1}^{n} p_{ij}\boldsymbol{u}_i$ で定義される行列である. つまり,$\boldsymbol{v}_j$ を基底 $\boldsymbol{u}_1, \boldsymbol{u}_2, \cdots, \boldsymbol{u}_n$ で表したときの成分が, P の 第 j 列 に現れる.

定理 5.3.2 の証明をする.

証明　基底変換行列を n 次行列 P とする. P の n 本の列ベクトル $\boldsymbol{p}_1, \boldsymbol{p}_2, \cdots, \boldsymbol{p}_n$ が一次独立となることを背理法で示す. このとき, 定理 4.2.5 により P は正則となる. 一次従属と仮定すると, 非自明な一次関係式 $c_1\boldsymbol{p}_1 + c_2\boldsymbol{p}_2 + \cdots + c_n\boldsymbol{p}_n = \boldsymbol{0}$ が存在する. ここで n 次対角行列 $D = (d_{ij})$ を $d_{ij} = c_i\ (i = j),\ d_{ij} = 0\ (i \neq j)$ と定義すると, 上の関係式は $PD = O$ となる. このとき, $c_1\boldsymbol{v}_1 + c_2\boldsymbol{v}_2 + \cdots + c_n\boldsymbol{v}_n = c_1 \sum_{i=1}^{n} p_{i1}\boldsymbol{u}_i + c_2 \sum_{i=1}^{n} p_{i2}\boldsymbol{u}_i + \cdots + c_n \sum_{i=1}^{n} p_{in}\boldsymbol{u}_i = (\boldsymbol{u}_1, \cdots, \boldsymbol{u}_n)PD = \boldsymbol{0}$ となるので, $\boldsymbol{v}_1, \cdots, \boldsymbol{v}_n$ が一次従属となる. これは $\boldsymbol{v}_1, \cdots, \boldsymbol{v}_n$ が基底であることに矛盾. □

定理 5.3.3 を証明する.

証明　V の次元は n であるので, $\boldsymbol{v}_1, \cdots, \boldsymbol{v}_n$ が V を生成することを示すと, 解説ノート 4.3 で示したことにより, $\boldsymbol{v}_1, \cdots, \boldsymbol{v}_n$ は基底となる. $Q = (q_{jk})$ を P の逆行列とする. このとき, $\sum_{j=1}^{n} q_{jk}\boldsymbol{v}_j = \sum_{j=1}^{n} q_{jk}\left(\sum_{i=1}^{n} p_{ij}\boldsymbol{u}_i\right) = \sum_{i=1}^{n}\left(\sum_{j=1}^{n} p_{ij}q_{jk}\right)\boldsymbol{u}_i = \sum_{i=1}^{n} \delta_{ik}\boldsymbol{u}_i = \boldsymbol{u}_k$. ここで k を 1 から n まで考えることにより, $\boldsymbol{u}_1, \cdots, \boldsymbol{u}_n$ は $\boldsymbol{v}_1, \cdots, \boldsymbol{v}_n$ を用いて表すことができる. $\boldsymbol{u}_1, \cdots, \boldsymbol{u}_n$ は V を生成するので, $\boldsymbol{v}_1, \cdots, \boldsymbol{v}_n$ も V を生成する. □

$\boldsymbol{u}_1, \boldsymbol{u}_2, \cdots, \boldsymbol{u}_n$ から $\boldsymbol{v}_1, \boldsymbol{v}_2, \cdots, \boldsymbol{v}_n$ への基底変換行列を $P = (p_{ij})$ とし, $\boldsymbol{v}_1, \boldsymbol{v}_2, \cdots, \boldsymbol{v}_n$ から $\boldsymbol{w}_1, \boldsymbol{w}_2, \cdots, \boldsymbol{w}_n$ への基底変換行列を $Q = (q_{ij})$ とするとき, $\boldsymbol{u}_1, \boldsymbol{u}_2, \cdots, \boldsymbol{u}_n$ から $\boldsymbol{w}_1, \boldsymbol{w}_2, \cdots, \boldsymbol{w}_n$ への基底変換行列は PQ となる.

証明　$\boldsymbol{v}_j = \sum_{i=1}^{n} p_{ij}\boldsymbol{u}_i,\ \boldsymbol{w}_k = \sum_{j=1}^{n} q_{jk}\boldsymbol{v}_j$ であるので, $\boldsymbol{w}_k = \sum_{j=1}^{n} q_{jk}\left(\sum_{i=1}^{n} p_{ij}\boldsymbol{u}_i\right) = \sum_{i=1}^{n}\left(\sum_{j=1}^{n} p_{ij}q_{jk}\right)\boldsymbol{u}_i$ を得る. よって, (i,k) 成分が $\sum_{j=1}^{n} p_{ij}q_{jk}$ となるので, 対応する行列は PQ である. □

$(\boldsymbol{v}_1, \cdots, \boldsymbol{v}_n) = (\boldsymbol{u}_1, \cdots, \boldsymbol{u}_n)P$ の意味は, 次のような形式的な計算によって説明することができる.

$$(\boldsymbol{u}_1, \cdots, \boldsymbol{u}_n)P = (\boldsymbol{u}_1, \cdots, \boldsymbol{u}_n)\begin{pmatrix} p_{11} & \cdots & p_{1n} \\ \vdots & & \vdots \\ p_{n1} & \cdots & p_{nn} \end{pmatrix} = \left(\sum_{i=1}^{n} p_{i1}\boldsymbol{u}_i, \cdots, \sum_{i=1}^{n} p_{in}\boldsymbol{u}_i\right) = (\boldsymbol{v}_1, \cdots, \boldsymbol{v}_n)$$

これを用いて計算すると, $(\boldsymbol{w}_1, \cdots, \boldsymbol{w}_n) = (\boldsymbol{v}_1, \cdots, \boldsymbol{v}_n)Q = (\boldsymbol{u}_1, \cdots, \boldsymbol{u}_n)PQ$ となり, 変換行列が PQ となることが分かる.

線形写像 f の基底 $\boldsymbol{u}_1, \cdots, \boldsymbol{u}_n$ と基底 $\boldsymbol{u}'_1, \cdots, \boldsymbol{u}'_n$ に関する表現行列 $A = (a_{ij})$ は, $f(\boldsymbol{u}_i) = a_{1i}\boldsymbol{u}'_1 \cdots +$

$a_{mi}\boldsymbol{u}'_m$ により定まっていた. 同様の表し方を用いると, $(f(\boldsymbol{v}_1), \cdots, f(\boldsymbol{v}_n)) = (\boldsymbol{v}'_1, \cdots, \boldsymbol{v}'_m)B$ と表すことができる.

定理 5.3.6 を証明する.

証明 与えられた条件より, $(\boldsymbol{v}_1, \cdots, \boldsymbol{v}_n) = (\boldsymbol{u}_1, \cdots, \boldsymbol{u}_n)P$, $(\boldsymbol{v}'_1, \cdots, \boldsymbol{v}'_m) = (\boldsymbol{u}'_1, \cdots, \boldsymbol{u}'_m)P'$, $(f(\boldsymbol{u}_1), \cdots, f(\boldsymbol{u}_n)) = (\boldsymbol{u}'_1, \cdots, \boldsymbol{u}'_m)A$, $(f(\boldsymbol{v}_1), \cdots, f(\boldsymbol{v}_n)) = (\boldsymbol{v}'_1, \cdots, \boldsymbol{v}'_m)B$ である. まず, $(f(\boldsymbol{v}_1), \cdots, f(\boldsymbol{v}_n)) = (\boldsymbol{v}'_1, \cdots, \boldsymbol{v}'_m)B = (\boldsymbol{u}'_1, \cdots, \boldsymbol{u}'_n)P'B$ を得る. また, $\boldsymbol{v}_j = \sum_{i=1}^{n} p_{ij}\boldsymbol{u}_i$ より, f の線形性を用いると, $f(\boldsymbol{v}_j) = f(\sum_{i=1}^{n} p_{ij}\boldsymbol{u}_i) = \sum_{i=1}^{n} p_{ij}f(\boldsymbol{u}_i)$. よって $(f(\boldsymbol{v}_1), \cdots, f(\boldsymbol{v}_n)) = \left(\sum_{i=1}^{n} p_{i1}f(\boldsymbol{u}_i), \cdots, \sum_{i=1}^{n} p_{in}f(\boldsymbol{u}_i)\right) = (f(\boldsymbol{u}_1), \cdots, f(\boldsymbol{u}_n))P = (\boldsymbol{u}'_1, \cdots, \boldsymbol{u}'_m)AP$ となる. ここで, $\boldsymbol{u}'_1, \cdots, \boldsymbol{u}'_m$ は一次独立であるので, $P'B = AP$ となる. よって, $B = (P')^{-1}AP$ を得る. □

定理 5.3.6 の特別な場合として, ベクトル空間 V に対し, 線形写像 $f: V \to V$ を考える. この場合, V の基底 $\boldsymbol{v}_1, \cdots, \boldsymbol{v}_n$ から $\boldsymbol{v}'_1, \cdots, \boldsymbol{v}'_n$ への基底変換行列を P とし, $\boldsymbol{v}_1, \cdots, \boldsymbol{v}_n$ に関する f の表現行列を A とし, $\boldsymbol{v}'_1, \cdots, \boldsymbol{v}'_n$ に関する f の表現行列を B とする. このとき, $\boxed{B = P^{-1}AP}$ となる.

次に, 基底の変換に関する成分の変化の様子を考える. V のベクトル $\boldsymbol{x}$ が, $x_1\boldsymbol{u}_1 + \cdots + x_1\boldsymbol{u}_n = y_1\boldsymbol{v}_1 + \cdots + y_1\boldsymbol{v}_n$ と表されているとする. このとき, $\underline{\begin{pmatrix} x_1 \\ \vdots \\ x_n \end{pmatrix} = P\begin{pmatrix} y_1 \\ \vdots \\ y_n \end{pmatrix}}$ が成り立つ.

証明 $\boldsymbol{x} = x_1\boldsymbol{u}_1 + \cdots + x_1\boldsymbol{u}_n = (\boldsymbol{u}_1, \cdots, \boldsymbol{u}_n)\begin{pmatrix} x_1 \\ \vdots \\ x_n \end{pmatrix}$. 一方, $\boldsymbol{x} = y_1\boldsymbol{v}_1 + \cdots + y_1\boldsymbol{v}_n = (\boldsymbol{v}_1, \cdots, \boldsymbol{v}_n)\begin{pmatrix} y_1 \\ \vdots \\ y_n \end{pmatrix} = (\boldsymbol{u}_1, \cdots, \boldsymbol{u}_n)P\begin{pmatrix} y_1 \\ \vdots \\ y_n \end{pmatrix}$. ここで, $\boldsymbol{u}_1, \cdots, \boldsymbol{u}_n$ は一次独立であるので, $\begin{pmatrix} x_1 \\ \vdots \\ x_n \end{pmatrix} = P\begin{pmatrix} y_1 \\ \vdots \\ y_n \end{pmatrix}$ が成立. □

小テスト:

<u>問題 1</u>: $\mathbb{R}^2$ の基底 $\boldsymbol{f_1} = \begin{pmatrix} 1 \\ 1 \end{pmatrix}, \boldsymbol{f_2} = \begin{pmatrix} 1 \\ 0 \end{pmatrix}$ と, 基底 $\boldsymbol{g_1} = \begin{pmatrix} 3 \\ 2 \end{pmatrix}, \boldsymbol{g_2} = \begin{pmatrix} -1 \\ 1 \end{pmatrix}$ を考える.

(1) 基底 $\boldsymbol{f_1}, \boldsymbol{f_2}$ から基底 $\boldsymbol{g_1}, \boldsymbol{g_2}$ への基底変換行列を求めよ.

(2) 線形写像 $f: \mathbb{R}^2 \to \mathbb{R}^2$ の基底 $\boldsymbol{f_1}, \boldsymbol{f_2}$ に関する表現行列が $\begin{pmatrix} 2 & 3 \\ 1 & 1 \end{pmatrix}$ であるとする. このとき, f の, 基底 $\boldsymbol{g_1}, \boldsymbol{g_2}$ に関する表現行列を求めよ.

5.4　固有値・固有ベクトルとは

[目標]：固有値と固有ベクトルを理解しよう．

これまで線形写像の様々な性質を調べてきたが，この節ではさらに，**固有ベクトル**と**固有値**という概念を導入しよう．これらは，物理学と関連して 18 世紀初めに (後で述べる) 微分方程式の研究から生まれてきたものだという．では早速，固有ベクトルと固有値を定義してみよう．

定義 5.4.1 (固有ベクトルと固有値)：$f : V \to V$ を，ベクトル空間 V から V 自身への線形写像とする．条件 $\boxed{f(\boldsymbol{v}) = \lambda \boldsymbol{v}\ ,\ \boldsymbol{v} \neq \boldsymbol{0}}$ をみたす V の要素 $\boldsymbol{v}$ を，f の**固有ベクトル**といい，その実数 λ を，固有ベクトル $\boldsymbol{v}$ に関する f の**固有値**という．

一般には，線形写像によって，ベクトル空間の要素がどのようにうつされるのかは，予想しにくい．固有ベクトルとは，つまり上のように「線形写像 f によって自分のスカラー倍にうつる」という，f に対して非常によい性質をもつ特徴的なベクトルのことである．

例 5.4.2：$f(\begin{pmatrix} x \\ y \end{pmatrix}) = \begin{pmatrix} -x \\ x+2y \end{pmatrix}$ で決まる $f : \mathbb{R}^2 \to \mathbb{R}^2$ の固有ベクトルと固有値を求めてみよう．
λ を実数とすると，条件 $f(\boldsymbol{v}) = \lambda \boldsymbol{v}$ より，$f(\begin{pmatrix} x \\ y \end{pmatrix}) = \begin{pmatrix} -x \\ x+2y \end{pmatrix} = \lambda \begin{pmatrix} x \\ y \end{pmatrix}$. これより連立方程式
$\begin{cases} -x = \lambda x \\ x + 2y = \lambda y \end{cases}$ を考える．まず $x \neq 0$ のとき，上式より $\lambda = -1$，このとき下式より $x = -3y$.
したがって，f の固有ベクトルは $\begin{pmatrix} -3t \\ t \end{pmatrix}$ (t は 0 でない任意の実数)，対応する固有値は $\lambda = -1$.
また $x = 0$ のとき，下式より $\lambda = 2$. このとき，f の固有ベクトルは $\begin{pmatrix} 0 \\ t' \end{pmatrix}$ (t' は 0 でない任意の実数).

さて，標準的な基底を決めた $\mathbb{R}^n$ からそれ自身への線形写像 $f : \mathbb{R}^n \to \mathbb{R}^n$ を考え，その表現行列を A とすると，$f(\boldsymbol{v}) = A\boldsymbol{v}$ という関係が成り立つのだった．このことから，行列に対しても，次のように固有値と固有ベクトルを定義する．

定義 5.4.3 (行列の固有値と固有ベクトル)：n 次正方行列 A に対して，
条件 $\boxed{A\boldsymbol{v} = \lambda \boldsymbol{v}\ ,\ \boldsymbol{v} \neq \boldsymbol{0}}$ をみたす $\mathbb{R}^n$ の要素 $\boldsymbol{v}$ を，A の**固有ベクトル**といい，実数 λ を，A の**固有値**という．

練習 5.4.4：例 5.4.2 を参考にして，行列 $\begin{pmatrix} -1 & 0 \\ 1 & 2 \end{pmatrix}$ の固有値と固有ベクトルを求めなさい．

それでは，一般にすべての行列がいつでも固有値をもつのだろうか？ また最大何個の固有値をもつのだろうか？ 例 5.4.2 の方法では，固有値と固有ベクトルを求めるため，複雑な連立方程式を解かなければならないので，実際，固有値が何個存在するのかよくわからない．そこで，次のように考えてみる：

まず行列 A に対し，単位行列を I とすると，定義 5.4.3 の条件式は，$A\boldsymbol{v} = \lambda \boldsymbol{v} = \lambda I \boldsymbol{v}$ と書き直せる．

これを変形すると $(A-\lambda I)\boldsymbol{v}=\mathbf{0}$ となる．このような条件をみたす $\boldsymbol{v}$ はいつ存在するのだろうか．

じつは，解説ノート 4.2 から次のことがわかる．

行列 X に対して，$X\boldsymbol{v}=\mathbf{0}$ となる零ベクトルでない $\boldsymbol{v}$ が存在するための必要条件は $\det X=0$.

以上より，結局，次の定理が得られる．

定理 5.4.5 (行列式と固有値) ：A を n 次正方行列，I を n 次単位行列とする．このとき，A の固有値は，変数 t に関する n 次方程式 $\det(A-tI)=0$ の解になる．
この t に関する方程式 $\det(A-tI)=0$ を，A の**固有方程式**とよぶ．

つまり，行列が実数の固有値をもつ条件は，その行列の固有方程式が実数解をもつことだとわかる．さらに，一般に n 次方程式の解はたかだか n 個なので，固有値の個数に関しては次がわかる．

n 次正方行列は，たかだか n 個の固有値をもつ．

例 5.4.6 ：行列 $\begin{pmatrix} 1 & 2 \\ -1 & 4 \end{pmatrix}$ の固有値を求めてみよう．固有方程式は次のようになる．

$$\det\left(\begin{pmatrix} 1 & 2 \\ -1 & 4 \end{pmatrix}-t\begin{pmatrix} 1 & 0 \\ 0 & 1 \end{pmatrix}\right)=\det\begin{pmatrix} 1-t & 2 \\ -1 & 4-t \end{pmatrix}=(1-t)(4-t)-2(-1)=t^2-5t+6=0$$

これを解くことによって，固有値は $t=2,3$ と求められる．

練習 5.4.7 ：行列 $\begin{pmatrix} 0 & -1 & 0 \\ 0 & 3 & 1 \\ 3 & 1 & 0 \end{pmatrix}$ の固有値と固有ベクトルを求めなさい．

まとめ:

- ベクトル空間 V から V 自身への線形写像を $f: V\to V$ とするとき，
条件 $f(\boldsymbol{v})=\lambda\boldsymbol{v}$, $\boldsymbol{v}\neq\mathbf{0}$ を満たす V の要素 $\boldsymbol{v}$ を，f の**固有ベクトル**といい，
その実数 λ を，f の**固有値**という．
- n 行 n 列の行列 A に対して，条件 $A\boldsymbol{v}=\lambda\boldsymbol{v}$, $\boldsymbol{v}\neq\mathbf{0}$ をみたす $\mathbb{R}^n$ の要素 $\boldsymbol{v}$ を，A の**固有ベクトル**といい，実数 λ を，A の**固有値**という．
- A を n 行 n 列の行列，I を n 次単位行列とするとき，A の固有値は，変数 t に関する n 次方程式 $\det(A-tI)=0$ の解になる．この方程式を，A の**固有方程式**という．このことから，n 次正方行列は，たかだか n 個の固有値をもつことがわかる．

解説ノート 5.4

線形写像 $f: V \to V$ に対し, V のある基底 $\boldsymbol{v}_1, \cdots, \boldsymbol{v}_n$ に関する f の表現行列を A とする. このとき, f の固有値は, A の固有値となる. またその逆も成立する.

証明 $\boldsymbol{v} = x_1\boldsymbol{v}_1 + \cdots + x_n\boldsymbol{v}_n$ を f の固有値 λ に関する固有ベクトルとする. つまり $\boldsymbol{v} \neq \boldsymbol{0}$, かつ, $f(\boldsymbol{v}) = \lambda\boldsymbol{v}$ が成り立っているとする. このとき, $A\begin{pmatrix} x_1 \\ \vdots \\ x_n \end{pmatrix} = \lambda\begin{pmatrix} x_1 \\ \vdots \\ x_n \end{pmatrix}$ が成り立つ. これは, $\begin{pmatrix} x_1 \\ \vdots \\ x_n \end{pmatrix}$ が A の固有値 λ に関する固有ベクトルであることを表している. 逆に, $A\begin{pmatrix} x_1 \\ \vdots \\ x_n \end{pmatrix} = \lambda\begin{pmatrix} x_1 \\ \vdots \\ x_n \end{pmatrix}$ が成立するとき, $\boldsymbol{v} = x_1\boldsymbol{v}_1 + \cdots + x_n\boldsymbol{v}_n$ とおくと, $f(\boldsymbol{v}) = \lambda\boldsymbol{v}$ を得る. □

線形写像 $f: V \to V$ の固有値 λ の**固有空間** $V(\lambda)$ を, $V(\lambda) = \{\boldsymbol{v} \in V \mid f(\boldsymbol{v}) = \lambda\boldsymbol{v}\}$ で定義する. $V(\lambda)$ は固有値 λ の固有ベクトルと V の零ベクトル $\boldsymbol{0}$ からなる集合である. $V(\lambda)$ は V の部分空間となる.

証明 $\boldsymbol{x}, \boldsymbol{y} \in V(\lambda)$ に対し, $f(\alpha\boldsymbol{x} + \beta\boldsymbol{y}) = \alpha f(\boldsymbol{x}) + \beta f(\boldsymbol{y}) = \alpha\lambda\boldsymbol{x} + \beta\lambda\boldsymbol{y} = \lambda(\alpha\boldsymbol{x} + \beta\boldsymbol{y})$ であるので, $\alpha\boldsymbol{x} + \beta\boldsymbol{y} \in V(\lambda)$. □

固有方程式の左辺 $\det(A - tI)$ を A の**固有多項式**という. 行列 A の固有値 λ の固有ベクトル $\boldsymbol{v}$ をとる. このとき前ページ最上部の説明により, $(A - \lambda I)\boldsymbol{v} = \boldsymbol{0}$ となる. これを $\boldsymbol{v}$ の成分に関する斉次連立一次方程式とみるとき, 固有ベクトルは非自明な解となる. よって, 固有ベクトルを求めるためには斉次連立一次方程式を解けばよい.

例として $A = \begin{pmatrix} 2 & 2 & 1 \\ 2 & 1 & 2 \\ 1 & 2 & 2 \end{pmatrix}$ を考える. A の固有方程式は $\varphi_A(t) = |A - tI| = \begin{vmatrix} 2-t & 2 & 1 \\ 2 & 1-t & 2 \\ 1 & 2 & 2-t \end{vmatrix} = -(t+1)(t-1)(t-5) = 0$ となるので, A の固有値は, $-1, 1, 5$ となる. それぞれの固有値に対し, 固有ベクトルを求める. 固有値 -1 の固有ベクトルは連立一次方程式 $(A - (-1)I)\boldsymbol{v} = \boldsymbol{0}$ の解となる. $A - (-1)I = \begin{pmatrix} 3 & 2 & 1 \\ 2 & 2 & 2 \\ 1 & 2 & 3 \end{pmatrix}$ である. この方程式を解くと, $\boldsymbol{v}$ は実数 p を用いて $\boldsymbol{v} = p\begin{pmatrix} 1 \\ -2 \\ 1 \end{pmatrix}$ と表すことができる. 同様に, 固有値 1 の固有ベクトルは, 実数 q を用いて $q\begin{pmatrix} 1 \\ 0 \\ -1 \end{pmatrix}$ と表すことができ, 固有値 5 の固有ベクトルは, 実数 r を用いて $r\begin{pmatrix} 1 \\ 1 \\ 1 \end{pmatrix}$ と表すことができる.

線形写像 $f: V \to V$ の相異なる k 個の固有値 $\lambda_1, \cdots, \lambda_k$ を考える. 対応する固有ベクトルを $\boldsymbol{v}_1, \cdots, \boldsymbol{v}_k$ とする. このとき $\boldsymbol{v}_1, \cdots, \boldsymbol{v}_k$ は一次独立となる.

証明 $\boldsymbol{v}_1, \cdots, \boldsymbol{v}_k$ が一次従属と仮定すると, $\boldsymbol{v}_1, \cdots, \boldsymbol{v}_{j-1}$ は一次独立で $\boldsymbol{v}_1, \cdots, \boldsymbol{v}_j$ が一次従属となる j $(j \leq k)$ が存在する. このとき, $\boldsymbol{v}_j = c_2\boldsymbol{v}_1 + \cdots + c_{j-1}\boldsymbol{v}_{j-1}$ を得る. ここで, $\boldsymbol{v}_j \neq \boldsymbol{0}$ より, $c_1, \cdots, c_{j-1}$ の中に 0 でないものが存在する. この式の両辺に λ_j をかけることと, 左から行列 A をかけることを考える. λ_j をかけると $\lambda_j\boldsymbol{v}_j = c_1\lambda_j\boldsymbol{v}_1 + \cdots + c_{j-1}\lambda_j\boldsymbol{v}_{j-1}$ となる. 左から A をかけるとき, それぞれ固有ベクトルであることを考慮すると, $\lambda_j\boldsymbol{v}_j = c_1\lambda_1\boldsymbol{v}_1 + \cdots + c_{j-1}\lambda_{j-1}\boldsymbol{v}_{j-1}$ となる. この 2 つの式から, $c_1(\lambda_1 - \lambda_j)\boldsymbol{v}_1 + \cdots + c_{j-1}(\lambda_{j-1} - \lambda_j)\boldsymbol{v}_{j-1} = \boldsymbol{0}$ を得る. 固有値がすべて異なるので, $\lambda_i - \lambda_j \neq 0$ $(1 \leq i \leq j-1)$ である. よって, $c_1(\lambda_1 - \lambda_j), \cdots, c_{j-1}(\lambda_{j-1} - \lambda_j)$ の中には 0 でないものが存在し, 上の式は $\boldsymbol{v}_1, \cdots, \boldsymbol{v}_{j-1}$ の非自明な一次関係式を与える. よって, $\boldsymbol{v}_1, \cdots, \boldsymbol{v}_{j-1}$ が一次従属となり, 矛盾を得る. □

特に, n 次元ベクトル空間 V に対し, 線形写像 $f: V \to V$ が n 個の異なる固有値をもつとき, 対応する n 個の固有ベクトルは一次独立となり, V の基底を定める. λ の固有方程式での重複度を λ の**重複度**とよぶ. このとき, $\dim V(\lambda) \leq (\lambda\text{の重複度})$ が成り立つ (参考文献 [3] p.232 参照).

固有値は固有方程式の実数解であったが, 固有方程式は解が実数になるとは限らない. ここで複素ベクトル空間の線形写像や複素行列に対し, 同様に固有値, 固有ベクトル, 固有空間, 固有方程式を考えることができる. その場合, 固有方程式の解はすべて固有値となる. 特に, n 次複素行列の固有値は, 重複度を込めてちょうど n 個あることが次の定理から従う.

代数学の基本定理 複素数の範囲では, n 次方程式は重複度を込めてちょうど n 個の解をもつ.

つまり, t を文字とする n 次多項式は $c(t - \alpha_1)(t - \alpha_2) \cdots (t - \alpha_n)$ $(\alpha_i \in \mathbb{C})$ と因数分解される.

小テスト:

問題 **1**: 次の行列の固有値と固有ベクトルを求めよ.

(1) $\begin{pmatrix} 1 & 2 \\ 2 & 1 \end{pmatrix}$ (2) $\begin{pmatrix} 1 & 0 & 1 \\ 0 & 2 & 0 \\ -2 & 0 & 4 \end{pmatrix}$

5.5　漸化式と固有値・固有ベクトル

目標：固有値・固有ベクトルを利用して漸化式をみたす数列を求めてみよう

この節では, 前節の線形写像の固有値・固有ベクトルの考え方を利用して, 与えられた漸化式をみたす数列の一般項を求める方法を考えてみよう. 以下で学ぶ方法は, いつでも使えるわけではないが, 適用範囲が広く有効な方法である. まず数列と漸化式の復習からはじめよう.

定義 5.5.1 (数列と漸化式)：数を並べたもの (たとえば

$$1, 5, 7, 12, 15, 17, 23, 26, \cdots$$

のようなもの) を**数列**という. 数列の各数を**項**といい, k 番目の項を**第 k 項**という.
数列を一般的に表すときには　$a_1, a_2, a_3, \cdots$　などのように, 文字の右下に小さく第何項かを表す数 (**添字**という) を添えて表す. このとき, その数列をまとめて $\{a_n\}$ と書くことにする.
数列 $\{a_n\}$ が与えられたとき, 互いに隣り合う k 個の項 (たとえば第 n 項と第 $n+1$ 項と $\cdots$ と第 $n+(k-1)$ 項) に関して, つねに成り立つ等式のことを **k 項間漸化式**という.

それでは, k 項間漸化式と, 最初の $k-1$ 項 (つまり $a_1, \cdots, a_{k-1}$) が与えられたとき, 一般に, その第 n 項を n の式で表すことができるだろうか？ (これを, その数列の**一般項を求める**という)

例 5.5.2：$a_1 = 1$, $a_{n+1} = 2a_n$ をみたす数列 $\{a_n\}$ は $1, 2, 4, 8, 16, \cdots$ となっている. よって第 n 項を n の式で表すと $a_n = 1 \times 2^{n-1} = 2^{n-1}$ となる (ただし $n \geq 1$).

さて, 上に書いたように, 線形写像の固有値・固有ベクトルの考え方を利用して, 漸化式が与えられている数列の一般項の求め方を考えてみる.

例として　$a_1 = 5,\ a_2 = 7,\ a_{n+2} = 2\,a_{n+1} + 3\,a_n$　で決まる数列 $\{a_n\}$ の一般項を求めてみよう.

まず 漸化式 $a_{n+2} = 2\,a_{n+1} + 3\,a_n$ に着目する (とりあえず, 条件 $a_1 = 5$, $a_2 = 7$ はおいておく).
この式を観察すると次のことがわかるだろう;

- もし数列 $\{x_n\}$ と $\{y_n\}$ が上の漸化式をみたすとき, 数列 $\{x_n + y_n\}$ も上の漸化式をみたす.
- もし数列 $\{z_n\}$ が上の漸化式をみたすとき, 数列 $\{kz_n\}$ も上の漸化式をみたす (k は任意の定数).

このことから, $\left\{ 数列\ \{a_n\} \;\middle|\; 漸化式\ a_{n+2} = 2\,a_{n+1} + 3\,a_n\ をみたす \right\}$ という (数列の) 集合 V は**ベクトル空間になる**(つまり, 上の加法とスカラー倍を決めると, 定義 4.1.1 の条件をみたす) ことがわかる. ここで零ベクトルに対応する数列は $0, 0, 0, \cdots$ となっていることに注意しておこう.

次に, V から V への次のような写像 f を考えてみる:　$a_1, a_2, a_3, a_4, \cdots \mapsto a_2, a_3, a_4, a_5, \cdots$
つまり, f は数列の各項を 1 ずつ前にずらしていく写像とする. すると, 上の加法・スカラー倍の定義より, f は V から V への線形写像になる (つまり, 定義 5.1.1 の条件をみたす) ことが確かめられる.

このとき f の固有値と固有ベクトルはどのようなものだろうか？
固有ベクトルの定義 5.4.1 より, $f(\boldsymbol{v}) = \lambda\boldsymbol{v}$ を考えてみる. 数列 $a_1, a_2, a_3, \cdots$ を $\boldsymbol{v} \in V$ とすると, その f による像 $f(\boldsymbol{v})$ は $a_2, a_3, a_4, a_5, \cdots$. これが $\lambda\boldsymbol{v}$ となるので, $\boxed{a_{n+1} = \lambda a_n}$ となる; つまり, f の**固有ベクトル $\boldsymbol{v}$ は等比数列**になる. さらに, 対応する**固有値 λ はその等比数列の公比**となっている.

では次に, 実際に固有値 λ を求めてみよう. 式 $\boxed{a_{n+1} = \lambda a_n}$ を考えている漸化式に代入すると; $\lambda^2\, a_n = 2\lambda\, a_n + 3\, a_n$. ここで $\boldsymbol{v} \neq \boldsymbol{0}$ とすると, $a_n \neq 0$ となる a_n が存在するので, λ は二次方程式 $\lambda^2 = 2\lambda + 3$ の解. これを解くと, $\lambda = 3, -1$. したがって, f の固有値 (= 固有ベクトルに対応する等比数列の公比) は, $\lambda = 3, -1$ と求められた. (上のような方程式を, その漸化式の**特性方程式**という)

このとき具体的な固有ベクトル (に対応する数列) は, たとえば次のようになる;

$$\lambda = 3 \text{ のとき}, \ 3, 9, 27, \cdots, 3^n, \cdots \qquad \lambda = -1 \text{ のとき}, \ -1, 1, -1, \cdots, (-1)^n, \cdots$$

ここで, 実数 α と β に対して, $\{\alpha \cdot 3^n + \beta \cdot (-1)^n\}$ という数列を考えると, V がベクトル空間であることより, これらもすべて考えている漸化式をみたす.

さて, いま考えている数列は $a_1 = 5,\ a_2 = 7$ だった. そこで $\begin{cases} \alpha \cdot 3^1 + \beta \cdot (-1)^1 = 5 \\ \alpha \cdot 3^2 + \beta \cdot (-1)^2 = 7 \end{cases}$ として, 連立方程式を解くと $\alpha = 1,\ \beta = -2$. したがって, 求める数列の第 n 項は $\boxed{a_n = 3^n - 2\,(-1)^n}$ という式で表されることがわかった.

以上で, 線形写像の固有値・固有ベクトルの考え方を利用して, 与えられた数列の一般項を求めることができた. この方法は, より一般の場合 (最初の $k-1$ 項と k 項間漸化式とが与えられた場合) にも同様に適用することができる. ただし具体的には, 上で現れたような方程式 (特性方程式) を解くとき, それが k 個の相異なる実数解をもつことが必要となる. そうでない場合は, さらに工夫すれば, 同じような方針で解き進めることができるが, それはここでは省略する.

まとめ:

- 線形写像の固有値・固有ベクトルの考え方を利用した, 最初の $k-1$ 項と k 項間漸化式とが与えられた数列の一般項を求める (第 n 項を n の式で表す) 方法がある.
- この方法が直接に適用できるのは, 漸化式から決まる k 次方程式 (特性方程式) が, k 個の相異なる実数解をもつ場合である.

解説ノート 5.5

まず,「漸化式をみたす数列全体のなす集合」といったときは, 数列の初項などの情報は考えずに, 与えられた漸化式をみたす数列全体を考えていることに注意して欲しい. この考え方により, ベクトル空間の構造が入り, 線形写像の固有値と固有ベクトルの議論を応用できる. 初項などの情報は, 最終的に数列を決定する際に用いられる.

まず, 具体的に漸化式が与えられたとき, 数列を求めてみよう. 数列 $\{a_n\}$ が 3 項間漸化式

$$a_{n+2} = 5a_{n+1} - 6a_n$$

をみたす場合を考える. この特性方程式を考えると $\lambda^2 - 5\lambda + 6 = (\lambda - 2)(\lambda - 3)$ となる. よって, 漸化式をみたす数列は 3 つの実数 α, β を用いて $\{\alpha \cdot 2^n + \beta \cdot 3^n\}$ と表すことができる. たとえば $a_1 = 4, a_2 = 14$ の場合には, $\alpha = -1, \beta = 2$ となり, $a_n = (-1) \cdot 2^n + 2 \cdot 3^n$ となる.

次に, 3 項間漸化式をみたす数列の一般項を, 線形写像の固有値と固有ベクトルを用いて求めることができることを解説する.

3 項間漸化式を 1 つ決め, 初めの 2 項 a_1, a_2 を定めると, 数列 $\{a_n\}$ のすべての項が順々に定まる. まず, ある 3 項間漸化式をみたす数列全体の集合が, 2 次元ベクトル空間になることを示す.

以下, 2 個の実数 c_1, c_2 を定め, 3 項間漸化式

$$a_{n+2} = c_2 a_{n+1} + c_1 a_n \quad \cdots (*)$$

をみたす数列 $\{a_n\}$ 全体のなすベクトル空間を V とする. V の基底の例を考えよう. $\boldsymbol{v_1}$ を 3 項間漸化式 $(*)$ をみたし第 1 項が 1, 第 2 項が 0 である数列とし, $\boldsymbol{v_2}$ を 3 項間漸化式 $(*)$ をみたし第 1 項が 0, 第 2 項が 1 である数列とする. このとき $\boldsymbol{v_1}, \boldsymbol{v_2}$ は V の基底となる.

証明 V の零ベクトル $\boldsymbol{0}$ は, すべての項が 0 である数列である. 一次関係式 $\mu_1\boldsymbol{v_1} + \mu_2\boldsymbol{v_2} = \boldsymbol{0}$ を考える. ここで両辺の第 1 項を比べると $\mu_1 = 0$ が得られ, 第 2 項を比べると $\mu_2 = 0$ が得られる. よって $\boldsymbol{v_1}, \boldsymbol{v_2}$ は一次独立である. V に含まれる数列 $\{a_n\}$ は a_1 と a_2 を決めると, 漸化式 $(*)$ により 1 つに定まる. $a_1 = s, a_2 = t$ のとき, $\{a_n\} = s\boldsymbol{v_1} + t\boldsymbol{v_2}$ と表される. よって, $\boldsymbol{v_1}, \boldsymbol{v_2}$ は V を生成する. □

よって V が 2 次元のベクトル空間であることがわかる. ここでは, V の新しい基底を等比数列を用いて構成する. 等比数列の一般項は簡単に表すことができるので, この基底を用いると V に含まれる任意の数列の一般項も表すことができる.

そのために, 解説ノート 5.1 で考えた数列の各項を 1 つ前にずらす線形写像 $f : V \to V$ を考える. つまり $f(\{a_n\}) = \{b_n\}$ とするとき, $b_n = a_{n+1}$ である. この線形写像の, 基底 $\boldsymbol{v_1}, \boldsymbol{v_2}$ に関する表現行列を考える. $\boldsymbol{v_1}$ の第 3 項は c_1 であるので, $f(\boldsymbol{v_1})$ は, 第 1 項が 0, 第 2 項が c_1 となり, $f(\boldsymbol{v_1}) = c_1\boldsymbol{v_2}$ を得る. また, $\boldsymbol{v_2}$ の第 3 項は c_2 であるので, $f(\boldsymbol{v_2})$ は, 第 1 項が 1, 第 2 項が c_2 となり, $f(\boldsymbol{v_2}) = \boldsymbol{v_1} + c_2\boldsymbol{v_2}$ を得る. よって線形写像 f の基底 $\boldsymbol{v_1}, \boldsymbol{v_2}$ に関する表現行列は $\begin{pmatrix} 0 & 1 \\ c_1 & c_2 \end{pmatrix}$ となる. この線形写像

の固有方程式は, $\lambda^2 + c_2\lambda + c_1 = 0$ となる. これは漸化式の特性方程式と一致する. ここでは「この方程式が 2 個の相異なる 0 でない実数解 λ_1, λ_2 を持つ」と仮定する. このとき, 5.5 節で示した通り固有値 λ_i の固有ベクトルは公比 λ_i の等比数列であった. それぞれの固有ベクトルとして初項が λ_i の等比数列 $\{\lambda_i^n\}$ $(i = 1, 2)$ をとる. 解説ノート 5.4 でみた通り, 固有値が異なる固有ベクトルは一次独立であるので, $\{\lambda_1^n\}$, $\{\lambda_2^n\}$ は V の基底となる. つまり V のベクトルは, 実数 α, β を用いて, $\alpha\{\lambda_1^n\} + \beta\{\lambda_2^n\} = \{\alpha \cdot \lambda_1^n + \beta \cdot \lambda_2^n\}$ と表すことができる. これが漸化式をみたす数列となる. ここで, 数列の初めの 2 項 a_1, a_2 を定めると, α, β についての連立一次方程式 $\begin{cases} \lambda_1\alpha + \lambda_2\beta = a_1 \\ \lambda_1^2\alpha + \lambda_2^2\beta = a_2 \end{cases}$ を得る.

係数行列 $\begin{pmatrix} \lambda_1 & \lambda_2 \\ \lambda_1^2 & \lambda_2^2 \end{pmatrix}$ の行列式は $\lambda_1\lambda_2(\lambda_2 - \lambda_1)$ となり, λ_1, λ_2 は異なり, 0 でないと仮定したので, 行列式は 0 にはならない. よって係数行列は正則となり, 連立方程式はただひとつの解をもつ. つまり, 初めの 2 項 a_1, a_2 を定めると数列はただひとつ定まる.

数列が 4 項間漸化式をみたす場合にも, 同様の議論を行うことができる. 数列 $\{a_n\}$ が 4 項間漸化式

$$a_{n+3} = 6a_{n+2} - 11a_{n+1} + 6a_n$$

をみたす場合を考える. この特性方程式を考えると $\lambda^3 - 6\lambda^2 + 11\lambda - 6 = (\lambda - 1)(\lambda - 2)(\lambda - 3) = 0$ となる. よって, 漸化式をみたす数列は 3 つの実数 α, β, γ を用いて $\{\alpha + \beta \cdot 2^n + \gamma \cdot 3^n\}$ と表すことができる. たとえば $a_1 = -2, a_2 = 0, a_3 = 10$ の場合には, $\alpha = -1, \beta = -2, \gamma = 1$ となり, 一般項は $a_n = -1 - 2^{n+1} + 3^n$ となる.

数列全体の集合は, 数列の加法とスカラー倍によりベクトル空間となるが, 無限次元となる. しかし, ある k 項間漸化式を 1 つ定めると, その漸化式をみたす数列全体の集合は $(k-1)$ 次元部分ベクトル空間となることがわかる.

ここでは 3 項間, 4 項間漸化式の特性方程式が 0 でない相異なる実数解をもつ場合を考えた. 一般の k 項間漸化式で特性方程式が 0 でない相異なる実数解をもつ場合は議論は同様である. それ以外の重解をもつような場合は参考文献 [1] p.195 を参照して欲しい.

小テスト:

問題 1: 漸化式をみたす以下の数列 $\{a_n\}$ について, 一般項を求めよ.

(1) $a_1 = 5,\ a_2 = 7,\ a_{n+2} = 3a_{n+1} - 2a_n$

(2) $a_1 = 1,\ a_2 = 1,\ a_{n+2} = a_{n+1} + a_n$ (フィボナッチ数列)

(3) $a_1 = -1,\ a_2 = -11,\ a_2 = -55,\ a_{n+3} = 7a_{n+2} - 14a_{n+1} + 8a_n$

第 6 章　行列の対角化とその応用

この章では, これまで学んだこと, 特に前章の固有値・固有ベクトルの応用として, **行列の対角化**というものを導入する. この行列の対角化は, 数学にとどまらず他の理学・工学のさまざまな場面で, 現れてくる応用範囲の広いものである. ここでは, その応用として 3 つの話題 (行列の累乗の計算, 線形微分方程式の解法, 二次曲線の分類) をとりあげて学習することにする.

6.1　行列の対角化とは

目標 : 行列の対角化とは何かを理解しよう.

行列の固有値に着目してみよう. 与えられた行列と固有値が等しい行列をみつけるにはどうしたらよいだろうか？　たとえば, 次のような見つけ方が考えられる:

> 行列 X に対し, (なんでもよいから) 正則行列 P をとってきて, $P^{-1}XP$ という行列をつくる. この行列を Y とすると, Y の固有値 λ は X の固有値にもなる.

理由は次の通り. まず Y の固有値 λ に対する固有ベクトルを $\boldsymbol{y}$ とし, $\boldsymbol{x} = P\boldsymbol{y}$ とする. このとき, $Y = P^{-1}XP$ より, $PY = XP$ に注意すると,

$$X\boldsymbol{x} = XP\boldsymbol{y} = PY\boldsymbol{y} = P(\lambda\boldsymbol{y}) = \lambda P\boldsymbol{y} = \lambda\boldsymbol{x}$$

与えられた行列 X に対し, このようにして, 同じ固有値をもつ「わかりやすい」行列 Y が見つかれば, いろいろと計算が便利になるだろう. ここで「わかりやすい」行列の例として, たとえば次のような行列を考えてみよう.

> **定義 6.1.1 (対角行列 (diagonal matrix))** :
> 対角成分 (つまり, $(1,1)$ 成分, $(2,2)$ 成分, $\cdots$, (n,n) 成分) 以外がすべて 0 の正方行列
>
> $$\begin{pmatrix} c_{11} & 0 & \cdots & 0 \\ 0 & c_{22} & \cdots & 0 \\ \vdots & \vdots & \ddots & \vdots \\ 0 & \cdots & \cdots & c_{nn} \end{pmatrix}$$
>
> を n **次対角行列**という.

上のような対角行列を D とすると, すぐにわかるように, $\boxed{D\boldsymbol{e}_i = c_{ii}\boldsymbol{e}_i}$ が成り立つ. ここで, $\boldsymbol{e}_i$ は, 第 i 成分が 1 で, 残りの成分はすべて 0 のベクトル. したがって D は, 固有値 $c_{11}, c_{22}, \cdots, c_{nn}$ をもち, 対応する固有ベクトルが $\boldsymbol{e}_1, \boldsymbol{e}_2, \cdots, \boldsymbol{e}_n$ であることがわかる. (このことは, D を表現行列としてもつような線形写像が, 各軸方向の拡大・縮小を表すことを考えると理解しやすいかもしれない)

これらのことをふまえて, 次のように定義をしよう.

定義 6.1.2 (行列の対角化 (diagonalization)) : 正方行列 X に対し, 適切な正則行列 P をみつけて, $\boxed{P^{-1}XP = D}$ となる対角行列 D を求めることを, **行列 X を対角化する**という. また, このような正則行列 P が存在するとき, X は**対角化可能** (diagonalizable) という.

じつは, 与えられた行列が対角化可能か, 次のように判定できる.

定理 6.1.3 (対角化可能条件) : n 次正方行列 X が対角化可能であるための必要十分条件は, X が n 本の一次独立な固有ベクトルをもつこと.

ここでは, もっとも簡単な $n=2$ の場合に, 十分条件であること, つまり「2 次正方行列 X が 2 本の一次独立な固有ベクトルをもつならば, X は対角化可能」の証明の概略だけを与える.

2 次正方行列 X の 2 本の一次独立な固有ベクトルを $\boldsymbol{x}_1, \boldsymbol{x}_2$ とする. ここで, $\boldsymbol{x}_1$ と $\boldsymbol{x}_2$ を第 1 列と第 2 列とする行列を P とおく. すると, $\boldsymbol{x}_1$ と $\boldsymbol{x}_2$ は一次独立なので, P は正則行列 (定理 4.2.5 参照). あとは $P^{-1}XP$ が対角行列となっていることを確かめればよい. これは演習問題として残しておこう.

練習 6.1.4 : $P^{-1}XP$ が本当に対角行列となっていることを確かめなさい.

この証明を利用して, 実際に行列を対角化してみよう (計算は, 例 5.4.2 と練習 5.4.4 参照).

例 6.1.5 : 行列 $X = \begin{pmatrix} -1 & 0 \\ 1 & 2 \end{pmatrix}$ の固有ベクトルは, 例えば, $\begin{pmatrix} -3 \\ 1 \end{pmatrix}$ と $\begin{pmatrix} 0 \\ 1 \end{pmatrix}$. そこで $P = \begin{pmatrix} -3 & 0 \\ 1 & 1 \end{pmatrix}$ とおくと, その逆行列は $P^{-1} = \begin{pmatrix} -\frac{1}{3} & 0 \\ \frac{1}{3} & 1 \end{pmatrix}$. 代入して実際に計算してみると, $P^{-1}XP = \begin{pmatrix} -1 & 0 \\ 0 & 2 \end{pmatrix}$. ここで, 対角成分として現れている 1 と 2 は, それぞれの固有ベクトルに対応する固有値である.

まとめ:

- 対角成分（つまり, $(1,1)$ 成分, $\cdots$, (n,n) 成分）以外がすべて 0 の正方行列を**対角行列**という. 対角行列の固有値は, その n 個の対角成分であり, 対応する固有ベクトルは $\boldsymbol{e}_1, \cdots, \boldsymbol{e}_n$. ここで $\boldsymbol{e}_i$ は第 i 成分が 1 で, 残りの成分はすべて 0 のベクトル.
- 正方行列 X に対し, 適切な正則行列 P を見つけて, $\boxed{P^{-1}XP = D}$ となる対角行列 D を求めることを, **行列 X を対角化する**という. またこのような正則行列 P が存在するとき, X は**対角化可能** (diagonalizable) という.
- n 次正方行列 X が対角化可能であるための必要十分条件は, X が n 本の一次独立な固有ベクトルをもつことである. このとき, その n 本の一次独立な固有ベクトルを列ベクトルとしてもつ行列によって, X は対角化される.

解説ノート 6.1

まず, 定理 6.1.3 の証明を行う

証明　X が対角化可能とする. $P^{-1}XP = D = \begin{pmatrix} \lambda_1 & & 0 \\ & \ddots & \\ 0 & & \lambda_n \end{pmatrix}$ とし, $\boldsymbol{v}_j$ を P の第 j 列ベクトルとする. つまり $P = \begin{pmatrix} \boldsymbol{v}_1 & \cdots & \boldsymbol{v}_n \end{pmatrix}$. ここで, P は正則なので, $\boldsymbol{v}_1, \cdots, \boldsymbol{v}_n$ は一次独立である. また, $XP = PD$ であり, $XP = X\begin{pmatrix} \boldsymbol{v}_1 & \cdots & \boldsymbol{v}_n \end{pmatrix} = \begin{pmatrix} X\boldsymbol{v}_1 & \cdots & X\boldsymbol{v}_n \end{pmatrix}$, $PD = \begin{pmatrix} \lambda_1\boldsymbol{v}_1 & \cdots & \lambda_n\boldsymbol{v}_n \end{pmatrix}$ となる. よって各列ベクトルを比べると, $X\boldsymbol{v}_j = \lambda_j\boldsymbol{v}_j$ $(1 \leq j \leq n)$ となり, $\boldsymbol{v}_j$ は λ_j の固有ベクトルとなる. よって, X は n 本の一次独立な固有ベクトルをもつ.

逆に X が n 個の一次独立な固有ベクトル $\boldsymbol{v}_1, \cdots, \boldsymbol{v}_n$ をもつとする. $\boldsymbol{v}_j$ の固有値を λ_j とする. $P = \begin{pmatrix} \boldsymbol{v}_1 & \cdots & \boldsymbol{v}_n \end{pmatrix}$ と定義すると, P は正則となる. このとき $X\boldsymbol{v}_j = \lambda_j\boldsymbol{v}_j$ であり, 上の計算を逆にたどると, $P^{-1}XP = \begin{pmatrix} \lambda_1 & & 0 \\ & \ddots & \\ 0 & & \lambda_n \end{pmatrix}$ と対角化される. □

X が n 個の一次独立な固有ベクトル $\boldsymbol{v}_1, \cdots, \boldsymbol{v}_n$ をもつとき, 正則行列 $P = \begin{pmatrix} \boldsymbol{v}_1 & \cdots & \boldsymbol{v}_n \end{pmatrix}$ をとると, $P^{-1}XP$ は対角行列となることが上からわかる. 特に, n 次行列 X が n 個の相異なる固有値をもつ場合は, 解説ノート 5.4 により, n 個の一次独立なベクトルをもつ. よって定理 6.1.3 により対角化可能. たとえば, $X = \begin{pmatrix} 2 & 2 & 1 \\ 2 & 1 & 2 \\ 1 & 2 & 2 \end{pmatrix}$ は固有値 $-1, 1, 5$ をもつので, 固有ベクトルからつくられる正則行列 $P = \begin{pmatrix} 1 & 1 & 1 \\ -2 & 0 & 1 \\ 1 & -1 & 1 \end{pmatrix}$ を用いて $P^{-1}XP = \begin{pmatrix} -1 & 0 & 0 \\ 0 & 1 & 0 \\ 0 & 0 & 5 \end{pmatrix}$ と対角化できる. $X' = \begin{pmatrix} 1 & 0 & -3 \\ 0 & -2 & 0 \\ -3 & 0 & 1 \end{pmatrix}$ の固有値は -2 と 4 である. 固有値 -2 の固有ベクトル $\begin{pmatrix} 1 \\ 0 \\ 1 \end{pmatrix}$, $\begin{pmatrix} 0 \\ 1 \\ 0 \end{pmatrix}$ と, 固有値 4 の固有ベクトル $\begin{pmatrix} 1 \\ 0 \\ -1 \end{pmatrix}$ は一次独立であるので, $P' = \begin{pmatrix} 1 & 0 & 1 \\ 0 & 1 & 0 \\ 1 & 0 & -1 \end{pmatrix}$ を用いて $(P')^{-1}X'P' = \begin{pmatrix} -2 & 0 & 0 \\ 0 & -2 & 0 \\ 0 & 0 & 4 \end{pmatrix}$ と対角化できる.

行列の対角化の意味を, 線形写像の表現行列の観点から考える. 行列の対角化では $P^{-1}XP$ という行列を考えるが, 線形写像の観点から考えると, これは基底の取り換えに対応する. 対角化を行う正則行列 P は固有ベクトルを用いて構成される. ここでは固有ベクトルによりベクトル空間の基底が得られる場合を考察している. 固有ベクトルは線形写像により固有値倍されるだけであるということから, 固有ベクトルからなる基底に関する行列が対角行列となるのである. 線形写像は固有ベクトルからなる基底を考えると, その性質が理解しやすいものとなる.

ここでハミルトン・ケーリーの定理を紹介する. そのために, 多項式への行列の代入を定義する. $f(t) = a_n t^n + \cdots + a_1 t + a_0$ を文字 t についての多項式とする. A を正方行列とし, 行列 $f(A)$ を $f(A) = a_n A^n + \cdots + a_1 A + a_0 I$ で定義する.

ハミルトン・ケーリーの定理 X を正方行列とし, $\varphi_X(t)$ を行列 X の固有多項式とするとき, $\varphi_X(X) = O$ となる. ただし, O は X と同じ大きさの零行列を表す.

この定理は一般の正方行列について成り立つが, その証明には, たとえば行列の三角化が必要となる. ここでは, X が対角化可能な場合について, 証明を与える.

証明 (X が対角化可能な場合) $P^{-1}XP = \begin{pmatrix} \lambda_1 & & 0 \\ & \ddots & \\ 0 & & \lambda_n \end{pmatrix}$ と対角化されるとする. このとき, $\varphi_X(t) = a_n t^n + \cdots + a_1 t + a_0$ とすると, $P^{-1}\varphi_X(X)P = P^{-1}(a_n X^n + \cdots + a_1 X + a_0 I)P = a_n P^{-1}X^n P + \cdots + a_1 P^{-1}XP + a_0 I = a_n (P^{-1}XP)^n + \cdots + a_1 P^{-1}XP + a_0 I$. 得られた行列は対角行列で, (i,i) 成分は, $a_n \lambda_i^n + \cdots + a_1 \lambda_i + a_0 = \varphi_X(\lambda_i)$ となる. ここで各 λ_i は固有値であるので, $\varphi_X(\lambda_i) = 0$ となる. よって, $P^{-1}\varphi_X(X)P = O$. つまり $\varphi_X(X) = O$. □

正方行列 X が**三角化可能**とは, ある正則行列 P が存在し, $P^{-1}XP$ が上三角行列となることである. 対角行列は上三角行列なので, 対角化可能であれば上三角化可能である. 行列が三角化可能であるための必要十分条件は, その固有多項式が一次式の積に因数分解できることである (参考文献 [3] p.241 参照). 任意の複素行列は P として適切な複素正則行列をとると三角化可能となる. これは代数学の基本定理により固有多項式はいつでも一次式の積に分解できるからである. 実行列を複素行列と思うと, 複素正則行列 P を用いて三角化することができる. その事実を用いてハミルトン・ケーリーの定理の一般の場合は証明される. この証明も, 実行列の定理の証明に複素行列が用いられる興味深い例である.

小テスト:

問題 1: 次の行列を対角化せよ.

(1) $\begin{pmatrix} 0 & 1 \\ -6 & 5 \end{pmatrix}$ (2) $\begin{pmatrix} 1 & 2 & 2 \\ 2 & 1 & 2 \\ 2 & 2 & 1 \end{pmatrix}$

6.2　行列の累乗

目標 : 対角化を利用して行列の累乗を計算しよう

ここでは, 行列の対角化を応用して行列の累乗を計算してみよう. これは, 対角化のもっとも簡単な, しかし非常に重要な応用のひとつである. まずは, 行列の累乗を定義しておこう.

定義 6.2.1 (行列の累乗) :

正方行列 X を n 回かけたもの, つまり, $\overbrace{XXX\cdots X}^{n\text{ 回}}$ を, X の n **乗**といい, X^n で表す.

行列の累乗を計算することは, 応用上, 非常に重要なのだが, 実際に計算する場合, (コンピュータを使ったとしても) 一般に正方行列の n 乗を **定義のまま** 計算すると, 莫大な時間がかかってしまう.

以下, 対角化を応用して行列の累乗を計算する具体例をみてみよう.

例 6.2.2 : $X = \begin{pmatrix} 2 & 1 \\ 1 & 2 \end{pmatrix}$ として, X^{100} を計算してみよう. まず X の固有値を求める.

$$\det(X - t\,I) = \det\left(\begin{pmatrix} 2 & 1 \\ 1 & 2 \end{pmatrix} - t\begin{pmatrix} 1 & 0 \\ 0 & 1 \end{pmatrix}\right) = \det\begin{pmatrix} 2-t & 1 \\ 1 & 2-t \end{pmatrix} = (2-t)^2 - 1 = t^2 - 4t + 3 = 0$$

より, X の固有値は 1 と 3. 固有値 1 に対応する固有ベクトルは,

$$X\begin{pmatrix} u \\ v \end{pmatrix} = \begin{pmatrix} 2 & 1 \\ 1 & 2 \end{pmatrix}\begin{pmatrix} u \\ v \end{pmatrix} = \begin{pmatrix} 2u+v \\ u+2v \end{pmatrix} = \begin{pmatrix} u \\ v \end{pmatrix}$$

より, たとえば $\begin{pmatrix} u \\ v \end{pmatrix} = \begin{pmatrix} 1 \\ -1 \end{pmatrix}$. 同様にして, 固有値 3 に対応する固有ベクトルは, たとえば $\begin{pmatrix} 1 \\ 1 \end{pmatrix}$.

前節の例 6.1.5 のように $P = \begin{pmatrix} 1 & 1 \\ -1 & 1 \end{pmatrix}$ とすると, $P^{-1} = \begin{pmatrix} \frac{1}{2} & -\frac{1}{2} \\ \frac{1}{2} & \frac{1}{2} \end{pmatrix}$ なので,

$$P^{-1}XP = \begin{pmatrix} \frac{1}{2} & -\frac{1}{2} \\ \frac{1}{2} & \frac{1}{2} \end{pmatrix}\begin{pmatrix} 2 & 1 \\ 1 & 2 \end{pmatrix}\begin{pmatrix} 1 & 1 \\ -1 & 1 \end{pmatrix} = \begin{pmatrix} 1 & 0 \\ 0 & 3 \end{pmatrix}$$

ここで, この両辺の 100 乗を考えてみよう. まず左辺は,

$$\begin{aligned}\left(P^{-1}XP\right)^{100} &= \left(P^{-1}XP\right)\left(P^{-1}XP\right)\cdots\left(P^{-1}XP\right) \\ &= P^{-1}XPP^{-1}XP\cdots P^{-1}XP \\ &= P^{-1}XXX\cdots XP = P^{-1}X^{100}P\end{aligned}$$

一方で, 右辺は $\begin{pmatrix} 1 & 0 \\ 0 & 3 \end{pmatrix}^{100} = \begin{pmatrix} 1 & 0 \\ 0 & 3 \end{pmatrix}\begin{pmatrix} 1 & 0 \\ 0 & 3 \end{pmatrix}\cdots\begin{pmatrix} 1 & 0 \\ 0 & 3 \end{pmatrix} = \begin{pmatrix} 1^{100} & 0 \\ 0 & 3^{100} \end{pmatrix} = \begin{pmatrix} 1 & 0 \\ 0 & 3^{100} \end{pmatrix}$

この 3^{100} は (もちろん) 計算するのが大変なので, とりあえず, このままで計算を続けよう.

(実際は $3^{100} = 515377520732011331036461129765621272702107522001$)

すると結局, $P^{-1}X^{100}P = \begin{pmatrix} 1 & 0 \\ 0 & 3^{100} \end{pmatrix}$ なので, 左から P を, 右から P^{-1} を両辺にかけて,

$$X^{100} = P\begin{pmatrix} 1 & 0 \\ 0 & 3^{100} \end{pmatrix}P^{-1} = \begin{pmatrix} 1 & 1 \\ -1 & 1 \end{pmatrix}\begin{pmatrix} 1 & 0 \\ 0 & 3^{100} \end{pmatrix}\begin{pmatrix} \frac{1}{2} & -\frac{1}{2} \\ \frac{1}{2} & \frac{1}{2} \end{pmatrix} = \begin{pmatrix} \frac{1}{2}\left(1+3^{100}\right) & \frac{1}{2}\left(-1+3^{100}\right) \\ \frac{1}{2}\left(-1+3^{100}\right) & \frac{1}{2}\left(1+3^{100}\right) \end{pmatrix}$$

したがって, X^{100} が計算できた. この方法によれば, 3^n さえ計算できれば, X^n がただちに求められる.

練習 6.2.3 : 行列 $\begin{pmatrix} 2 & -1 \\ -1 & 2 \end{pmatrix}$ の 100 乗を求めなさい.

前節でも述べたように, この方法でいつでもうまくいくわけではないことに注意しよう. しかし実は, 次に定義を述べる (例 6.2.2 のような) 行列の場合は, いつでも非常にうまくいくのである.

定義 6.2.4 (対称行列 (symmetric matrix)) :
正方行列 A が性質 $\boxed{{}^tA = A}$ を満たしているとき, A を**対称行列** (symmetric matrix) とよぶ.
ここで, ${}^tA$ は行列 A の転置行列(つまり A の行と列を入れ換えた行列). (定義 3.4.1 参照)

このような対称行列は, じつは, **いつでも対角化可能**であり, さらに次のことが成り立つ.

定理 6.2.5 (対称行列の対角化) : 対称行列 X に対し, 次をみたす行列 P がいつでも見つかる.
(1) ${}^tPP = I$ (つまり, ${}^tP = P^{-1}$)　　(2) $P^{-1}XP$ は対角行列
ここで, (1) の条件をみたす行列を**直交行列** (orthogonal matrix) という.

じつは, n 次対称行列 X が n **個の異なる固有値をもつ**場合には, それぞれの固有値に対応する固有ベクトルとして**ノルムが 1 のもの**を選び, 並べることによって, 上のような直交行列 P を見つけることができる. これについては, もう一度, 6.4 節で学ぶことになる.

まとめ:

- 正方行列 X を n 回かけたものを, X の n 乗といい, X^n で表す.
- 正方行列 X が対角化可能なときは, その対角化を応用した, X^n の計算方法がある.
- 対称行列 X はいつでも対角化可能であり, さらに, その対角化するための行列 P として直交行列(${}^tPP = I$ を満たす行列)を選ぶことができる.
- n 次対称行列 X が n 個の異なる固有値をもつ場合は, それぞれの固有値に対応する固有ベクトルとしてノルムが 1 のものを選び, 並べることによって, 上のような直交行列 P を見つけることができる(詳しくは 6.4 節を参照).

解説ノート 6.2

まず直交行列の特徴付けを行う．与えられた行列が直交行列になるかどうかは，列ベクトルを次のように観察することで判定できる．

$P = (\boldsymbol{v}_1 \quad \cdots \quad \boldsymbol{v}_n)$ が直交行列であるための必要十分条件は，$\boldsymbol{v}_1, \cdots, \boldsymbol{v}_n$ が $\mathbb{R}^n$ の正規直交基底となることである．

証明 ${}^tPP = I \iff \boldsymbol{v}_i \cdot \boldsymbol{v}_j = \delta_{ij} \iff \boldsymbol{v}_1, \cdots, \boldsymbol{v}_n$ は正規直交基底 (解説ノート 4.3 参照)．ここで，δ_{ij} はクロネッカーのデルタ (解説ノート 1.2 参照) である． □

ここでは，対称行列の直交行列による対角化を考える．対称行列の対角化可能性を保証する定理 6.2.5 の証明は，参考文献 [1] p.150, [3] p.280 を参考にして欲しい．上で注意したことを用いると，各固有空間において固有ベクトルを正規直交基底にすることにより直交行列が得られることがわかる．

1 つの例として，3 次行列 $X = \begin{pmatrix} 2 & 2 & 1 \\ 2 & 1 & 2 \\ 1 & 2 & 2 \end{pmatrix}$ を考える．${}^tX = X$ であるので，X は対称行列である．定理 6.2.5 により直交行列を用いて対角化できる．ここでは用いる直交行列と得られる対角行列を求める．解説ノート 6.1 でみた通り，正則行列 $P = \begin{pmatrix} 1 & 1 & 1 \\ -2 & 0 & 1 \\ 1 & -1 & 1 \end{pmatrix}$ を用いて $P^{-1}XP = \begin{pmatrix} -1 & 0 & 0 \\ 0 & 1 & 0 \\ 0 & 0 & 5 \end{pmatrix}$ と対角化できる．しかしこの P は直交行列ではない．ここで P から直交行列 Q で，$Q^{-1}XQ = \begin{pmatrix} -1 & 0 & 0 \\ 0 & 1 & 0 \\ 0 & 0 & 5 \end{pmatrix}$ となるものを構成する．

A の固有値は，$-1, 1, 5$ であり，それぞれの固有ベクトルとして，$\begin{pmatrix} 1 \\ -2 \\ 1 \end{pmatrix}, \begin{pmatrix} 1 \\ 0 \\ -1 \end{pmatrix}, \begin{pmatrix} 1 \\ 1 \\ 1 \end{pmatrix}$ をとることができた．これらのベクトルは直交している．それぞれのノルムを 1 にすると，$\begin{pmatrix} \frac{1}{\sqrt{6}} \\ -\frac{2}{\sqrt{6}} \\ \frac{1}{\sqrt{6}} \end{pmatrix}, \begin{pmatrix} \frac{1}{\sqrt{2}} \\ 0 \\ -\frac{1}{\sqrt{2}} \end{pmatrix}, \begin{pmatrix} \frac{1}{\sqrt{3}} \\ \frac{1}{\sqrt{3}} \\ \frac{1}{\sqrt{3}} \end{pmatrix}$ となり，行列 $Q = \begin{pmatrix} \frac{1}{\sqrt{6}} & \frac{1}{\sqrt{2}} & \frac{1}{\sqrt{3}} \\ -\frac{2}{\sqrt{6}} & 0 & \frac{1}{\sqrt{3}} \\ \frac{1}{\sqrt{6}} & -\frac{1}{\sqrt{2}} & \frac{1}{\sqrt{3}} \end{pmatrix}$ は，列ベクトルが $\mathbb{R}^3$ の正規直交基底となっているので直交行列となる．このとき，$Q^{-1}AQ = {}^tQAQ = \begin{pmatrix} -1 & 0 & 0 \\ 0 & 1 & 0 \\ 0 & 0 & 5 \end{pmatrix}$ である．この例では，各固有値の固有空間の次元が 1 次元であった．

解説ノート 6.1 で考えた行列 $X' = \begin{pmatrix} 1 & 0 & -3 \\ 0 & -2 & 0 \\ -3 & 0 & 1 \end{pmatrix}$ の固有値 4 の固有空間の次元は 2, 固有値 -2 の固有空間の次元は 1 である. グラム・シュミットの正規直交化を用いて, 固有値 4 の固有空間の正規直交基底として $\begin{pmatrix} \frac{1}{\sqrt{2}} \\ 0 \\ -\frac{1}{\sqrt{2}} \end{pmatrix}, \begin{pmatrix} 0 \\ 1 \\ 0 \end{pmatrix}$ をとり, 固有値 -2 の固有空間の正規直交基底として, $\begin{pmatrix} \frac{1}{\sqrt{2}} \\ 0 \\ \frac{1}{\sqrt{2}} \end{pmatrix}$ をとる. 直交行列 $Q' = \begin{pmatrix} \frac{1}{\sqrt{2}} & 0 & \frac{1}{\sqrt{2}} \\ 0 & 1 & 0 \\ -\frac{1}{\sqrt{2}} & 0 & \frac{1}{\sqrt{2}} \end{pmatrix}$ を取ると, $(Q')^{-1}X'Q' = {}^tQ'X'Q' = \begin{pmatrix} 4 & 0 & 0 \\ 0 & 4 & 0 \\ 0 & 0 & -2 \end{pmatrix}$ となる.

ここで, 正則行列 P としてわざわざ直交行列を考える意味は, 直交行列による基底の変換は, 元の基底の内積についての性質を保つという良い点にある. たとえば, 正規直交基底を直交行列を基底変換行列として変換すると, 得られる基底も正規直交基底となる. 行列の累乗を計算するために対角化する際には, P は正則行列であればよく, 直交行列にする必要はない. しかし, ベクトル空間に内積を考え, その内積に関する性質を保ったまま議論を行いたい場合等は, P を直交行列に取り直す必要がある場合がある.

小テスト:

問題 **1**: 次の行列の 100 乗を求めよ.

(1) $\begin{pmatrix} 0 & -1 \\ 2 & 3 \end{pmatrix}$ (2) $\begin{pmatrix} 0 & -1 & 0 \\ 2 & 3 & 0 \\ 0 & 0 & 4 \end{pmatrix}$

問題 **2**: 次の対称行列を, 直交行列を用いて対角化せよ. またその直交行列を求めよ.

(1) $\begin{pmatrix} 1 & 2 \\ 2 & 4 \end{pmatrix}$ (2) $\begin{pmatrix} 1 & 3 & 3 \\ 3 & 1 & 3 \\ 3 & 3 & 1 \end{pmatrix}$

6.3　行列の対角化と微分方程式

目標：対角化を利用して線形微分方程式を解こう

この節では, 行列の対角化を利用して線形微分方程式を解いてみよう. 前節と同様, この方法がすべての場合に適用できるわけではないが, 非常に有効で重要な方法だといえる.

まず簡単に, 微分方程式の定義を与えよう. 詳細については, 他の本で学んでほしい.

定義 6.3.1 (微分方程式)：関数 $f(x)$ の導関数 $\dfrac{d}{dx}f(x)$, 第 2 次導関数 $\dfrac{d^2}{dx^2}f(x), \cdots,$ を含む関数の関係式を**微分方程式**(differential equation) とよぶ. また, その関係式を満たす関数を, その微分方程式の解といい, 解を求めることを, その微分方程式を解く, という. とくに

$$c_n\frac{d^n}{dx^n}f(x)+\cdots+c_2\frac{d^2}{dx^2}f(x)+c_1\frac{d}{dx}f(x)+c_0f(x)=0 \tag{6.1}$$

の形のものを**線形微分方程式**という (ただし, $c_n,\cdots,c_1,c_0$ は実数の定数).

以下, 具体的な例で, 行列の対角化を利用した線形微分方程式の解法をみてみよう.

例 6.3.2：微分方程式 $\dfrac{d^2}{dx^2}f(x)-3\dfrac{d}{dx}f(x)+2f(x)=0$ を考えよう.

$y_0=f(x),\ y_1=\dfrac{d}{dx}f(x),\ y_2=\dfrac{d^2}{dx^2}f(x)$ とおくと, $\dfrac{d}{dx}y_0=y_1,\ \dfrac{d}{dx}y_1=y_2=-2y_0+3y_1$ が成り立つ.

この 2 つの式を行列の積を用いて表すと, $\begin{pmatrix}\dfrac{d}{dx}y_0\\ \dfrac{d}{dx}y_1\end{pmatrix}=\begin{pmatrix}0&1\\-2&3\end{pmatrix}\begin{pmatrix}y_0\\y_1\end{pmatrix}\cdots(*)$ となる.

さてここで, $X=\begin{pmatrix}0&1\\-2&3\end{pmatrix}$ とおいて, この行列の対角化を考えてみよう (前節参照).

$$\det(X-t\,I)=\det\left(\begin{pmatrix}0&1\\-2&3\end{pmatrix}-t\begin{pmatrix}1&0\\0&1\end{pmatrix}\right)=\det\begin{pmatrix}-t&1\\-2&3-t\end{pmatrix}=t^2-3t+2=0$$

より, この 2 次方程式の解 1 と 2 が X の固有値. 5.4 節を参照して固有ベクトルを計算すると, たとえば, 固有値 1 に対応する固有ベクトルは $\begin{pmatrix}1\\1\end{pmatrix}$, 固有値 2 に対応する固有ベクトルは $\begin{pmatrix}1\\2\end{pmatrix}$.

よって, $P=\begin{pmatrix}1&1\\1&2\end{pmatrix}$ とおくと, $P^{-1}XP=\begin{pmatrix}1&0\\0&2\end{pmatrix}$. これで, X は対角化された.

さらに, 右辺の対角行列を D とおくと, $X=PDP^{-1}$ となるので, これを式 $(*)$ に代入してみると,

$\begin{pmatrix}\dfrac{d}{dx}y_0\\ \dfrac{d}{dx}y_1\end{pmatrix}=PDP^{-1}\begin{pmatrix}y_0\\y_1\end{pmatrix}$. さらに, 左から P^{-1} をかけると, $P^{-1}\begin{pmatrix}\dfrac{d}{dx}y_0\\ \dfrac{d}{dx}y_1\end{pmatrix}=DP^{-1}\begin{pmatrix}y_0\\y_1\end{pmatrix}$.

$P^{-1}=\begin{pmatrix}2&-1\\-1&1\end{pmatrix}$ より, 左辺は $\begin{pmatrix}2&-1\\-1&1\end{pmatrix}\begin{pmatrix}\dfrac{d}{dx}y_0\\ \dfrac{d}{dx}y_1\end{pmatrix}=\begin{pmatrix}2\dfrac{d}{dx}y_0-\dfrac{d}{dx}y_1\\ -\dfrac{d}{dx}y_0+\dfrac{d}{dx}y_1\end{pmatrix}=\begin{pmatrix}\dfrac{d}{dx}(2y_0-y_1)\\ \dfrac{d}{dx}(-y_0+y_1)\end{pmatrix}$.

一方で, 右辺は $\begin{pmatrix} 1 & 0 \\ 0 & 2 \end{pmatrix}\begin{pmatrix} 2 & -1 \\ -1 & 1 \end{pmatrix}\begin{pmatrix} y_0 \\ y_1 \end{pmatrix} = \begin{pmatrix} 1 & 0 \\ 0 & 2 \end{pmatrix}\begin{pmatrix} 2y_0 - y_1 \\ -y_0 + y_1 \end{pmatrix} = \begin{pmatrix} 2y_0 - y_1 \\ 2(-y_0 + y_1) \end{pmatrix}$.

以上より,

$$\begin{cases} \dfrac{d}{dx}(2y_0 - y_1) = 2y_0 - y_1 \\ \dfrac{d}{dx}(-y_0 + y_1) = 2(-y_0 + y_1) \end{cases}$$

ここで, 定数 k に対し, $\dfrac{d}{dx}f(x) = kf(x)$ の解は, $f(x) = e^{kx+C}$(C は積分定数) なので,

$$\begin{cases} 2y_0 - y_1 = e^{x+C'} \\ -y_0 + y_1 = e^{2x+C''} \end{cases}$$

(C', C'' は積分定数). 両辺をたして整理すると, $y_0 = Ae^x + Be^{2x}$ ($e^{C'}$ を A とし, $e^{C''}$ を B とした).
したがって, 与えられた微分方程式の解は, $\underline{f(x) = Ae^x + Be^{2x}}$ (A, B は積分定数).

練習 6.3.3 : 微分方程式 $\dfrac{d^2}{dx^2}f(x) - \dfrac{d}{dx}f(x) - 2f(x) = 0$ を解きなさい.

ここで, 微分方程式 (6.1) が なぜ 線形微分方程式 とよばれるか に触れておこう. まず, 微分する (つまり, 導関数を求める) という操作は, (**微分の線形性**とよばれる) 次の性質をもつのだった.

$$\frac{d}{dx}(f(x) + g(x)) = \frac{d}{dx}f(x) + \frac{d}{dx}g(x)\ , \quad \frac{d}{dx}(cf(x)) = c\left(\frac{d}{dx}f(x)\right) \quad (f(x), g(x) \text{ は関数}, c \text{ は定数.})$$

したがって, もし関数 $f(x), g(x)$ が微分方程式 (6.1) の解になれば, その和 $f(x) + g(x)$ も解になり, また定数 c に対して $cf(x)$ も解になる. つまり, 微分方程式 (6.1) の**解の集合はベクトル空間**になる. このことから, 微分方程式 (6.1) に対しては, 今まで学んできた線形代数の手法が応用できそうであり, これが線形微分方程式とよばれる理由 (のひとつ) なのである.

まとめ:

- 関数 $f(x)$ の導関数 $\frac{d}{dx}f(x)$, 第 2 次導関数 $\frac{d^2}{dx^2}f(x), \cdots,$ を含む関数の関係式を **微分方程式**(differential equation) とよぶ. また, その関係式をみたす関数を, その微分方程式の解といい, 解を求めることを, その微分方程式を解く, という. とくに $c_n\frac{d^n}{dx^n}f(x) + \cdots + c_2\frac{d^2}{dx^2}f(x) + c_1\frac{d}{dx}f(x) + c_0f(x) = 0$ を**線形微分方程式**という. (ただし, $c_n, \cdots, c_1, c_0$ は実数の定数)
- 行列の対角化を利用した線形微分方程式の解法がある. ただし, いつでも適用できるわけではないことに注意.

解説ノート 6.3

微分方程式 $c_n\dfrac{d^n}{dx^n}f(x)+\cdots+c_2\dfrac{d^2}{dx^2}f(x)+c_1\dfrac{d}{dx}f(x)+c_0f(x)=0$ が与えられたとき, 両辺を c_n でわることにより, $c_n=1$ と仮定する. つまり, $\dfrac{d^n}{dx^n}f(x)+\cdots+c_2\dfrac{d^2}{dx^2}f(x)+c_1\dfrac{d}{dx}f(x)+c_0f(x)=0$ を考える.

$f(x)$ を微分方程式の解とする. $y_0=f(x), y_1=\dfrac{d}{dx}f(x), y_2=\dfrac{d^2}{dx^2}f(x),\cdots, y_n=\dfrac{d^n}{dx^n}f(x)$ とおく. 微分方程式より, $y_n=-c_{n-1}y_{n-1}-\cdots-c_1y_1-c_0y_0$ を得る. また, $\dfrac{d}{dx}y_0=y_1, \dfrac{d}{dx}y_1=y_2,\cdots,\dfrac{d}{dx}y_{n-1}=y_n$ であるので,

$$\frac{d}{dx}\begin{pmatrix} y_0\\ y_1\\ \vdots\\ y_{n-2}\\ y_{n-1}\end{pmatrix}=\begin{pmatrix} \frac{d}{dx}y_0\\ \frac{d}{dx}y_1\\ \vdots\\ \frac{d}{dx}y_{n-2}\\ \frac{d}{dx}y_{n-1}\end{pmatrix}=\begin{pmatrix} 0 & 1 & 0 & \cdots & 0\\ 0 & 0 & 1 & \cdots & 0\\ \vdots & & & \ddots & \vdots\\ 0 & 0 & 0 & \cdots & 1\\ -c_0 & -c_1 & -c_2 & \cdots & -c_{n-1}\end{pmatrix}\begin{pmatrix} y_0\\ y_1\\ \vdots\\ y_{n-2}\\ y_{n-1}\end{pmatrix}=X\boldsymbol{y}$$

となる. 式に現れた n 次行列を X とし, ベクトルを $\boldsymbol{y}$ とする. ここで, X が正則 n 次行列 P により $P^{-1}XP=\begin{pmatrix}\lambda_0 & & 0\\ & \ddots & \\ 0 & & \lambda_{n-1}\end{pmatrix}$ と対角化できると仮定し, さらに固有値 $\lambda_0,\cdots,\lambda_{n-1}$ はすべて異なると仮定する. これらの条件をみたすかどうかは X の第 n 行の様子による. つまり, 与えられた微分方程式の性質である. このとき $\boldsymbol{z}=\begin{pmatrix} z_0\\ \vdots\\ z_{n-1}\end{pmatrix}=P^{-1}y$ とおく. 上の式に左から P^{-1} をかけることを考える. $P^{-1}\dfrac{d}{dx}\boldsymbol{y}=\dfrac{d}{dx}(P^{-1}\boldsymbol{y})=\dfrac{d}{dx}\boldsymbol{z}$ であり, $P^{-1}(X\boldsymbol{y})=(P^{-1}XP)(P^{-1}\boldsymbol{y})=(P^{-1}XP)\boldsymbol{z}=$ $\begin{pmatrix}\lambda_0 & & 0\\ & \ddots & \\ 0 & & \lambda_{n-1}\end{pmatrix}\begin{pmatrix} z_0\\ \vdots\\ z_{n-1}\end{pmatrix}$ であるので,

$$\frac{d}{dx}\begin{pmatrix} z_0\\ \vdots\\ z_{n-1}\end{pmatrix}=\begin{pmatrix}\lambda_0 & & 0\\ & \ddots & \\ 0 & & \lambda_{n-1}\end{pmatrix}\begin{pmatrix} z_0\\ \vdots\\ z_{n-1}\end{pmatrix}$$

を得る. つまり, 微分方程式としては, $\dfrac{d}{dx}z_0=\lambda_0z_0, \dfrac{d}{dx}z_1=\lambda_1z_1,\cdots,\dfrac{d}{dx}z_{n-1}=\lambda_{n-1}z_{n-1}$ を得る. この方程式の解は, 定数 $C_0,C_1,\cdots,C_{n-1}$ を用いて,

$$\begin{pmatrix} z_0 \\ \vdots \\ z_{n-1} \end{pmatrix} = \begin{pmatrix} C_0 e^{\lambda_0 x} \\ \vdots \\ C_{n-1} e^{\lambda_{n-1} x} \end{pmatrix}$$

となる. ここで, $\boldsymbol{y} = P\boldsymbol{z}$ より, 元の微分方程式の解が求まる. つまり,

$$\begin{pmatrix} y_0 \\ \vdots \\ y_{n-1} \end{pmatrix} = \begin{pmatrix} p_{11} & \cdots & p_{1n-1} \\ \vdots & & \vdots \\ p_{n-11} & \cdots & p_{n-1n-1} \end{pmatrix} \begin{pmatrix} C_0 e^{\lambda_0 x} \\ \vdots \\ C_{n-1} e^{\lambda_{n-1} x} \end{pmatrix}$$

となり, 求める解は

$$\begin{aligned} f(x) = y_0 &= p_{11} C_0 e^{\lambda_0 x} + p_{12} C_1 e^{\lambda_1 x} + \cdots + p_{1n-1} C_{n-1} e^{\lambda_{n-1} x} \\ &= C_0' e^{\lambda_0 x} + C_1' e^{\lambda_1 x} + \cdots + C_{n-1}' e^{\lambda_{n-1} x} \qquad (C_0', C_1', \cdots, C_{n-1}' \text{は定数}) \end{aligned}$$

となる.

微分方程式 $\dfrac{d^n}{dx^n} f(x) + c_{n-1} \dfrac{d^{n-1}}{dx^{n-1}} f(x) + \cdots + c_1 \dfrac{d}{dx} f(x) + c_0 f(x) = 0$ に対し, $t^n + c_{n-1} t^{n-1} + \cdots + c_1 t + c_0 = 0$ を**特性方程式**という. 実際に今回考えているような微分方程式を解く場合には, 特性方程式を解くことで解を求めることができる.

例として $\dfrac{d^2}{dx^2} f(x) - 5 \dfrac{d}{dx} f(x) + 6 f(x) = 0$ を考えると, 特性方程式は $t^2 - 5t + 6 = 0$ となる. この解は $t = 2, 3$ であるので, 微分方程式の解は, $f(x) = C_0 e^{2x} + C_1 e^{3x}$ $(C_0, C_1$ は定数) となる. さらに微分方程式の初期値が, $f(0) = 1$, $\dfrac{d}{dx} f(0) = 1$ のように与えられている場合には, $f(0) = C_0 + C_1 = 1$, $\dfrac{d}{dx} f(0) = 2C_0 + 3C_1 = 1$ となり, C_0, C_1 の連立一次方程式を解くことにより, $f(x) = 2e^{2x} - e^{3x}$ と定まる.

特性多項式が虚数解や重解をもつ場合には, もう少し工夫が必要である. 参考文献 [2] p.150–154 を参考にして欲しい.

小テスト:

<u>**問題 1**</u>: 以下の微分方程式を解け.

(1) $\dfrac{d^2}{dx^2} f(x) - 5 \dfrac{d}{dx} f(x) + 4 f(x) = 0$

(2) $\dfrac{d^3}{dx^3} f(x) - 6 \dfrac{d^2}{dx^2} f(x) + 11 \dfrac{d}{dx} f(x) - 6 f(x) = 0$

6.4　二次曲線の分類

目標：行列の対角化を利用して平面上の二次曲線を分類しよう.

式 $ax^2+2bxy+cy^2+2dx+2ey+f=0$ で表される曲線を考えてみよう ($a, \cdots, f$ は定数). このような平面上の曲線を**二次曲線**という. (ただし, a, b, c のいずれかは 0 でないものとする)

じつは, このような曲線は円錐(えんすい)曲線ともよばれ, 紀元前のギリシャの時代から, さまざまに研究されてきたものなのである. 本節では, 行列の対角化を利用して, その標準形を求めてみよう.

まず $b=0$ の場合には, 平面上の平行移動によって, よく知られた「放物線」「楕円」「双曲線」に, その曲線をうつすことができることがわかる. そこで, $b \neq 0$ の場合を考える.

以下, ここでは $ac-b^2 \neq 0$ の場合を考えよう (そうでない場合は解説ノートを参照). このとき, また平行移動により, $d=e=0$ の場合の式, つまり,

$$ax^2+2bxy+cy^2+f=0 \ \cdots \ (1)$$

が表す曲線にうつすことができる.

練習 6.4.1 ：式 $x^2+2xy+y^2+2x-2y+1=0$ で表される曲線を, x 軸方向に $+1$, y 軸方向に -1 だけ平行移動した. 得られた曲線を表す式を求めなさい.

次に式 (1) が, 行列を用いると次のように表されることに気付いてほしい.

$$\begin{pmatrix} x & y \end{pmatrix} \begin{pmatrix} a & b \\ b & c \end{pmatrix} \begin{pmatrix} x \\ y \end{pmatrix} + f = 0 \ \cdots \ (2)$$

ここで, 行列 $\begin{pmatrix} a & b \\ b & c \end{pmatrix}$ を, X とおき調べてみよう. 6.2 節で学んだように, X は対称行列 (${}^tX=X$ が成り立つ行列) である.

この X の固有方程式は, $t^2-(a+c)t+(ac-b^2)=0$ であり, その判別式は $(a+c)^2-4(ac-b^2)=(a-c)^2+4b^2$. これは $b \neq 0$ のとき正の値をとることから, X は互いに異なる 2 つの固有値をもつ. この 2 つの固有値を λ_1, λ_2 とすると, 対応する固有ベクトルは $\boldsymbol{u_1}=\begin{pmatrix} -b \\ a-\lambda_1 \end{pmatrix}$ と $\boldsymbol{u_2}=\begin{pmatrix} -b \\ a-\lambda_2 \end{pmatrix}$ になることが, λ_1 と λ_2 が X の固有多項式の解であることよりわかる.

練習 6.4.2 ：上のことを確かめなさい. つまり, $\boldsymbol{u_1}$ と $\boldsymbol{u_2}$ が行列 X の固有ベクトルになり, それぞれに対応する固有値が λ_1 と λ_2 になることを確かめなさい.

さらに, $\boldsymbol{u_1}$ と $\boldsymbol{u_2}$ は直交する, つまり, $\boldsymbol{u_1} \cdot \boldsymbol{u_2}=0$ となることが, やはり λ_1 と λ_2 が X の固有多項式の解であることから, 計算によりわかる.

練習 6.4.3 ：上のことを確かめなさい. つまり, $\boldsymbol{u_1} \cdot \boldsymbol{u_2}=0$ を示しなさい.

次に, $\boldsymbol{u}_1$ と $\boldsymbol{u}_2$ をそれぞれ正規化する (スカラー倍し, ノルムを 1 にする (定理 4.4.4 を参照). 得られたベクトルを $\boldsymbol{v}_1$ と $\boldsymbol{v}_2$ とすると, 例 6.1.5 のように, $\boldsymbol{v}_1$ と $\boldsymbol{v}_2$ を第 1 列と第 2 列とする行列 P によって行列 X が対角化されることがわかる. つまり, $P^{-1}XP = \begin{pmatrix} \lambda_1 & 0 \\ 0 & \lambda_2 \end{pmatrix}$ となる.

また, $\|\boldsymbol{v}_1\| = 1, \|\boldsymbol{v}_2\| = 1, \boldsymbol{v}_1 \cdot \boldsymbol{v}_2 = 0$ より, ($\boldsymbol{v}_1$ と $\boldsymbol{v}_2$ を入れ換える必要があるかもしれないが)

$$\boldsymbol{v}_1 = \begin{pmatrix} \cos\theta \\ \sin\theta \end{pmatrix}, \quad \boldsymbol{v}_2 = \begin{pmatrix} -\sin\theta \\ \cos\theta \end{pmatrix} \qquad (\theta \text{ はある実数}) \ \cdots \ (3)$$

と表せる. このとき, $P = \begin{pmatrix} \cos\theta & -\sin\theta \\ \sin\theta & \cos\theta \end{pmatrix}$ となり, P が直交行列 (つまり, ${}^tP = P^{-1}$) であることもわかる. (ここまでで, 異なる固有値を持つ二次対称行列に対する定理 6.2.5 の証明ができた)

ここで, ベクトル $\boldsymbol{a}$ を $P\boldsymbol{a}$ にうつす線形写像を, 位置ベクトルが $\boldsymbol{a}$ である点を位置ベクトルが $P\boldsymbol{a}$ である点にうつす平面上の移動と考えてみよう. すると, この移動が実は**原点を中心とする回転角** θ **の回転移動**になるのである.

練習 6.4.4 : 上の移動が「原点を中心とする回転角 θ の回転移動になること」を確かめなさい. 具体的には「$\|\boldsymbol{a}\| = \|P\boldsymbol{a}\|$」と「$\boldsymbol{a}$ と $P\boldsymbol{a}$ のなす角は θ」を示しなさい.

以上を準備すると, 次の定理が証明できる (ただし, $a, \cdots, f, A, B, C$ は定数).

> **定理 6.4.5 (二次曲線の分類)** : 式 $a\,x^2 + 2\,b\,xy + c\,y^2 + f = 0$ で表される曲線は, 原点を中心とする回転移動によって, 式 $Ax^2 + By^2 + C = 0$ で表される曲線にうつすことができる.

一般に, 式 $Ax^2 + By^2 + C = 0$ で表される曲線を, $AB > 0$ のとき**楕円型**, $AB < 0$ のとき**双曲型**, という. ただし実際には, A, B, C の値によって, いわゆる「楕円」「双曲線」にならないこともある (解説ノート 6.4 参照).

定理 6.4.5 の証明: まず, 行列 $\begin{pmatrix} a & b \\ b & c \end{pmatrix}$ を X とおき, その固有ベクトルを求め, 上の (3) のように, 実数 θ を決める. ここで, 原点を中心とする回転角 θ の回転移動によって点 (x, y) にうつされる点を (x', y') とすると, 上の行列 P を使って, $\begin{pmatrix} x \\ y \end{pmatrix} = P \begin{pmatrix} x' \\ y' \end{pmatrix}$ と表せる. これを, 式 (2) に代入して計算すると (転置行列の性質 ${}^t(XY) = {}^tY\,{}^tX$ および P が直交行列であることから $P^{-1} = {}^tP$ から)

$$\begin{pmatrix} x' & y' \end{pmatrix} {}^tPXP \begin{pmatrix} x' \\ y' \end{pmatrix} + f = \begin{pmatrix} x' & y' \end{pmatrix} \begin{pmatrix} \lambda_1 & 0 \\ 0 & \lambda_2 \end{pmatrix} \begin{pmatrix} x' \\ y' \end{pmatrix} + f = \lambda_1 (x')^2 + \lambda_2 (y')^2 + f$$

つまり, 点 (x', y') は, 式 $\lambda_1(x')^2 + \lambda_2(y')^2 + f = 0$ で表される曲線にのっていることがわかった.

以上より, 原点を中心とする回転角 $-\theta$ の回転移動によって, 式 $a\,x^2 + 2\,b\,xy + c\,y^2 + f = 0$ で表される曲線が, 式 $Ax^2 + By^2 + C = 0$ で表される曲線にうつされることがわかった. 証明終

解説ノート 6.4

放物線, 楕円, 双曲線は二次式を用いて表される.

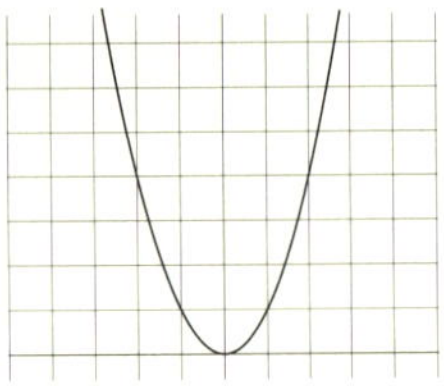

図 6.1　放物線　$y = ax^2$

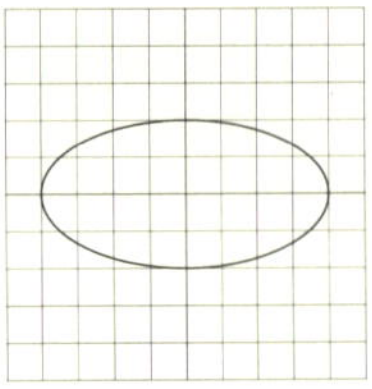

図 6.2　楕円 $\frac{x^2}{a^2} + \frac{y^2}{b^2} = 1$

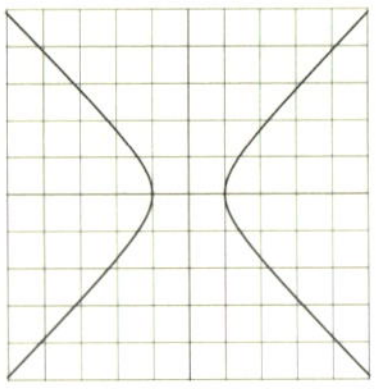

図 6.3　双曲線 $\frac{x^2}{a^2} - \frac{y^2}{b^2} = 1$

二次式 $ax^2 + 2bxy + cy^2 + 2dx + 2ey + f = 0$ で表される二次曲線から対称行列 $\begin{pmatrix} a & b \\ b & c \end{pmatrix}$ を考えた. これを二次曲線に対応する対称行列とよぶことにする.

まずここでは, $ax^2 + 2bxy + cy^2 + 2dx + 2ey + f = 0$ で表される二次曲線を, 平行移動により $aX^2 + 2bXY + cY^2 + f = 0$ の形に変形できる条件を考える. $x = X + p$, $y = Y + q$ とする. これを代入すると, $aX^2 + 2bXY + cY^2 + (2ap + 2bq + d)X + (2bp + 2cq + e)Y + ap^2 + 2bpq + cq^2 + dp + eq + f = 0$ となる. よって, $\begin{cases} 2ap + 2bq + d = 0 \\ 2bp + 2cq + e = 0 \end{cases}$ をみたすように p と q を選ぶことができると, それに対応する平行移動により $aX^2 + 2bXY + cY^2 + f' = 0$ の形に変形できる. そのような p と q の存在の条件は, 定理 2.3.5 を用いると, (1) $ac - b^2 \neq 0$, または, (2) $\begin{pmatrix} 2a \\ 2b \\ d \end{pmatrix}$ と $\begin{pmatrix} 2b \\ 2d \\ e \end{pmatrix}$ について, 一方が他方の 0 を含む定数倍となる.

二次曲線 $3x^2 - 4xy + 3y^2 - 1 = 0$ の概形を考える. この曲線に対応する対称行列 X は, $X = \begin{pmatrix} 3 & -2 \\ -2 & 3 \end{pmatrix}$ である. この行列の固有方程式は $t^2 - 6t + 5 = 0$ であり, 固有値は 5 と 1 である. 固有値 5 に関する固有ベクトルとして $\boldsymbol{u_1} = \begin{pmatrix} 1 \\ -1 \end{pmatrix}$ をとり, 固有値 1 に関する固有ベクトルとして $\boldsymbol{u_2} = \begin{pmatrix} 1 \\ 1 \end{pmatrix}$ がとれる. それぞれ正規化すると, $\boldsymbol{v_1} = \begin{pmatrix} \frac{1}{\sqrt{2}} \\ -\frac{1}{\sqrt{2}} \end{pmatrix}$, $\boldsymbol{v_2} = \begin{pmatrix} \frac{1}{\sqrt{2}} \\ \frac{1}{\sqrt{2}} \end{pmatrix}$ となる. $P = \begin{pmatrix} \frac{1}{\sqrt{2}} & \frac{1}{\sqrt{2}} \\ -\frac{1}{\sqrt{2}} & \frac{1}{\sqrt{2}} \end{pmatrix}$ とおくと, $P^{-1}XP = \begin{pmatrix} 5 & 0 \\ 0 & 1 \end{pmatrix}$ となる. 回転角は $\theta = -\frac{\pi}{4}$ である. 得られる新しい二次曲線は $5x^2 + y^2 = 1$ となる. これは原点を中心とし, x 軸上に短軸, y 軸上に長軸をもつ楕円である. 以上により, 二次曲線 $3x^2 - 4xy + 3y^2 = 1$ は, 二次曲線は $5x^2 + y^2 = 1$ を原点を中心に $-\frac{\pi}{4}$ だけ回転させたものであることがわかる.

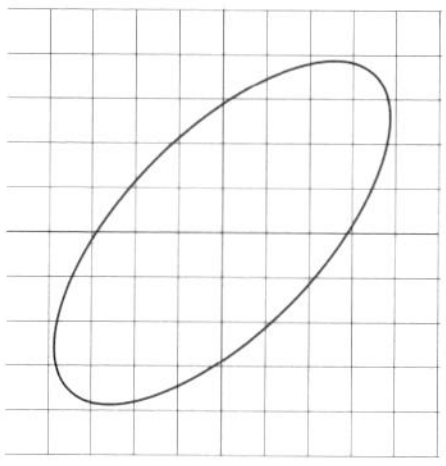

図 6.4　二次曲線 $3x^2 - 4xy + 3y^2 = 1$

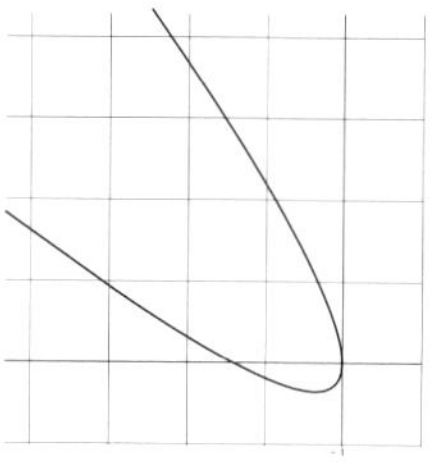

図 6.5　二次曲線 $x^2 + 2xy + y^2 + \sqrt{2}x = 0$

式 $Ax^2 + By^2 + C = 0$ で表される二次曲線のうち, $AB > 0$(楕円型), $AB < 0$(双曲型) について特徴付けを行う. $AB > 0$ の場合について. ここで, 必要ならば式の両辺を -1 倍することにより, $A > 0$ かつ $B > 0$ と仮定する. $AB < 0$ の場合について. ここで, 必要ならば式の両辺を -1 倍することにより, $A > 0$ かつ $B < 0$ と仮定する.

A, B	C	曲線	A, B	C	曲線
楕円型 $AB > 0$	$C < 0$	楕円	双曲型 $AB < 0$	$C < 0$	双曲線
	$C = 0$	原点		$C = 0$	2 直線
	$C > 0$	図形無し		$C > 0$	双曲線

次に $x^2 + 2xy + y^2 + \sqrt{2}x = 0$ の例を考えよう. この二次曲線は, 平行移動により $aX^2 + 2bXY + cY^2 + f = 0$ の形に変形できない. この二次曲線に対応する対称行列は $X = \begin{pmatrix} 1 & 1 \\ 1 & 1 \end{pmatrix}$ である. 固有方程式は $t^2 - 2t = 0$ であり, 固有値は 2, 0 となる. それぞれの固有ベクトルとして, $\boldsymbol{u_1} = \begin{pmatrix} 1 \\ 1 \end{pmatrix}$, $\boldsymbol{u_2} = \begin{pmatrix} -1 \\ 1 \end{pmatrix}$ がとれる. それぞれ正規化すると, $\boldsymbol{v_1} = \begin{pmatrix} \frac{1}{\sqrt{2}} \\ \frac{1}{\sqrt{2}} \end{pmatrix}$, $\boldsymbol{v_2} = \begin{pmatrix} -\frac{1}{\sqrt{2}} \\ \frac{1}{\sqrt{2}} \end{pmatrix}$ となる. $P = \begin{pmatrix} \frac{1}{\sqrt{2}} & -\frac{1}{\sqrt{2}} \\ \frac{1}{\sqrt{2}} & \frac{1}{\sqrt{2}} \end{pmatrix}$ とおくと, $P^{-1}XP = \begin{pmatrix} 2 & 0 \\ 0 & 0 \end{pmatrix}$ となる. 回転角は $\theta = \frac{\pi}{4}$ である. $\begin{pmatrix} x \\ y \end{pmatrix} = \begin{pmatrix} \frac{1}{\sqrt{2}} & -\frac{1}{\sqrt{2}} \\ \frac{1}{\sqrt{2}} & \frac{1}{\sqrt{2}} \end{pmatrix} \begin{pmatrix} x' \\ y' \end{pmatrix}$ とすると, $x = \frac{1}{\sqrt{2}}x' - \frac{1}{\sqrt{2}}y$, $y = \frac{1}{\sqrt{2}}x' + \frac{1}{\sqrt{2}}y$ となり, これを元の二次式に代入すると, 得られる新しい二次曲線は $2(x')^2 + x' + y' = 0$ となる. これは放物線である. よって二次曲線 $x^2 + 2xy + y^2 + \sqrt{2}x = 0$ は, 二次曲線は $2x^2 + x + y = 0$ を原点を中心に $\frac{\pi}{4}$ だけ回転させたものであることがわかる.

小テスト:

問題 1: 二次曲線 $3x^2 - 2xy + 3y^2 - 9 = 0$ の概形を描け.

期末試験 2

$\boxed{1}$ (ベクトル空間, 部分空間, 基底, 次元)

M を, 二次行列全体の集合に, 行列の加法とスカラー倍を考えたベクトル空間とする.

(1) M の一組の基底と次元を求めよ.

(2) V_1 を二次対称行列全体の集合とし, V_2 を二次交代行列全体の集合とする. V_1 と V_2 は M の部分空間であることを示せ. ただし, 二次行列 A が ${}^tA = A$ をみたすとき対称行列といい, ${}^tA = -A$ をみたすとき交代行列という.

(3) V_1 と V_2 に対し, 一組の基底と次元をそれぞれ求めよ.

$\boxed{2}$ (内積, 正規直交基底)

$\mathbb{R}^3$ の基底 $\begin{pmatrix} 1 \\ 1 \\ 0 \end{pmatrix}, \begin{pmatrix} 0 \\ 1 \\ 1 \end{pmatrix}, \begin{pmatrix} 1 \\ 0 \\ 1 \end{pmatrix}$ から, グラム・シュミットの正規直交化法を用いて正規直交基底を構成せよ.

$\boxed{3}$ (線形写像の表現行列)

$\mathbb{R}^2$ の基底 $\boldsymbol{f}_1 = \begin{pmatrix} 1 \\ 1 \end{pmatrix}$ と $\boldsymbol{f}_2 = \begin{pmatrix} 1 \\ -1 \end{pmatrix}$ を考える. 線形写像 $f(\begin{pmatrix} x \\ y \end{pmatrix}) = \begin{pmatrix} x+2y \\ -2x+y \end{pmatrix}$ の基底 $\boldsymbol{f}_1$, $\boldsymbol{f}_2$ に関する表現行列を求めよ.

4 (基底の変換行列)

$\mathbb{R}^2$ の基底 $\boldsymbol{f}_1 = \begin{pmatrix} 2 \\ 1 \end{pmatrix}$, $\boldsymbol{f}_2 = \begin{pmatrix} 5 \\ 3 \end{pmatrix}$ から, 基底 $\boldsymbol{g}_1 = \begin{pmatrix} 1 \\ 0 \end{pmatrix}$, $\boldsymbol{g}_2 = \begin{pmatrix} 1 \\ 1 \end{pmatrix}$ への基底変換行列を求めよ.

5 (固有値, 固有ベクトル, 行列の対角化)

行列 $A = \begin{pmatrix} 4 & 1 & -2 \\ 0 & -1 & 4 \\ 1 & -1 & 3 \end{pmatrix}$ を考える.

(1) A の固有値, 固有ベクトルを求めよ.

(2) A を対角化せよ.

6 (対角化の応用)

(1) $a_1 = 1$, $a_2 = 5$. $a_{n+2} = 5a_{n+1} - 6a_n$ をみたす数列の一般項を求めよ.

(2) 微分方程式 $\dfrac{d^2}{dx^2}f(x) - 7\dfrac{d}{dx}f(x) + 12f(x) = 0$ の解を求めよ.

(3) 二次曲線 $5x^2 - 2\sqrt{3}xy + 7y^2 - 1 = 0$ の概形を描け.

以上

記　号

活字体	イタリック体	ベクトル	活字体	イタリック体	ベクトル
a	a	$\boldsymbol{a}$	n	n	$\boldsymbol{n}$
b	b	$\boldsymbol{b}$	o	o	$\boldsymbol{o}$
c	c	$\boldsymbol{c}$	p	p	$\boldsymbol{p}$
d	d	$\boldsymbol{d}$	q	q	$\boldsymbol{q}$
e	e	$\boldsymbol{e}$	r	r	$\boldsymbol{r}$
f	f	$\boldsymbol{f}$	s	s	$\boldsymbol{s}$
g	g	$\boldsymbol{g}$	t	t	$\boldsymbol{t}$
h	h	$\boldsymbol{h}$	u	u	$\boldsymbol{u}$
i	i	$\boldsymbol{i}$	v	v	$\boldsymbol{v}$
j	j	$\boldsymbol{j}$	w	w	$\boldsymbol{w}$
k	k	$\boldsymbol{k}$	x	x	$\boldsymbol{x}$
l	l （ℓ）	$\boldsymbol{l}$	y	y	$\boldsymbol{y}$
m	m	$\boldsymbol{m}$	z	z	$\boldsymbol{z}$

ギリシャ文字

小文字	大文字	読み方	小文字	大文字	読み方
α	A	アルファ	ν	N	ニュー
β	B	ベータ	ξ	$\varXi$	クシー（グザイ）
γ	$\varGamma$	ガンマ	o	O	オミクロン
δ	$\varDelta$	デルタ	π	$\varPi$	パイ
ε	E	イプシロン	ρ	P	ロー
ζ	Z	ゼータ	σ	$\varSigma$	シグマ
η	H	エータ（イータ）	τ	T	タウ
θ	$\varTheta$	シータ	υ	$\varUpsilon$	ウプシロン
ι	I	イオタ	ϕ	$\varPhi$	ファイ
κ	K	カッパ	χ	X	カイ
λ	$\varLambda$	ラムダ	ψ	$\varPsi$	プサイ
μ	M	ミュー	ω	$\varOmega$	オメガ

数学記号

$a \in A$	a は集合 A の要素である, つまり,「a は A に属する」.
$b \notin A$	b は集合 A の要素でない, つまり,「b は A に属さない」.
$f : X \to Y$	f という写像が集合 X の要素に集合 Y の要素を対応させる.
$f(x) = y$	写像 f によって, X の要素 x が Y の要素 y に対応する, つまり,「f は x を y にうつす」.
$g \circ f$	写像 f と g の合成写像. $g \circ f(x) = g(f(x))$.
$\boldsymbol{a} \cdot \boldsymbol{b}$	2 つのベクトル $\boldsymbol{a}$ と $\boldsymbol{b}$ の内積.
$\\|\boldsymbol{a}\\|$	(ベクトル, または, ベクトル空間の要素) $\boldsymbol{a}$ のノルム, つまり, $\sqrt{\boldsymbol{a} \cdot \boldsymbol{a}}$
$\mathbb{R}^n$	n 次元ベクトルをすべて集めてできる集合.
$\mathrm{rank} A$	行列 A の階数 (ランク (rank)).
I	単位行列.
A^{-1}	行列 A の逆行列.
$n!$	自然数 n の階乗. $1 \times 2 \times \cdots \times (n-1) \times n$ のこと.
$\mathrm{sgn}(\sigma)$	置換 σ の符号. (「sgn」は sign もしくは signature の略)
$\det A$	行列 A の行列式 (determinant).
$\widetilde{a}_{ij}$	行列 A の余因子.
${}^t A$	正方行列 A の転置行列, つまり, 行と列を入れ換えた行列.
$\widetilde{A}$	正方行列 A の余因子行列. つまり, 余因子 $\widetilde{a}_{ij}$ を (i, j) 成分とする行列の転置行列.
$\mathbf{0}$	零ベクトル, つまり, どんな要素 $\boldsymbol{u}$ に対しても $\boldsymbol{u} + \mathbf{0} = \boldsymbol{u}$ をみたす要素.
$\dim V$	ベクトル空間 V の次元 (dimension), つまり, 基底の要素の個数.
$W \cap W'$	集合 W と W' の共通部分, つまり, $\{\boldsymbol{v} \in V \mid \boldsymbol{v} \in W$ かつ $\boldsymbol{v} \in W'\}$.
$W \cup W'$	集合 W と W' の和集合, つまり, $\{\boldsymbol{v} \in V \mid \boldsymbol{v} \in W$ または $\boldsymbol{v} \in W'\}$.
$W + W'$	部分ベクトル空間の和空間.
X^n	行列 X の n 乗, つまり, $\overbrace{XXX \cdots X}^{n \text{ 回}}$.

定義，公式

0章

集合 (set)

含まれるか含まれないかの条件が明確である「もの」の集まり.

要素 (element)

集合に含まれている「もの」1つ1つ.

集合を表す方法

集合を表す方法としては, (1) 要素を書き並べる, (2) 要素がみたす条件を書く, の二通り.

写像 (map)

集合 X の1つ1つの要素に, 集合 Y の要素を1つずつ対応させるような集合間の対応関係.

像 (image)

写像 $f: X \to Y$ によって, X の要素 x が, Y の要素 y に対応させられるとき, y が「f による x の像」.

全射 (surjection)

写像 $f: X \to Y$ が **全射** (surjection) であるとは, Y のどの要素 y に対しても, $f(x) = y$ となる $x \in X$ が <u>少なくとも1個ある</u> こと.

単射 (injection)

写像 $f: X \to Y$ が**単射** (injection) であるとは, Y のどの要素 y に対しても, $f(x) = y$ となる $x \in X$ が <u>たかだか1個しかない</u> こと.

全単射 (bijection)

全射であり, かつ, 単射でもある写像.

合成写像

3つの集合 X, Y, Z と, 2つの写像 $f: X \to Y$, $g: Y \to Z$ があるとき, X の要素 x に対して, f による x の像の g による像（つまり $g(f(x))$ ）を対応させることで得られる新しい写像.

$\boldsymbol{n}$ 次元ベクトル (vector)

n 個の数の組. $\begin{pmatrix} a_1 \\ \vdots \\ a_n \end{pmatrix}$ のように縦に並べて括弧でくくって表す.

ベクトルの成分 (element)

ベクトルを構成しているひとつひとつの数. つまり, $\begin{pmatrix} a_1 \\ \vdots \\ a_n \end{pmatrix}$ の $a_1, a_2, \cdots, a_n$ たち.

スカラー (scalar)

ベクトルに対して, 各成分として現れる数 (実数または複素数).

ベクトルのスカラー倍

スカラー k に対し, ベクトル $\boldsymbol{v} = \begin{pmatrix} v_1 \\ \vdots \\ v_n \end{pmatrix}$ の k 倍 $k\,\boldsymbol{v}$ とは, $\begin{pmatrix} kv_1 \\ \vdots \\ kv_n \end{pmatrix}$ のこと.

ベクトルの和・差

ベクトル $\boldsymbol{a} = \begin{pmatrix} a_1 \\ \vdots \\ a_n \end{pmatrix}, \quad \boldsymbol{b} = \begin{pmatrix} b_1 \\ \vdots \\ b_n \end{pmatrix}$ の和 $\boldsymbol{a}+\boldsymbol{b}$ とは, $\begin{pmatrix} a_1 + b_1 \\ \vdots \\ a_n + b_n \end{pmatrix}$ で決まるベクトルのこと.

また, $\boldsymbol{a}$ と $\boldsymbol{b}$ の差 $\boldsymbol{a}-\boldsymbol{b}$ とは, $\begin{pmatrix} a_1 - b_1 \\ \vdots \\ a_n - b_n \end{pmatrix}$ で決まるベクトルのこと.

内積 (inner product)

ベクトル $\boldsymbol{a} = \begin{pmatrix} a_1 \\ \vdots \\ a_n \end{pmatrix}, \quad \boldsymbol{b} = \begin{pmatrix} b_1 \\ \vdots \\ b_n \end{pmatrix}$ に対し, $a_1b_1 + \cdots + a_nb_n$ で決まる実数. $\boldsymbol{a}\cdot\boldsymbol{b}$ で表す.

平面ベクトルの内積の図形的意味

2 つの平面ベクトル $\boldsymbol{a}$ と $\boldsymbol{b}$ の始点を O とし, それぞれの終点を A, B とする. A から直線 OB に垂線 AH をおろすとき, 内積 $\boldsymbol{a}\cdot\boldsymbol{b}$ は, (線分 OH の長さ)×(線分 OB の長さ). (ただし, O に対して H が B と反対側にあるときは, − の符号をつける.)

線分 OA の長さを a, 線分 OB の長さを b とし, 角 AOB の大きさを θ とすると, $\boxed{\boldsymbol{a}\cdot\boldsymbol{b} \;=\; a\,b\,\cos\theta}$.

ノルム (norm)

ベクトル $\boldsymbol{a}$ に対して, $\sqrt{\boldsymbol{a}\cdot\boldsymbol{a}}$ で決まる実数. $\|\boldsymbol{a}\|$ で表す.

ベクトルのなす角

ベクトル $\boldsymbol{a}, \boldsymbol{b}$ に対して, $\cos\theta = \dfrac{\boldsymbol{a}\cdot\boldsymbol{b}}{\|\boldsymbol{a}\|\,\|\boldsymbol{b}\|}$ をみたす実数 θ. (ただし, $0 \leq \theta \leq \pi$)

ベクトルの直交

ともに零ベクトルでない 2 本のベクトルが **直交する**とは, それらのなす角が $\dfrac{\pi}{2}$ となること.

ベクトル $\boldsymbol{a}$ と $\boldsymbol{b}$ が直交する必要十分条件は, $\boldsymbol{a}\cdot\boldsymbol{b}=0$.

1 章

一次変換

2 次元ベクトル $\begin{pmatrix} x \\ y \end{pmatrix}$ を $\begin{pmatrix} a\,x + b\,y \\ c\,x + d\,y \end{pmatrix}$ にうつす写像 $f:\mathbb{R}^2 \to \mathbb{R}^2$. ただし, a, b, c, d は実数の定数.

一次変換の線形性

一次変換 f, ベクトル $\boldsymbol{x}$ と $\boldsymbol{y}$, 実数 α と β に対し, $\boxed{f(\alpha\boldsymbol{x} + \beta\boldsymbol{y}) = \alpha f(\boldsymbol{x}) + \beta f(\boldsymbol{y})}$ が成り立つこと.

行列 (matrix)

数字 (または文字) を縦横に長方形に並べて括弧でくくったもの, たとえば, $\begin{pmatrix} a_{11} & \cdots & a_{1n} \\ \vdots & \ddots & \vdots \\ a_{m1} & \cdots & a_{mn} \end{pmatrix}$

行の数が m で, 列の数が n の行列を **m 行 n 列の行列** (または, $m \times n$ 行列) という.

成分 (element)

行列に含まれている数 (または文字). とくに, 上から i 番目, 左から j 番目に現れているものを (i, j) **成分**という.

行 (row) **と列** (column)

行列の横方向に一列に並んだ成分をまとめて**行** (row) といい, 縦方向に一列に並んだ成分をまとめて**列** (column) という.

写像の演算

写像 $f:\mathbb{R}^n \to \mathbb{R}^m$ と実数の定数 c に対して, **f の c 倍**とは, n 次元ベクトル $\boldsymbol{x}$ を, m 次元ベクトル $c\,f(\boldsymbol{x})$ にうつす写像のこと.

また, 2 つの写像 $f:\mathbb{R}^n \to \mathbb{R}^m$ と $g:\mathbb{R}^n \to \mathbb{R}^m$ に対して, **f と g の和** とは, n 次元ベクトル $\boldsymbol{x}$ を, m 次元ベクトル $f(\boldsymbol{x}) + g(\boldsymbol{x})$ にうつす写像のこと.

行列の演算

c を実数の定数として, m 行 n 列の行列 $A = \begin{pmatrix} a_{11} & \cdots & a_{1n} \\ \vdots & \ddots & \vdots \\ a_{m1} & \cdots & a_{mn} \end{pmatrix}$ の c 倍の行列 cA とは, $\begin{pmatrix} c\,a_{11} & \cdots & c\,a_{1n} \\ \vdots & \ddots & \vdots \\ c\,a_{m1} & \cdots & c\,a_{mn} \end{pmatrix}$

また, 2 つの m 行 n 列の行列 $A=\begin{pmatrix} a_{11} & \cdots & a_{1n} \\ \vdots & \ddots & \vdots \\ a_{m1} & \cdots & a_{mn} \end{pmatrix}$ と $B=\begin{pmatrix} b_{11} & \cdots & b_{1n} \\ \vdots & \ddots & \vdots \\ b_{m1} & \cdots & b_{mn} \end{pmatrix}$ の **和** $A+B$ とは,

$\begin{pmatrix} a_{11}+b_{11} & \cdots & a_{1n}+b_{1n} \\ \vdots & \ddots & \vdots \\ a_{m1}+b_{m1} & \cdots & a_{mn}+b_{mn} \end{pmatrix}$ で決まる行列のこと.

行列の積

ℓ 行 m 列の行列 $B=\begin{pmatrix} b_{11} & \cdots & b_{1m} \\ \vdots & \ddots & \vdots \\ b_{\ell 1} & \cdots & b_{\ell m} \end{pmatrix}$ と m 行 n 列の行列 $A=\begin{pmatrix} a_{11} & \cdots & a_{1n} \\ \vdots & \ddots & \vdots \\ a_{m1} & \cdots & a_{mn} \end{pmatrix}$ の**積** BA とは,

$x_{ij}=a_{i1}b_{1j}+a_{i2}b_{2j}+\cdots+a_{im}b_{mj}$ としたとき, $\begin{pmatrix} x_{11} & \cdots & x_{1n} \\ \vdots & \ddots & \vdots \\ x_{\ell 1} & \cdots & x_{\ell n} \end{pmatrix}$ で定まる ℓ 行 n 列の行列のこと.

一般には, 行列 A と B の積 **AB と積 BA は一致しない** (一致する場合もある).

積 BA が計算できるのは「**B の列の数と A の行の数が一致**している場合」のみ.

ℓ 行 m 列の行列と m 行 n 列の行列の積は, ℓ 行 n 列の行列.

行列の演算 (分配法則と結合法則)

A,B,C,P,Q,R を行列とし, c をスカラーとするとき,

$c(A+B)=cA+cB,\quad A(B+C)=AB+AC,\quad (P+Q)R=PR+QR$ が成り立つ.

A,B,X,Y,Z を行列とし, c をスカラーとするとき,

$c(AB)=(cA)B=A(cB)$, および, $(XY)Z=X(YZ)$ が成り立つ.

2 章

拡大係数行列

n 元連立一次方程式に対して, その係数を並べて得られる m 行 $(n+1)$ 列の行列.

$\begin{cases} a_{11}\,x_1+\cdots+a_{1n}\,x_n=b_1 \\ \qquad\vdots \\ a_{m1}\,x_1+\cdots+a_{mn}\,x_n=b_m \end{cases}$ に対し, $\begin{pmatrix} a_{11} & \cdots & a_{1n} & b_1 \\ \vdots & \ddots & \vdots & \vdots \\ a_{m1} & \cdots & a_{mn} & b_m \end{pmatrix}$.

行基本変形

以下の 3 種類の「行列を変形する操作」のこと.

(1) 第 i 行に 0 でない定数 c をかける. (ⓘ$\times c$ と表す)

(2) 第 i 行に第 j 行の定数 c 倍を加える (ⓘ $+$ ⓙ $\times\, c$ と表す)

(3) 第 i 行と第 j 行を入れ換える (ⓘ $\leftrightarrow$ ⓙ と表す)

連立方程式の拡大係数行列 B から, 行基本変形を行って得られた行列を B' とするとき, B' を拡大係数行列とする連立方程式の解と, もとの連立方程式の解は一致する. (定理 2.1.2)

はきだし法

行列 B の (k,ℓ) 成分 $b_{k\ell}$ をみて, 次のいずれかを行う.

(1) $b_{k\ell} \neq 0$ のとき: 第 k 行全体を $b_{k\ell}$ でわる. 次に第 k 行以外の第 ℓ 列の成分がすべて 0 になるように, 第 k 行に適当な数をかけたものを他の行に加える. その後, $(k+1, \ell+1)$ 成分をみる.

(2) $b_{k\ell} = 0$ のとき: $b_{k'\ell} \neq 0$ となる k'（ただし $k < k' \leq n$）を探し, 第 k' 行と第 k 行を入れ換える. その後で (1) にもどる. もしそのような k' がなければ $(k, \ell+1)$ 成分をみる.

はきだし法による連立一次方程式の解法

連立一次方程式の拡大係数行列にはきだし法を適用することにより, 連立一次方程式の解を求めることができる. 変形して得られた行列の形によって, 解の個数もわかる.

恒等式

変数にどんな数を代入しても, いつでも成り立つ式.

連立方程式の解の個数

連立一次方程式に対し, 解がただ一組だけ存在, 解が無数に存在, 解が存在しない, のいずれかが成立.

階段行列

はきだし法で得られる形の行列, つまり, 左下に 0 がまとまって並んでいる行列.

$$\begin{pmatrix}
* & * & \cdots & * & * & * & \cdots & * & * & * & \cdots & * & * & * & \cdots & * \\
0 & & \cdots & 0 & * & * & \cdots & * & * & * & \cdots & * & * & * & \cdots & * \\
 & & \cdots & & & & & & & & & & & & & \\
0 & & & & 0 & & & & 0 & & \cdots & 0 & * & * & \cdots & * \\
0 & & & & 0 & & & & 0 & & & & 0 & & & 0 \\
 & & \cdots & & & & & & & & & & & & & \\
0 & & & & 0 & & & & 0 & & & & 0 & & & 0
\end{pmatrix}$$

ここで「$*$」は適当な数を表す.（ただし, 各行の左端は 0 ではないとする）

行列の階数 (ランク) (rank)

与えられた行列 A から, 適当な行基本変形を繰り返して得られる階段行列の段の数 (0 でない成分を含む行の数). 実際, A からどんな順番で行基本変形を繰り返しても, 得られる階段行列の「0 でない成分を含む行」の数は一定.

係数行列

連立一次方程式 $\begin{cases} a_{11}\,x_1 + \cdots + a_{1n}\,x_n = b_1 \\ \qquad\vdots \\ a_{m1}\,x_1 + \cdots + a_{mn}\,x_n = b_m \end{cases}$ の左辺の係数を並べてできる m 行 n 列の行列 $\begin{pmatrix} a_{11} & \cdots & a_{1n} \\ \vdots & \ddots & \vdots \\ a_{m1} & \cdots & a_{mn} \end{pmatrix}$

連立方程式の解の個数と行列の階数

n 元連立一次方程式の係数行列を A とし, 拡大係数行列を B とするとき, 次が成り立つ.

解がただ一組だけ存在する $\iff$ $\mathrm{rank}A = \mathrm{rank}B = n$

解が無数に存在する $\iff$ $\mathrm{rank}A = \mathrm{rank}B < n$ (ただし「$\iff$」は, 必要十分条件を表す)

解が存在しない $\iff$ $\mathrm{rank}A < \mathrm{rank}B$

逆変換

全単射である一次変換 f に対し, ベクトル $\boldsymbol{v}$ に $f(\boldsymbol{u}) = \boldsymbol{v}$ となるベクトル $\boldsymbol{u}$ を対応させる一次変換.

恒等写像

任意のベクトル $\boldsymbol{u}$ に対して $f(\boldsymbol{u}) = \boldsymbol{u}$ が成り立つ写像.

正方行列 (square matrix)

行の数と列の数が等しい行列. 正方行列の行の数（=列の数）を正方行列の**次数**といい, 次数が n である正方行列を n **次正方行列**という.

単位行列 (identity matrix)

$(1,1)$ 成分, $(2,2)$ 成分, $\cdots$, (n,n) 成分はすべて 1 で, その他の成分はすべて 0 である n 次正方行列. 恒等写像である線形写像や一次変換の表現行列になる. この本では I, または, I_n で表す.

逆行列 (inverse matrix)

正方行列 A に対し, $AB = BA = I$ となる行列 B のこと. A^{-1} で表す. 表現行列が A の一次変換の逆変換の表現行列になる. はきだし法や余因子行列により, 求めることができる.

正則行列

逆行列をもつ正方行列. 与えられた行列が正則かどうかは, 行列式で判定できる.

逆行列を使った連立方程式の解法

連立方程式を $AX = B$ と行列の積を用いて表したとき, **係数行列 A が正則行列** の場合には, その逆行列 A^{-1} を使って, $X = A^{-1}B$ として, 解を求めることができる.

3 章

置換 (permutation)

n 個の数字 $1, 2, \cdots, n$ を適当に順番をつけて並べ換える操作.

n の階乗

$1 \times 2 \times \cdots \times (n-1) \times n$ のこと. $n!$ で表す.

置換の符号 (sign)

n 文字の置換 σ によって順序が逆転されて並べ換えられる 2 つの数字の組が,
偶数個 ならば, σ **の符号は** $+1$, 奇数個 ならば, σ **の符号は** -1. 置換 σ の符号を, $\mathrm{sgn}(\sigma)$ で表す.

置換の符号を図を使って計算する方法

(1) $1, \cdots, n$ を, 自然な順序で上の段に書く.

(2) 置換で並べ換えられた数字たちを下の段に書く.

(3) 上の段と下の段の同じ数を, 自然に線で結ぶ. (ただし, 3 本以上の線が 1 点で交わらないように)

このときの, **二重点の個数**が, 偶数個ならば符号は $+1$, 奇数個ならば符号は -1.

行列式 (determinant)

正方行列 $A = \begin{pmatrix} a_{11} & \cdots & a_{1n} \\ \vdots & \ddots & \vdots \\ a_{n1} & \cdots & a_{nn} \end{pmatrix}$ に対して, $\boxed{\mathrm{sgn}(\begin{pmatrix} 1 & 2 & \cdots & n \\ j_1 & j_2 & \cdots & j_n \end{pmatrix}) \times a_{1j_1} \times a_{2j_2} \times \cdots \times a_{nj_n}}$

という項の, n 文字の置換についてのすべての和. A の行列式を $\det A$ で表す.

サラスの方法 (Sarrus' rule)

3 次正方行列の行列式の計算方法. 3 次正方行列 A の第 1 列と第 2 列を, A の右側に付け加えた行列
$\left(\begin{array}{ccc|cc} a_{11} & a_{12} & a_{13} & a_{11} & a_{12} \\ a_{21} & a_{22} & a_{23} & a_{21} & a_{22} \\ a_{31} & a_{32} & a_{33} & a_{31} & a_{32} \end{array}\right)$ をつくる. 第 1 行の各成わから, 斜め下方向に成分 3 個の積を 6 通りつくり, 左上から右下へ向かうときは「+」, 右上から左下へ向かうときには「−」の符号をつけて, それらすべてをたす.

基本変形と行列式

A を n 次正方行列とする.

(第 i 行を c 倍)	$A \xrightarrow{\textcircled{i}\times c} B_1$ のとき,	$\det B_1 = c \times \det A$.
(第 j 行に第 k 行の c 倍をたす)	$A \xrightarrow{\textcircled{j}+\textcircled{k}\times c} B_2$ のとき,	$\det B_2 = \det A$.
(第 ℓ 行と第 m 行を入れ換える)	$A \xrightarrow{\textcircled{\ell}\leftrightarrow\textcircled{m}} B_3$ のとき,	$\det B_3 = -\det A$.

余因子 (cofactor)

正方行列 A から第 i 行と第 j 列を取り除いてできた $(n-1)$ 次正方行列の行列式に $(-1)^{i+j}$ をかけたもの. $\widetilde{a}_{ij}$ で表す.

余因子展開 (cofactor expansion)

n 次正方行列 A の行列式を, 1 から n までの数 j について, $a_{j1}\,\widetilde{a}_{j1} + \cdots + a_{jn}\,\widetilde{a}_{jn} = \det A$ と表すこと.

行列式の基本性質

$$(1)\quad \det\begin{pmatrix} a & 0 & 0 \\ d & e & f \\ g & h & i \end{pmatrix} = a \times \det\begin{pmatrix} e & f \\ h & i \end{pmatrix} \qquad (2)\quad \det\begin{pmatrix} a & b & c \\ d & e & f \\ g & h & i \end{pmatrix} = -\det\begin{pmatrix} b & a & c \\ e & d & f \\ h & g & i \end{pmatrix}$$

$$(3)\quad \det\begin{pmatrix} a_1+a_2 & b_1+b_2 & c_1+c_2 \\ d & e & f \\ g & h & i \end{pmatrix} = \det\begin{pmatrix} a_1 & b_1 & c_1 \\ d & e & f \\ g & h & i \end{pmatrix} + \det\begin{pmatrix} a_2 & b_2 & c_2 \\ d & e & f \\ g & h & i \end{pmatrix}$$

転置行列 (transpose)

正方行列 A に対し, 行と列とを入れ換えてできる行列. ${}^tA$ で表す.

余因子行列 (adjoint)

(i,j) 成分が a_{ij} である n 次正方行列 A に関して, 余因子 $\widetilde{a}_{ij}$ を (i,j) 成分とする行列の転置行列 $\begin{pmatrix} \widetilde{a}_{11} & \cdots & \widetilde{a}_{n1} \\ \vdots & \ddots & \vdots \\ \widetilde{a}_{1n} & \cdots & \widetilde{a}_{nn} \end{pmatrix}$. 行列 A の余因子行列を $\widetilde{A}$ で表す.

逆行列の公式

n 次正方行列 A に対し, その余因子行列を $\widetilde{A}$ で表すとき, $A\widetilde{A} = \begin{pmatrix} \det A & 0 & \cdots & 0 \\ 0 & \det A & \cdots & 0 \\ & \cdots & & \\ 0 & \cdots & 0 & \det A \end{pmatrix}$.

とくに, $\det A$ が 0 でないとき, $A^{-1} = \dfrac{1}{\det A}\,\widetilde{A}$.

正則行列と行列式

A を n 次正方行列とする. このとき,

「A が正則 (つまり, 逆行列 A^{-1} が存在) $\Longleftrightarrow$ $\det A \neq 0$」(必要十分条件).

行列の積と行列式

A と B を n 次正方行列とするとき, $\det(AB) = (\det A)(\det B)$. とくに,

「AB が正則 $\Longleftrightarrow$ A も B も正則」(必要十分条件)

クラメールの公式 (Cramer's Rule)

n 元連立一次方程式 $\begin{cases} a_{11}x_1 + \cdots + a_{1n}x_n = b_1 \\ \qquad\qquad \vdots \\ a_{n1}x_1 + \cdots + a_{nn}x_n = b_n \end{cases}$ の係数行列 A が正則であるとき,

$A_j = \begin{pmatrix} a_{11} & \cdots & a_{1(j-1)} & b_1 & a_{1(j+1)} & \cdots & a_{1n} \\ \vdots & & & \vdots & & & \vdots \\ a_{n1} & \cdots & a_{n(j-1)} & b_n & a_{n(j+1)} & \cdots & a_{nn} \end{pmatrix}$ とおくと, 解は $x_j = \dfrac{\det A_j}{\det A}$ (ただし, $j = 1, \cdots, n$).

4章

演算

集合のいくつかの要素の組に対して, その集合の要素を対応させる写像のこと.

ベクトル空間 (vector space)

ある集合 V とスカラーとよばれる数の集合 K が与えられたとする. 以下の (1)~(8) の条件がみたされるとき, V を**ベクトル空間**とよぶ.

まず, V の 2 つの要素に対して, V の 1 つの要素を対応させる**加法**とよばれる演算が存在して,

V の要素 $\boldsymbol{x}, \boldsymbol{y}$ に対して, その加法の結果を $\boldsymbol{x}+\boldsymbol{y}$ と表すとき,

(1) V の任意の要素 $\boldsymbol{x}, \boldsymbol{y}$ に対して, $\boldsymbol{x}+\boldsymbol{y}=\boldsymbol{y}+\boldsymbol{x}$

(2) V の任意の要素 $\boldsymbol{x}, \boldsymbol{y}, \boldsymbol{z}$ に対して, $(\boldsymbol{x}+\boldsymbol{y})+\boldsymbol{z}=\boldsymbol{x}+(\boldsymbol{y}+\boldsymbol{z})$

(3) 記号 $\boldsymbol{0}$ で表される V の要素が存在して, V のどんな要素 $\boldsymbol{u}$ に対しても $\boldsymbol{u}+\boldsymbol{0}=\boldsymbol{u}$

(4) V の各要素 $\boldsymbol{v}$ に対して, 記号 $-\boldsymbol{v}$ で表される V の要素が存在して $\boldsymbol{v}+(-\boldsymbol{v})=\boldsymbol{0}$

次に, V の 1 つの要素と K の 1 つの要素に対して, V の 1 つの要素を対応させる**スカラー倍**とよばれる演算が存在して,

V の要素 $\boldsymbol{v}$ と K の要素 k に対して, そのスカラー倍の結果を $k\boldsymbol{v}$ と表すとき,

(5) V の任意の要素 $\boldsymbol{x}, \boldsymbol{y}$ と K の任意の要素 k に対して, $k(\boldsymbol{x}+\boldsymbol{y})=k\boldsymbol{x}+k\boldsymbol{y}$

(6) V の任意の要素 $\boldsymbol{u}$ と K の任意の要素 s, t に対して, $(s+t)\boldsymbol{u}=s\boldsymbol{u}+t\boldsymbol{u}$

(7) V の任意の要素 $\boldsymbol{u}$ と K の任意の要素 s, t に対して, $s(t\boldsymbol{u})=(st)\boldsymbol{u}$

(8) 記号 1 で表される K の要素が存在して, V のどんな要素 $\boldsymbol{v}$ に対しても $1\boldsymbol{v}=\boldsymbol{v}$

この本では, 特に断りのない限り, K としては実数の集合 $\mathbb{R}$ を考えている.

零ベクトル

ベクトル空間 V において, 条件 (3)「V のどんな要素 $\boldsymbol{u}$ に対しても $\boldsymbol{u}+\boldsymbol{0}=\boldsymbol{u}$」をみたす要素 $\boldsymbol{0}$.

一次結合

ベクトル空間 V の要素の組 $\boldsymbol{a}_1, \boldsymbol{a}_2, \cdots, \boldsymbol{a}_n$ に対して, $c_1\boldsymbol{a}_1+c_2\boldsymbol{a}_2+\cdots+c_n\boldsymbol{a}_n$ のように加法とスカラー倍を用いて作られる V の要素. (ただし, $c_1, c_2, \cdots, c_n$ はスカラー).

一次関係式

ベクトル空間 V の要素の組 $\boldsymbol{a}_1, \boldsymbol{a}_2, \cdots, \boldsymbol{a}_n$ に対して, $c_1\boldsymbol{a}_1+c_2\boldsymbol{a}_2+\cdots+c_n\boldsymbol{a}_n=\boldsymbol{0}$ の形の式.

自明でない一次関係式

ベクトル空間の要素の組 $\boldsymbol{a}_1, \cdots, \boldsymbol{a}_n$ に対する一次関係式 $c_1\boldsymbol{a}_1+\cdots+c_n\boldsymbol{a}_n=\boldsymbol{0}$ で, 係数 $c_1, \cdots, c_n$ のうち, 少なくとも 1 つは 0 でないような式.

一次従属と一次独立

ベクトル空間の, どれも零ベクトルでない要素の組 $\boldsymbol{a}_1, \cdots, \boldsymbol{a}_n$ に対して, 自明でない一次関係式が成り立つとき, $\boldsymbol{a}_1, \cdots, \boldsymbol{a}_n$ は**一次従属**であるといい, そうでないとき**一次独立**であるという.

一次独立と行列式

ベクトル空間 $\mathbb{R}^n$ において, n 個の要素の組 $\boldsymbol{a}_1, \cdots, \boldsymbol{a}_n$ が一次独立であるための必要十分条件は, それらを横に並べてできる行列 A に対し, $\det A \neq 0$ となること. 特に, ベクトル空間 $\mathbb{R}^2$ において, 2 つの要素の組 $\boldsymbol{u} = \begin{pmatrix} p \\ q \end{pmatrix}$ と $\boldsymbol{v} = \begin{pmatrix} r \\ s \end{pmatrix}$ が一次独立であるための必要十分条件は $\det \begin{pmatrix} p & r \\ q & s \end{pmatrix} \neq 0$.

ベクトル空間の基底 (basis)

次の 2 つの条件をみたすような, ベクトル空間 V の要素の組 $\boldsymbol{a}_1, \cdots, \boldsymbol{a}_n$.

(1) V のどんな要素も, $\boldsymbol{a}_1, \cdots, \boldsymbol{a}_n$ の一次結合として得られる.　(2) $\boldsymbol{a}_1, \cdots, \boldsymbol{a}_n$ は一次独立.

基底の本数

ベクトル空間 V に対し, 基底となる要素の個数は, その選び方によらず一定.

次元 (dimension)

ベクトル空間 V の基底の要素の個数. 基底の取り方によらない. $\dim V$ で表わす.

内積 (inner product)

次の性質をみたすような, ベクトル空間 V の 2 個の要素の組に対し実数を対応させる写像:

V の任意の要素 $\boldsymbol{u}, \boldsymbol{v}$ に対し, その像を $\boldsymbol{u} \cdot \boldsymbol{v}$ で表すとき,

- V の任意の要素 $\boldsymbol{v}$ に対して, $\boldsymbol{v} \cdot \boldsymbol{v} \geq 0$. とくに, $\boldsymbol{v} \cdot \boldsymbol{v} = 0 \Leftrightarrow \boldsymbol{v} = \boldsymbol{0}$ (必要十分条件)
- 任意の実数 k_1, k_2 と, V の任意の要素 $\boldsymbol{u}_1, \boldsymbol{u}_2, \boldsymbol{v}$ に対して,

  $$(k_1\boldsymbol{u}_1 + k_2\boldsymbol{u}_2) \cdot \boldsymbol{v} = k_1 (\boldsymbol{u}_1 \cdot \boldsymbol{v}) + k_2 (\boldsymbol{u}_2 \cdot \boldsymbol{v})$$
- V の任意の要素 $\boldsymbol{u}, \boldsymbol{v}$ に対して, $\boldsymbol{u} \cdot \boldsymbol{v} = \boldsymbol{v} \cdot \boldsymbol{u}$

計量ベクトル空間 または **内積空間**

内積が定義されたベクトル空間.

ノルム (norm)

計量ベクトル空間の要素 $\boldsymbol{v}$ に対して, $\sqrt{\boldsymbol{v} \cdot \boldsymbol{v}}$ で決まる実数. $\|\boldsymbol{v}\|$ で表す.

計量ベクトル空間における直交

計量ベクトル空間の零ベクトルでない要素 $\boldsymbol{u}, \boldsymbol{v}$ が $\boldsymbol{u} \cdot \boldsymbol{v} = 0$ をみたすとき, $\boldsymbol{u}$ と $\boldsymbol{v}$ は直交するという.

正規直交基底 (orthonormal basis)

次の 2 つの条件をみたすような, 計量ベクトル空間 V の基底 $\boldsymbol{v}_1, \boldsymbol{v}_2, \cdots, \boldsymbol{v}_n$.

(1) 各 $\boldsymbol{v}_i$ のノルムは 1, つまり, $\|\boldsymbol{v}_i\| = 1$, (2) $i \neq j$ のとき, どの $\boldsymbol{v}_i$ と $\boldsymbol{v}_j$ も直交, つまり, $\boldsymbol{v}_i \cdot \boldsymbol{v}_j = 0$

グラム・シュミットの正規直交化法

計量ベクトル空間 V の基底 $\boldsymbol{a}_1, \cdots, \boldsymbol{a}_n$ から, 正規直交基底 $\boldsymbol{v}_1, \cdots, \boldsymbol{v}_n$ を作る, 次のような操作手順.

(1) $\boldsymbol{v}_1$ は $\boldsymbol{a}_1$ を正規化 (スカラー倍してノルムを 1 に) したもの. つまり, $\boldsymbol{v}_1 = \dfrac{1}{\|\boldsymbol{a}_1\|}\boldsymbol{a}_1$

(2) ベクトル $\boldsymbol{v}_1, \cdots, \boldsymbol{v}_j$ がすでに作られたとき,

$$\boldsymbol{a}_{j+1} - (\boldsymbol{a}_{j+1} \cdot \boldsymbol{v}_1)\,\boldsymbol{v}_1 - (\boldsymbol{a}_{j+1} \cdot \boldsymbol{v}_2)\,\boldsymbol{v}_2 - \cdots - (\boldsymbol{a}_{j+1} \cdot \boldsymbol{v}_j)\,\boldsymbol{v}_j$$

を $\boldsymbol{u}_{j+1}$ とする. これを正規化した要素を $\boldsymbol{v}_{j+1}$ とする. つまり, $\boldsymbol{v}_{j+1} = \dfrac{1}{\|\boldsymbol{u}_{j+1}\|}\boldsymbol{u}_{j+1}$

部分ベクトル空間

ベクトル空間の部分集合 W で「W の要素のどんな一次結合も, 再び W に含まれる」が成り立つもの. 実際, このとき W はそれ自身ベクトル空間になる.

生成された部分空間

ベクトル空間 V の一次独立な要素の組 $\boldsymbol{a}_1, \cdots, \boldsymbol{a}_m$ が与えられたとき, これらの一次結合でできる V の要素をすべて集めてできる集合 $W = \{\, \boldsymbol{v} \in V \mid \boldsymbol{v} = k_1\boldsymbol{a}_1 + k_2\boldsymbol{a}_2 + \cdots + k_m\boldsymbol{a}_m,\ k_i$ は実数 $\}$. これは V の部分ベクトル空間で, $\boldsymbol{a}_1, \cdots, \boldsymbol{a}_m$ は W の基底となり, W の次元 $\dim W$ は m となる.

部分ベクトル空間の共通部分

ベクトル空間 V の部分ベクトル空間 W と W' の共通部分 $W \cap W' = \{\boldsymbol{v} \in V \mid \boldsymbol{v} \in W$ かつ $\boldsymbol{v} \in W'\}$ として得られる部分ベクトル空間.

部分ベクトル空間の和空間

ベクトル空間 V の部分ベクトル空間 W と W' に対し, $\{\boldsymbol{v} + \boldsymbol{v}' \in V \mid \boldsymbol{v} \in W$ かつ $\boldsymbol{v}' \in W'\}$ として得られる部分ベクトル空間. $W + W'$ と表す.

部分ベクトル空間の次元公式

部分ベクトル空間 W と W' に対して, $\dim(W + W') = \dim W + \dim W' - \dim(W \cap W')$ が成り立つ.

5 章

線形写像 (linear map)

次の条件をみたすベクトル空間 V からベクトル空間 V' への写像 f のこと．任意の V の要素 $\boldsymbol{x}$ と $\boldsymbol{y}$, および, 任意のスカラー α と β に対して, $f(\alpha\boldsymbol{x}+\beta\boldsymbol{y}) = \alpha f(\boldsymbol{x}) + \beta f(\boldsymbol{y})$ が成り立つ.

線形写像の例 (一次変換の一般化)

ベクトル $\begin{pmatrix} x_1 \\ \vdots \\ x_n \end{pmatrix}$ をベクトル $\begin{pmatrix} a_{11}\,x_1 + \cdots + a_{1n}\,x_n \\ \vdots \\ a_{m1}\,x_1 + \cdots + a_{mn}\,x_n \end{pmatrix}$ にうつす写像．ただし, $a_{11}, \cdots, a_{mn}$ は実数の定数.

線形写像の表現行列

ベクトル空間 V と V' に対して, V の基底 $\boldsymbol{v_1}, \cdots, \boldsymbol{v_n}$ と V' の基底 $\boldsymbol{v'_1}, \cdots, \boldsymbol{v'_m}$ を選んでおく.

f を V から V' への線形写像とするとき, $f(\boldsymbol{v_i}) = \alpha_{1i}\boldsymbol{v'_1} + \cdots + \alpha_{mi}\boldsymbol{v'_m}$ (ただし, $i = 1, \cdots, n$) で決まる実数 $\alpha_{11}, \cdots, \alpha_{mn}$ から得られる行列 $\begin{pmatrix} \alpha_{11} & \cdots & \alpha_{1n} \\ \vdots & \ddots & \vdots \\ \alpha_{m1} & \cdots & \alpha_{mn} \end{pmatrix}$ を f の表現行列という.

線形写像の行列表現

ベクトル空間 V と V' に対して, V の基底 $\boldsymbol{v_1}, \cdots, \boldsymbol{v_n}$ と V' の基底 $\boldsymbol{v'_1}, \cdots, \boldsymbol{v'_m}$ を選んでおく.

f を V から V' への線形写像とし, A を f の表現行列とする．V の要素 $\boldsymbol{x}$ が $x_1\boldsymbol{v_1} + \cdots + x_n\boldsymbol{v_n}$ と表され, その像である V' の要素 $f(\boldsymbol{x})$ が $y_1\boldsymbol{v'_1} + \cdots + y_m\boldsymbol{v'_m}$ と表されるとき, $\begin{pmatrix} y_1 \\ \vdots \\ y_m \end{pmatrix} = A \begin{pmatrix} x_1 \\ \vdots \\ x_n \end{pmatrix}$ が成り立つ.

合成写像の線形性と表現行列

線形写像 $f : V \to V'$ と $g : V' \to V''$ に対して, その合成写像 $g \circ f : V \to V''$ は必ず線形写像.

f の表現行列が A で, g の表現行列が B ならば, その合成写像 $g \circ f$ の表現行列は BA.

逆写像の線形性と表現行列

線形写像 f が逆写像 f^{-1} をもつならば, その f^{-1} も線形写像.

f の表現行列を A とするとき, f が逆写像 f^{-1} をもつならば, その f^{-1} の表現行列は A^{-1}. A が正則（つまり逆行列 A^{-1} をもつ）ならば, その逆行列 A^{-1} を表現行列にもつ線形写像が f の逆写像.

基底変換行列

ベクトル空間 V の 2 組の基底 $\boldsymbol{u}_1, \cdots, \boldsymbol{u}_n$ と $\boldsymbol{v}_1, \cdots, \boldsymbol{v}_n$ が与えられたとき, 各 $\boldsymbol{v}_i$ をもう 1 つの基底 $\boldsymbol{u}_j$ たちで $\boldsymbol{v}_i = \alpha_{1i}\boldsymbol{u}_1 + \cdots + \alpha_{ni}\boldsymbol{u}_n$ と表したときの係数 α_{ij} から作られる行列 $\begin{pmatrix} \alpha_{11} & \cdots & \alpha_{1n} \\ \vdots & \ddots & \vdots \\ \alpha_{n1} & \cdots & \alpha_{nn} \end{pmatrix}$.

基底変換行列による基底の間の関係の表し方

ベクトル空間 V の 2 組の基底 $\boldsymbol{u}_1, \cdots, \boldsymbol{u}_n$ と $\boldsymbol{v}_1, \cdots, \boldsymbol{v}_n$ に対する基底変換行列が P であるとき, $(\boldsymbol{v}_1, \boldsymbol{v}_2, \cdots, \boldsymbol{v}_n) = (\boldsymbol{u}_1, \boldsymbol{u}_2, \cdots, \boldsymbol{u}_n)P$ と表す.

基底変換行列の正則性

ベクトル空間 V のどの基底からどの基底への基底変換行列も逆行列をもつ. つまり, 基底変換行列は正則行列になる.

基底変換

ベクトル空間 V の二組の n 個のベクトル $\boldsymbol{u}_1, \boldsymbol{u}_2, \cdots, \boldsymbol{u}_n$, および, $\boldsymbol{v}_1, \boldsymbol{v}_2, \cdots, \boldsymbol{v}_n$ の間に $(\boldsymbol{v}_1, \boldsymbol{v}_2, \cdots, \boldsymbol{v}_n) = (\boldsymbol{u}_1, \boldsymbol{u}_2, \cdots, \boldsymbol{u}_n)P$ という関係があったとする. ここで, P は n 次正方行列. もし, P が正則行列であり, $\boldsymbol{u}_1, \boldsymbol{u}_2, \cdots, \boldsymbol{u}_n$ が V の基底ならば, $\boldsymbol{v}_1, \boldsymbol{v}_2, \cdots, \boldsymbol{v}_n$ も V の基底となる.

線形写像と基底変換行列

ベクトル空間 V から V' への線形写像を $f : V \to V'$ とする. V の基底 $\boldsymbol{u}_1, \cdots, \boldsymbol{u}_n$ から $\boldsymbol{v}_1, \cdots, \boldsymbol{v}_n$ への基底変換行列を P とし, V' の基底 $\boldsymbol{u}'_1, \cdots, \boldsymbol{u}'_n$ から $\boldsymbol{v}'_1, \cdots, \boldsymbol{v}'_n$ への基底変換行列を P' とする. さらに, $\boldsymbol{u}_1, \cdots, \boldsymbol{u}_n$ と $\boldsymbol{u}'_1, \cdots, \boldsymbol{u}'_n$ に関する f の表現行列を A とし, $\boldsymbol{v}_1, \cdots, \boldsymbol{v}_n$ と $\boldsymbol{v}'_1, \cdots, \boldsymbol{v}'_n$ に関する f の表現行列を B とする. このとき, $\boxed{B = (P')^{-1}AP}$ が成り立つ.

(線形写像の) 固有ベクトル

線形写像 $f : V \to V$ に対して, $f(\boldsymbol{v}) = \lambda\boldsymbol{v}$, $\boldsymbol{v} \neq \boldsymbol{0}$ をみたすベクトル空間 V の要素 $\boldsymbol{v}$ のこと.

(線形写像の) 固有値

線形写像 f の固有ベクトル $\boldsymbol{v}$ に対して, $f(\boldsymbol{v}) = \lambda\boldsymbol{v}$ となる実数 λ.

(行列の) 固有ベクトル

正方行列 A に対して, $A\boldsymbol{v} = \lambda\boldsymbol{v}$, $\boldsymbol{v} \neq \boldsymbol{0}$ をみたすベクトル $\boldsymbol{v}$ のこと.

(行列の) 固有値

正方行列 A の固有ベクトル $\boldsymbol{v}$ に対して, $A\boldsymbol{v} = \lambda\boldsymbol{v}$ となる実数 λ.

行列式と固有値

A を n 次正方行列, I を n 次単位行列とする. このとき, A の固有値は, 変数 t に関する n 次方程式 $\det(A - tI) = 0$ の解になる. この t に関する方程式 $\det(A - tI) = 0$ を, A の**固有方程式**とよぶ.
このことより, n 次正方行列は, たかだか n 個の固有値をもつ ことがわかる.

数列

数を並べたもの (たとえば $1, 5, 7, 12, 15, 17, 23, 26, \cdots$ のようなもの). 数列の各数を**項**といい, k 番目の項を**第 k 項**という. 数列を一般的に表すときには $a_1, a_2, a_3, \cdots$ などのように, 文字の右下に小さく第何項かを表す数 (**添字**という) を添えて表す. このとき, その数列をまとめて $\{a_n\}$ と書く.

(k 項間) 漸化式

数列 $\{a_n\}$ が与えられたとき, 互いに隣り合う k 個の項 (たとえば第 n 項と第 $n+1$ 項と $\cdots$ と第 $n+(k-1)$ 項) に関して, つねに成り立つ等式.

一般項を求める

数列に対して, k 項間漸化式と, 最初の $k-1$ 項 (つまり $a_1, \cdots, a_{k-1}$) が与えられたとき, その数列の第 n 項を n の式で表すこと.

数列からなるベクトル空間

$\left\{ \text{数列 } \{a_n\} \,\middle|\, \text{漸化式 } a_{n+2} = A\,a_{n+1} + B\,a_n \text{ をみたす} \right\}$ という集合 V は,

・数列 $\{x_n\}$ と $\{y_n\}$ の和は, 数列 $\{x_n + y_n\}$

・数列 $\{z_n\}$ の k 倍は, 数列 $\{kz_n\}$ (k は任意の定数)

というように加法とスカラー倍を決めると, ベクトル空間になる.

固有値・固有ベクトルと漸化式

線形写像の固有値・固有ベクトルの考え方を利用した, 最初の $k-1$ 項と k 項間漸化式とが与えられた数列の一般項を求める (第 n 項を n の式で表す) 方法がある. この方法が直接に適用できるのは, 漸化式から決まる k 次方程式 (特性方程式) が, k 個の相異なる実数解をもつ場合である.

6 章

与えられた行列と固有値が等しい行列の見つけ方

行列 X に対し, (なんでもよいから) 正則行列 P をとってきて, $P^{-1}XP$ という行列をつくる. この行列を Y とすると, Y の固有値 λ は X の固有値にもなる.

対角行列 (diagonal matrix)

対角成分（つまり, $(1,1)$ 成分, $\cdots$, (n,n) 成分）以外がすべて 0 の正方行列 $\begin{pmatrix} c_{11} & 0 & \cdots & 0 \\ 0 & c_{22} & \cdots & 0 \\ \vdots & \vdots & \ddots & \vdots \\ 0 & \cdots & \cdots & c_{nn} \end{pmatrix}$.

行列の対角化 (diagonalization)

正方行列 X に対し, 適切な正則行列 P を見つけて, $\boxed{P^{-1}XP = D}$ となる対角行列 D を求めること. またそのような正則行列 P が存在するとき, X は**対角化可能** (diagonalizable) という.

対角化可能条件

n 次正方行列 X が対角化可能であるための必要十分条件は, X が n 本の一次独立な固有ベクトルをもつこと.

行列の累乗

正方行列 X を n 回かけたもの, つまり, $\overbrace{XXX\cdots X}^{n\text{ 回}}$.

正方行列 X が対角化可能なときは, その対角化を応用した, X^n の計算方法がある.

対称行列 (symmetric matrix)

性質 $\boxed{{}^tA = A}$ をもつ正方行列 A.

ここで, ${}^tA$ は行列 A の転置行列(つまり A の行と列を入れ換えた行列).

直交行列 (orthogonal matrix)

性質 ${}^tPP = I$ （つまり, ${}^tP = P^{-1}$）をもつ正方行列 P.

対称行列の対角化

対称行列 X に対し,「$P^{-1}XP$ は対角行列」をみたす直交行列 P がいつでも見つかる. したがって, 対称行列は いつでも対角化可能である. さらに, n 次対称行列 X が n 個の異なる固有値をもつ場合には, それぞれの固有値に対応する固有ベクトルとしてノルムが 1 のものを選び, 並べることによって, 上のような直交行列 P を見つけることができる.

微分方程式

関数 $f(x)$ の導関数 $\dfrac{d}{dx}f(x)$, 第二次導関数 $\dfrac{d^2}{dx^2}f(x)$, $\cdots$, を含む関数の関係式. また, その関係式をみたす関数を, その微分方程式の解といい, 解を求めることを, その微分方程式を解く, という.

線形微分方程式

$c_n\dfrac{d^n}{dx^n}f(x) + \cdots + c_2\dfrac{d^2}{dx^2}f(x) + c_1\dfrac{d}{dx}f(x) + c_0f(x) = 0$ の形の微分方程式. （ただし, $c_n, \cdots, c_1, c_0$ は実数の定数）線形微分方程式の**解の集合はベクトル空間**になる. 線形微分方程式に対しては, 行列の対角化を利用した解法がある. ただし, いつでも適用できるわけではないことに注意.

微分の線形性

$\frac{d}{dx}\left(f(x)+g(x)\right)=\frac{d}{dx}f(x)+\frac{d}{dx}g(x)$, $\frac{d}{dx}\left(cf(x)\right)=c\left(\frac{d}{dx}f(x)\right)$ (ただし,$f(x), g(x)$ は関数. c は定数).

二次曲線

式 $ax^2+2bxy+cy^2+2dx+2ey+f=0$ で表される平面上の曲線.（$a, \cdots, f$ は定数. ただし, a, b, c のいずれかは 0 でないものとする.）このような曲線は円錐曲線ともよばれ, 紀元前のギリシャの時代から, さまざまに研究されてきた.

原点を中心とする回転角 θ の回転移動

直交行列 $P=\begin{pmatrix}\cos\theta & -\sin\theta \\ \sin\theta & \cos\theta\end{pmatrix}$ を表現行列とする線形写像を, 位置ベクトルが $\boldsymbol{a}$ である点を位置ベクトルが $P\boldsymbol{a}$ である点にうつす平面上の移動とみると, **原点を中心とする回転角 θ の回転移動**になる.

二次曲線の分類

式 $ax^2+2bxy+cy^2+f=0$ で表される曲線は, 原点を中心とする回転移動によって, 式 $Ax^2+By^2+C=0$ で表される曲線にうつすことができる. （ただし, a, b, c, f, A, B, C は定数）

練習問題の解答

練習 0.1.3

要素を書き並べる方法では, $A = \{11, 22, 33, 44, 55, 66, 77, 88, 99\}$

要素がみたす条件を書く方法では $A = \{x \mid x$ は 11 の倍数である 2 桁の自然数 $\}$

練習 0.2.5

(1) X の要素 $2n$ (ただし n は 0 以上の整数) に対し, 対応する Y の要素は $(3 \times 2n) \div 6 = n$. よって, Y のどの要素に対しても, 対応する X の要素がちょうど 1 個なので, この写像は全単射.

(2) X の要素 $2n$ (ただし n は 0 以上の整数) に対し, 対応する Y の要素は $(3 \times 2n) + 5 = 6n + 5$. よって, 6 でわって 5 あまるような Y の要素に対しては対応する x の要素はただ 1 個. そうでない Y の要素に対しては対応する x の要素は存在しない (つまり 0 個). したがって, Y のどの要素 y に対しても, 対応する X の要素はたかだか 1 個なので, この写像は単射. (なお, 6 でわってあまりが 5 でないような Y の要素に対しては対応する x の要素は存在しないので, この写像は全射ではない)

(3) X の要素 $2n$ (ただし n は 0 以上の整数) に対し, 対応する Y の要素は $((2n \div 2) - 1)^2 = (n - 1)^2$. よって, Y の要素 1 に対しては対応する x の要素は 0 と 2 (つまり 2 個). 1 以外の平方数である Y の要素に対しては対応する x の要素はただ 1 個. そうでない Y の要素に対しては対応する x の要素は存在しない (つまり 0 個). したがって, この写像は全射でも単射でもない.

練習 0.2.8

まず, (3) の写像による 0 の像は, $((0 \div 2) - 1)^2 = 1$. (1) の写像による 1 の像は, $(3 \times 1) \div 6 = \frac{1}{2}$. したがって, (3) と (1) の写像の合成写像による 0 の像は $\frac{1}{2}$. 次に, (1) の写像による 0 の像は, $(3 \times 0) \div 6 = 0$. (3) の写像による 0 の像は, $((0 \div 2) - 1)^2 = 1$. したがって, (1) と (3) の写像の合成写像による 0 の像は 1.

練習 0.3.4

$$(2\boldsymbol{u} + \boldsymbol{v}) \cdot (\boldsymbol{v} - \boldsymbol{u}) = \left(2\begin{pmatrix} -7 \\ 3 \\ -1 \end{pmatrix} + \begin{pmatrix} -4 \\ 2 \\ -10 \end{pmatrix}\right) \cdot \left(\begin{pmatrix} -4 \\ 2 \\ -10 \end{pmatrix} - \begin{pmatrix} -7 \\ 3 \\ -1 \end{pmatrix}\right) = \begin{pmatrix} -18 \\ 8 \\ -12 \end{pmatrix} \cdot \begin{pmatrix} 3 \\ -1 \\ -9 \end{pmatrix} = -54 - 8 + 108 = 46$$

練習 0.3.7

$\begin{pmatrix} -1 \\ 1 \\ 2 \\ 1 \end{pmatrix}$ と $\begin{pmatrix} 2 \\ 1 \\ -3 \\ 0 \end{pmatrix}$ について, 内積は $\begin{pmatrix} -1 \\ 1 \\ 2 \\ 1 \end{pmatrix} \cdot \begin{pmatrix} 2 \\ 1 \\ -3 \\ 0 \end{pmatrix} = -2 + 1 - 6 + 0 = -7$, ノルムはそれぞれ

$$\left\| \begin{pmatrix} -1 \\ 1 \\ 2 \\ 1 \end{pmatrix} \right\| = \sqrt{(-1)^2 + 1^2 + 2^2 + 1^2} = \sqrt{7}, \quad \left\| \begin{pmatrix} 2 \\ 1 \\ -3 \\ 0 \end{pmatrix} \right\| = \sqrt{2^2 + 1^2 + (-3)^2 + 0^2} = \sqrt{14}.$$ したがって,

$\cos\theta = \dfrac{-7}{\sqrt{7}\sqrt{14}} = -\dfrac{1}{\sqrt{2}}$ であり, $\theta = \dfrac{3}{4}\pi$ となる.

練習 1.1.3

一次変換となるのは, ベクトル $\begin{pmatrix} x \\ y \end{pmatrix}$ のうつり先であるベクトル $\begin{pmatrix} x' \\ y' \end{pmatrix}$ の各成分 x' と y' が, それぞれ x と y に関する定数項のない一次式になっているとき. したがって, f_2 は一次変換となる. f_1 は $y' = 5x - 2y + 1$ と定数項が含まれていて, f_3 は $x' = x^2 + 4y$ と二次式になっているので一次変換ではない.

練習 1.2.2

(1) 行列 $A = \begin{pmatrix} 5 & -2 & 1 \\ 0 & 4 & 3 \end{pmatrix}$ の行の数は 2, 列の数は 3. したがって, A は 2 行 3 列の行列.

(2) A の成分のうち, 上から 2 番目, 左から 3 番目のものは, 3. したがって, $(2, 3)$ 成分は 3.

練習 1.2.4

(1) $3A + B = 3\begin{pmatrix} 1 & -2 \\ 0 & 4 \end{pmatrix} + \begin{pmatrix} -2 & 0 \\ 6 & -1 \end{pmatrix} = \begin{pmatrix} 3-2 & -6+0 \\ 0+6 & 12-1 \end{pmatrix} = \begin{pmatrix} 1 & -6 \\ 6 & 11 \end{pmatrix}$

(2) $-A - 2B = -\begin{pmatrix} 1 & -2 \\ 0 & 4 \end{pmatrix} - 2\begin{pmatrix} -2 & 0 \\ 6 & -1 \end{pmatrix} = \begin{pmatrix} -1 & 2 \\ 0 & -4 \end{pmatrix} + \begin{pmatrix} 4 & 0 \\ -12 & 2 \end{pmatrix} = \begin{pmatrix} 3 & 2 \\ -12 & -2 \end{pmatrix}$

練習 1.3.3

定義 1.3.1 に従って計算すると, $\begin{pmatrix} 1 & 2 \\ 3 & 4 \end{pmatrix}\begin{pmatrix} 5 & 6 \\ 7 & 8 \end{pmatrix} = \begin{pmatrix} 1\times5+2\times7 & 1\times6+2\times8 \\ 3\times5+4\times7 & 3\times6+4\times8 \end{pmatrix} = \begin{pmatrix} 19 & 22 \\ 43 & 50 \end{pmatrix}$.

$\begin{pmatrix} 5 & 6 \\ 7 & 8 \end{pmatrix}\begin{pmatrix} 1 & 2 \\ 3 & 4 \end{pmatrix} = \begin{pmatrix} 5\times1+6\times3 & 5\times2+6\times4 \\ 7\times1+8\times3 & 7\times2+8\times4 \end{pmatrix} = \begin{pmatrix} 23 & 34 \\ 31 & 46 \end{pmatrix}$

練習 1.3.6

$$(-3\ \ 2)\left(2\begin{pmatrix} 1 & 4 \\ -1 & 0 \end{pmatrix} - \begin{pmatrix} 0 & -1 \\ 1 & 0 \end{pmatrix}\right)\begin{pmatrix} 4 \\ 0 \end{pmatrix} = (-3\ \ 2)\left(\begin{pmatrix} 2 & 8 \\ -2 & 0 \end{pmatrix} - \begin{pmatrix} 0 & -1 \\ 1 & 0 \end{pmatrix}\right)\begin{pmatrix} 4 \\ 0 \end{pmatrix} = (-3\ \ 2)\begin{pmatrix} 2 & 9 \\ -3 & 0 \end{pmatrix}\begin{pmatrix} 4 \\ 0 \end{pmatrix}$$

$$= \begin{pmatrix} (-3)\times2+2\times(-3) & (-3)\times9+2\times0 \end{pmatrix}\begin{pmatrix} 4 \\ 0 \end{pmatrix} = \begin{pmatrix} -12 & -27 \end{pmatrix}\begin{pmatrix} 4 \\ 0 \end{pmatrix} = \begin{pmatrix} (-12)\times4+(-27)\times0 \end{pmatrix} = \begin{pmatrix} -48 \end{pmatrix}$$

練習 2.2.3

連立一次方程式 $\begin{cases} 5x+4y=0 \\ 4x+3y=-1 \end{cases}$ の拡大係数行列 $\begin{pmatrix} 5 & 4 & 0 \\ 4 & 3 & -1 \end{pmatrix}$ をはきだし法で変形すると,

$$\begin{pmatrix} 5 & 4 & 0 \\ 4 & 3 & -1 \end{pmatrix} \xrightarrow{①\times(\frac{1}{5})} \begin{pmatrix} 1 & \frac{4}{5} & 0 \\ 4 & 3 & -1 \end{pmatrix} \xrightarrow{②+①\times(-4)} \begin{pmatrix} 1 & \frac{4}{5} & 0 \\ 0 & -\frac{1}{5} & -1 \end{pmatrix} \xrightarrow{②\times(-5)} \begin{pmatrix} 1 & \frac{4}{5} & 0 \\ 0 & 1 & 5 \end{pmatrix} \xrightarrow{①+②\times(-\frac{4}{5})} \begin{pmatrix} 1 & 0 & -4 \\ 0 & 1 & 5 \end{pmatrix}$$

対応する連立方程式を考えると $\begin{cases} x=-4 \\ y=5 \end{cases}$ これがもとの連立方程式の解となる.

練習 2.3.4

行列 $\begin{pmatrix} 2 & 5 & 0 \\ 1 & 0 & 5 \\ -3 & 1 & -17 \end{pmatrix}$ を行基本変形で変形していく.

$$\begin{pmatrix} 2 & 5 & 0 \\ 1 & 0 & 5 \\ -3 & 1 & -17 \end{pmatrix} \xrightarrow{①\leftrightarrow②} \begin{pmatrix} 1 & 0 & 5 \\ 2 & 5 & 0 \\ -3 & 1 & -17 \end{pmatrix} \xrightarrow{②+①\times(-2)} \begin{pmatrix} 1 & 0 & 5 \\ 0 & 5 & -10 \\ -3 & 1 & -17 \end{pmatrix} \xrightarrow{③+①\times3} \begin{pmatrix} 1 & 0 & 5 \\ 0 & 5 & -10 \\ 0 & 1 & -2 \end{pmatrix}$$

$$\xrightarrow{②\times\frac{1}{5}} \begin{pmatrix} 1 & 0 & 5 \\ 0 & 1 & -2 \\ 0 & 1 & -2 \end{pmatrix} \xrightarrow{③+②\times(-1)} \begin{pmatrix} 1 & 0 & 5 \\ 0 & 1 & -2 \\ 0 & 0 & 0 \end{pmatrix}$$

したがって, 行列 $\begin{pmatrix} 2 & 5 & 0 \\ 1 & 0 & 5 \\ -3 & 1 & -17 \end{pmatrix}$ の階数は 2.

練習 2.3.6

(1) 連立方程式 $\begin{cases} x-z=-1 \\ y+2z=2 \\ x+y+z=-1 \end{cases}$ の係数行列 A は $\begin{pmatrix} 1 & 0 & -1 \\ 0 & 1 & 2 \\ 1 & 1 & 1 \end{pmatrix}$. これを行基本変形で変形する.

$$\begin{pmatrix} 1 & 0 & -1 \\ 0 & 1 & 2 \\ 1 & 1 & 1 \end{pmatrix} \xrightarrow{③+①\times(-1)} \begin{pmatrix} 1 & 0 & -1 \\ 0 & 1 & 2 \\ 0 & 1 & 2 \end{pmatrix} \xrightarrow{③+②\times(-1)} \begin{pmatrix} 1 & 0 & -1 \\ 0 & 1 & 2 \\ 0 & 0 & 0 \end{pmatrix}.$$

よって, A の階数 $\mathrm{rank}A$ は 2.

次に, 拡大係数行列 B は $\begin{pmatrix} 1 & 0 & -1 & -1 \\ 0 & 1 & 2 & 2 \\ 1 & 1 & 1 & -1 \end{pmatrix}$. これも行基本変形で変形していく.

$$\begin{pmatrix} 1 & 0 & -1 & -1 \\ 0 & 1 & 2 & 2 \\ 1 & 1 & 1 & -1 \end{pmatrix} \xrightarrow{③+①\times(-1)} \begin{pmatrix} 1 & 0 & -1 & -1 \\ 0 & 1 & 2 & 2 \\ 0 & 1 & 2 & 0 \end{pmatrix} \xrightarrow{③+②\times(-1)} \begin{pmatrix} 1 & 0 & -1 & -1 \\ 0 & 1 & 2 & 2 \\ 0 & 0 & 0 & -2 \end{pmatrix} \xrightarrow{③\times(-\frac{1}{2})} \begin{pmatrix} 1 & 0 & -1 & -1 \\ 0 & 1 & 2 & 2 \\ 0 & 0 & 0 & 1 \end{pmatrix}.$$

よって, B の階数 $\mathrm{rank}B$ は 3.

(2) 上の計算により, $\mathrm{rank}A=2$ かつ $\mathrm{rank}B=3$. つまり, $\mathrm{rank}A<\mathrm{rank}B$. したがって, 解は存在しない.

練習 2.4.4

連立方程式 $\begin{cases} 3x-7y=11 \\ -5x+12y=-4 \end{cases}$ の係数行列 A は $\begin{pmatrix} 3 & -7 \\ -5 & 12 \end{pmatrix}$. まず, 例 2.4.3 のように, この行列 A の逆行列を基本変形を使って求める. つまり, $\left(\begin{array}{cc|cc} 3 & -7 & 1 & 0 \\ -5 & 12 & 0 & 1 \end{array}\right)$ という行列を考え, (2 行 4 列の行列とみなして) はきだし法を行うと, $\left(\begin{array}{cc|cc} 3 & -7 & 1 & 0 \\ -5 & 12 & 0 & 1 \end{array}\right) \xrightarrow{①\times\frac{1}{3}} \left(\begin{array}{cc|cc} 1 & -\frac{7}{3} & \frac{1}{3} & 0 \\ -5 & 12 & 0 & 1 \end{array}\right) \xrightarrow{②+①\times 5}$
$\left(\begin{array}{cc|cc} 1 & -\frac{7}{3} & \frac{1}{3} & 0 \\ 0 & \frac{1}{3} & \frac{5}{3} & 1 \end{array}\right) \xrightarrow{②\times 3} \left(\begin{array}{cc|cc} 1 & -\frac{7}{3} & \frac{1}{3} & 0 \\ 0 & 1 & 5 & 3 \end{array}\right) \xrightarrow{①+②\times\frac{7}{3}} \left(\begin{array}{cc|cc} 1 & 0 & 12 & 7 \\ 0 & 1 & 5 & 3 \end{array}\right)$. したがって,

A の逆行列 A^{-1} は $\begin{pmatrix} 12 & 7 \\ 5 & 3 \end{pmatrix}$. 一方で, 与えられた連立方程式を行列の積を用いて表すと,

$\begin{pmatrix} 3 & -7 \\ -5 & 12 \end{pmatrix}\begin{pmatrix} x \\ y \end{pmatrix}=\begin{pmatrix} 11 \\ -4 \end{pmatrix}$ となるから, $\begin{pmatrix} x \\ y \end{pmatrix}=\begin{pmatrix} 3 & -7 \\ -5 & 12 \end{pmatrix}^{-1}\begin{pmatrix} 11 \\ -4 \end{pmatrix}=\begin{pmatrix} 12 & 7 \\ 5 & 3 \end{pmatrix}\begin{pmatrix} 11 \\ -4 \end{pmatrix}=\begin{pmatrix} 104 \\ 43 \end{pmatrix}$.

以上より, 連立方程式の解は $\begin{cases} x=104 \\ y=43 \end{cases}$

練習 3.1.2

$n=4$ のときの置換は, 次の 24 個である.

$$\begin{pmatrix} 1&2&3&4 \\ 1&2&3&4 \end{pmatrix}, \begin{pmatrix} 1&2&3&4 \\ 1&2&4&3 \end{pmatrix}, \begin{pmatrix} 1&2&3&4 \\ 1&3&2&4 \end{pmatrix}, \begin{pmatrix} 1&2&3&4 \\ 1&3&4&2 \end{pmatrix}, \begin{pmatrix} 1&2&3&4 \\ 1&4&2&3 \end{pmatrix}, \begin{pmatrix} 1&2&3&4 \\ 1&4&3&2 \end{pmatrix}$$

$$\begin{pmatrix} 1&2&3&4 \\ 2&1&3&4 \end{pmatrix}, \begin{pmatrix} 1&2&3&4 \\ 2&1&4&3 \end{pmatrix}, \begin{pmatrix} 1&2&3&4 \\ 2&3&1&4 \end{pmatrix}, \begin{pmatrix} 1&2&3&4 \\ 2&3&4&1 \end{pmatrix}, \begin{pmatrix} 1&2&3&4 \\ 2&4&1&3 \end{pmatrix}, \begin{pmatrix} 1&2&3&4 \\ 2&4&3&1 \end{pmatrix}$$

$$\begin{pmatrix} 1&2&3&4 \\ 3&1&2&4 \end{pmatrix}, \begin{pmatrix} 1&2&3&4 \\ 3&1&4&2 \end{pmatrix}, \begin{pmatrix} 1&2&3&4 \\ 3&2&1&4 \end{pmatrix}, \begin{pmatrix} 1&2&3&4 \\ 3&2&4&1 \end{pmatrix}, \begin{pmatrix} 1&2&3&4 \\ 3&4&1&2 \end{pmatrix}, \begin{pmatrix} 1&2&3&4 \\ 3&4&2&1 \end{pmatrix}$$

$$\begin{pmatrix} 1&2&3&4 \\ 4&1&2&3 \end{pmatrix}, \begin{pmatrix} 1&2&3&4 \\ 4&1&3&2 \end{pmatrix}, \begin{pmatrix} 1&2&3&4 \\ 4&2&1&3 \end{pmatrix}, \begin{pmatrix} 1&2&3&4 \\ 4&2&3&1 \end{pmatrix}, \begin{pmatrix} 1&2&3&4 \\ 4&3&1&2 \end{pmatrix}, \begin{pmatrix} 1&2&3&4 \\ 4&3&2&1 \end{pmatrix}$$

練習 3.1.5

(1)

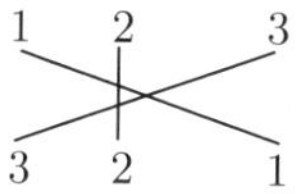

二重点は 3 個より, $\begin{pmatrix} 1&2&3 \\ 3&2&1 \end{pmatrix}$ の符号は -1

(2)

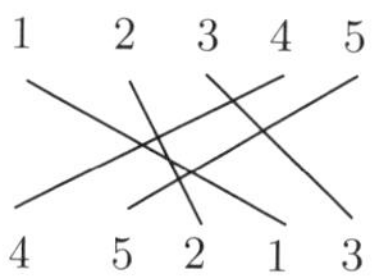

二重点は 7 個より, $\begin{pmatrix} 1&2&3&4&5 \\ 4&5&2&1&3 \end{pmatrix}$ の符号は -1

(3)

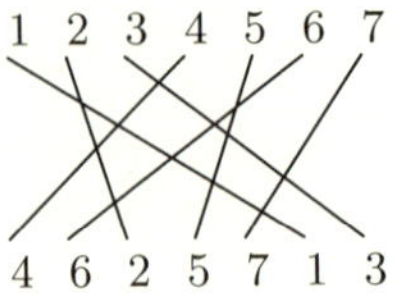

二重点は 12 個より, $\begin{pmatrix} 1 & 2 & 3 & 4 & 5 & 6 & 7 \\ 4 & 6 & 2 & 5 & 7 & 1 & 3 \end{pmatrix}$ の符号は 1

練習 3.2.4

(1) $\det\begin{pmatrix} 1 & 7 \\ 2 & 1 \end{pmatrix} = 1 \times 1 - 7 \times 2 = -13$

(2) $\left(\begin{array}{ccc|cc} 1 & 3 & 2 & 1 & 3 \\ 1 & 1 & 0 & 1 & 1 \\ -1 & 0 & 1 & -1 & 0 \end{array}\right)$ より,

$$\det\begin{pmatrix} 1 & 3 & 2 \\ 1 & 1 & 0 \\ -1 & 0 & 1 \end{pmatrix} = 1 \times 1 \times 1 + 3 \times 0 \times (-1) + 2 \times 1 \times 0 - 2 \times 1 \times (-1) - 1 \times 0 \times 0 - 3 \times 1 \times 1 = 0$$

練習 3.3.5

(1) $A = \begin{pmatrix} 1 & 0 & 2 \\ 0 & 3 & 0 \\ 5 & 0 & 1 \end{pmatrix}$ のとき, $a_{21} = 0, a_{22} = 3, a_{23} = 0$. $(2, 2)$ 成分の余因子は, $\widetilde{a}_{22} = \det\begin{pmatrix} 1 & 2 \\ 5 & 1 \end{pmatrix} = -9$.

定理 3.3.2 で $j = 2$ とすると, $0 \times \widetilde{a}_{21} + 3 \times (-9) + 0 \times \widetilde{a}_{23} = -27$. よって, A の行列式 $\det A$ は -27.

(2) $X = \begin{pmatrix} 0 & 1 & 0 & 3 \\ 1 & 0 & 2 & 0 \\ 0 & -1 & 0 & 0 \\ -2 & 0 & 3 & 1 \end{pmatrix}$ とすると, $x_{31} = 0,\ x_{32} = -1,\ x_{33} = 0,\ x_{34} = 0$. $(3, 2)$ 成分の余因子は,

$$\widetilde{x}_{32} = (-1)^{(3+2)} \det\begin{pmatrix} 0 & 0 & 3 \\ 1 & 2 & 0 \\ -2 & 3 & 1 \end{pmatrix} = (-1) \times (3 \times 1 \times 3 - 3 \times 2 \times (-2)) = -21 \text{ (サラスの方法より)}.$$

定理 3.3.2 で $j = 3$ とすると, $0 \times \widetilde{x}_{31} + (-1) \times (-21) + 0 \times \widetilde{x}_{33} + 0 \times \widetilde{x}_{34} = 21$. よって, X の行列式 $\det X$ は 21.

練習 3.5.4

連立方程式 $\begin{cases} x + y = 1 \\ x - y = 3 \end{cases}$ の係数行列を A とすると, $A = \begin{pmatrix} 1 & 1 \\ 1 & -1 \end{pmatrix}$.

ここで, $A_1 = \begin{pmatrix} 1 & 1 \\ 3 & -1 \end{pmatrix}$, $A_2 = \begin{pmatrix} 1 & 1 \\ 1 & 3 \end{pmatrix}$ とすれば, クラメールの公式より,

連立方程式の解は $x = \dfrac{\det A_1}{\det A} = \dfrac{1 \times (-1) - 1 \times 3}{1 \times (-1) - 1 \times 1} = 2,\quad y = \dfrac{\det A_2}{\det A} = \dfrac{1 \times 3 - 1 \times 1}{1 \times (-1) - 1 \times 1} = -1.$

練習 4.1.4

集合 $W = \left\{ s \begin{pmatrix} 1 \\ 0 \\ -1 \end{pmatrix} + t \begin{pmatrix} 0 \\ -1 \\ 1 \end{pmatrix} \middle| \, s, t \text{ は実数} \right\}$ が, ベクトルの加法とスカラー倍を考えるとき, ベクトル空間になることを示す. 以下, $\boldsymbol{a} = \begin{pmatrix} 1 \\ 0 \\ -1 \end{pmatrix}$, $\boldsymbol{b} = \begin{pmatrix} 0 \\ -1 \\ 1 \end{pmatrix}$ とおく.

まず, W の要素 $\boldsymbol{x}, \boldsymbol{y}$ に対し, それぞれ実数 s, t, s', t' が存在して, $\boldsymbol{x} = s\boldsymbol{a} + t\boldsymbol{b}$, $\boldsymbol{y} = s'\boldsymbol{a} + t'\boldsymbol{b}$ と表されるので, $\boldsymbol{x} + \boldsymbol{y} = (s\boldsymbol{a} + t\boldsymbol{b}) + (s'\boldsymbol{a} + t'\boldsymbol{b}) = (s + s')\boldsymbol{a} + (t + t')\boldsymbol{b}$. したがって, $\boldsymbol{x} + \boldsymbol{y} \in W$ となり, W に加法という演算が定義される. このとき, 一般のベクトルの加法が定義 4.1.1 の条件 (1),(2),(4) をみたすので, いまの場合の W の加法も条件 (1),(2),(4) をみたす. また, $\boldsymbol{0} = 0\boldsymbol{a} + 0\boldsymbol{b} \in W$ より, W は $\boldsymbol{0}$ を含み, 条件 (3) をみたす.

次に, W の 1 つの要素 v と K の 1 つの要素 k に対して, 実数 s, t が存在して, $k\boldsymbol{v} = k(s\boldsymbol{a} + t\boldsymbol{b}) = ks\boldsymbol{a} + kt\boldsymbol{b} \in W$. したがって, $k\boldsymbol{v} \in W$ となり, W にスカラー倍という演算が定義される. このとき, 一般のベクトルのスカラー倍が定義 4.1.1 の条件 (5),(6),(7),(8) をみたすので, いまの場合の W のスカラー倍も条件 (5),(6),(7),(8) をみたす.

以上より, W はベクトルの加法とスカラー倍を考えるとき, ベクトル空間になることが示せた.

練習 4.2.4

ベクトル空間 $\mathbb{R}^3$ において, 要素の組 $\boldsymbol{x} = \begin{pmatrix} 1 \\ 1 \\ 0 \end{pmatrix}$, $\boldsymbol{y} = \begin{pmatrix} 0 \\ 1 \\ 1 \end{pmatrix}$, $\boldsymbol{z} = \begin{pmatrix} 1 \\ 0 \\ 1 \end{pmatrix}$ が一次従属か一次独立か調べる. $\boldsymbol{x}$ と $\boldsymbol{y}$ と $\boldsymbol{z}$ の一次関係式 $a\,\boldsymbol{x} + b\,\boldsymbol{y} + c\,\boldsymbol{z} = \boldsymbol{0}$ をみたす実数 a, b, c を求めてみる.

$$a\,\boldsymbol{x} + b\,\boldsymbol{y} + c\,\boldsymbol{z} = a \begin{pmatrix} 1 \\ 1 \\ 0 \end{pmatrix} + b \begin{pmatrix} 0 \\ 1 \\ 1 \end{pmatrix} + c \begin{pmatrix} 1 \\ 0 \\ 1 \end{pmatrix} = \begin{pmatrix} a \\ a \\ 0 \end{pmatrix} + \begin{pmatrix} 0 \\ b \\ b \end{pmatrix} + \begin{pmatrix} c \\ 0 \\ c \end{pmatrix} = \begin{pmatrix} a + c \\ a + b \\ b + c \end{pmatrix} = \boldsymbol{0}$$

これからできる連立方程式 $\begin{cases} a + c = 0 \\ a + b = 0 \\ b + c = 0 \end{cases}$ を解くと, 解は $a = b = c = 0$ のみ. よって, $\boldsymbol{x}$ と $\boldsymbol{y}$ と $\boldsymbol{z}$ に対して自明でない一次関係式は成り立たない. つまり, $\boldsymbol{x}$ と $\boldsymbol{y}$ と $\boldsymbol{z}$ は一次独立である.

練習 4.3.3

ベクトル空間 $\mathbb{R}^3$ の要素の組 $\boldsymbol{p} = \begin{pmatrix} 1 \\ 1 \\ 0 \end{pmatrix}$, $\boldsymbol{q} = \begin{pmatrix} 0 \\ -1 \\ 0 \end{pmatrix}$, $\boldsymbol{r} = \begin{pmatrix} 0 \\ 3 \\ -1 \end{pmatrix}$ が基底になることを示す.

$\mathbb{R}^3$ の要素 $\boldsymbol{v} = \begin{pmatrix} x \\ y \\ z \end{pmatrix}$ を $\boldsymbol{p}$, $\boldsymbol{q}$, $\boldsymbol{r}$ の一次結合で表すことを考える. $\boldsymbol{v} = a\boldsymbol{p} + b\boldsymbol{q} + c\boldsymbol{r}$ とおくと,

$$a\boldsymbol{p} + b\boldsymbol{q} + c\boldsymbol{r} = a \begin{pmatrix} 1 \\ 1 \\ 0 \end{pmatrix} + b \begin{pmatrix} 0 \\ -1 \\ 0 \end{pmatrix} + c \begin{pmatrix} 0 \\ 3 \\ -1 \end{pmatrix} = \begin{pmatrix} a \\ a - b + 3c \\ -c \end{pmatrix} = \begin{pmatrix} x \\ y \\ z \end{pmatrix}$$

これからできる連立方程式 $\begin{cases} a = x \\ a - b + 3c = y \\ -c = z \end{cases}$ を解くと, 解は $a = x, b = x - y - 3z, c = -z$. つまり,

$$\begin{pmatrix} x \\ y \\ z \end{pmatrix} = x \begin{pmatrix} 1 \\ 1 \\ 0 \end{pmatrix} + (x - y - 3z) \begin{pmatrix} 0 \\ -1 \\ 0 \end{pmatrix} + (-z) \begin{pmatrix} 0 \\ 3 \\ -1 \end{pmatrix}$$

と表される. よって, $\mathbb{R}^3$ の任意の要素は, $\boldsymbol{p}$ と $\boldsymbol{q}$ と $\boldsymbol{r}$ の一次結合で表される.

また, 上の連立方程式で $x = y = z = 0$ とすれば, その解は $a = b = c = 0$ のみ.

よって, $\boldsymbol{p}, \boldsymbol{q}, \boldsymbol{r}$ に対して自明でない一次関係式は成り立たない. つまり, $\boldsymbol{p}, \boldsymbol{q}, \boldsymbol{r}$ は一次独立である.

以上より, ベクトル空間 $\mathbb{R}^3$ の要素の組 $\boldsymbol{p}$, $\boldsymbol{q}$, $\boldsymbol{r}$ が基底になることが示された.

練習 5.1.4

$f(\begin{pmatrix} x \\ y \end{pmatrix}) = \begin{pmatrix} 2x + 1 \\ 3y - 1 \end{pmatrix}$ で定まる写像 $f : \mathbb{R}^2 \to \mathbb{R}^2$ が線形写像でないことを示す. つまり, 定義 5.1.1 の条件がみたされないような $\mathbb{R}^2$ の要素 $\boldsymbol{x}$ と $\boldsymbol{y}$, および, スカラー α と β (いわゆる反例) を見つければよい. ここで, ベクトル $\boldsymbol{x} = \begin{pmatrix} 1 \\ 0 \end{pmatrix}$ と $\boldsymbol{y} = \begin{pmatrix} 0 \\ 0 \end{pmatrix}$, および, スカラー $\alpha = \beta = 1$ を考える. このとき, $f(\alpha\boldsymbol{x} + \beta\boldsymbol{y}) = f(\begin{pmatrix} 1 \\ 0 \end{pmatrix} + \begin{pmatrix} 0 \\ 0 \end{pmatrix}) = \begin{pmatrix} 2 \times 1 + 1 \\ 3 \times 0 - 1 \end{pmatrix} = \begin{pmatrix} 3 \\ -1 \end{pmatrix}$. 一方, $\alpha f(\boldsymbol{x}) + \beta f(\boldsymbol{y}) = f(\begin{pmatrix} 1 \\ 0 \end{pmatrix}) + f(\begin{pmatrix} 0 \\ 0 \end{pmatrix}) = \begin{pmatrix} 2 \times 1 + 1 \\ 3 \times 0 - 1 \end{pmatrix} + \begin{pmatrix} 2 \times 0 + 1 \\ 3 \times 0 - 1 \end{pmatrix} = \begin{pmatrix} 3 \\ -1 \end{pmatrix} + \begin{pmatrix} 1 \\ -1 \end{pmatrix} = \begin{pmatrix} 4 \\ -2 \end{pmatrix}$. これらは一致しない. つまり, 定義 5.1.1 の条件がみたされない. したがって, f は線形写像ではない.

練習 5.2.5

$\mathbb{R}^1$ の基底を $\boldsymbol{v} = \begin{pmatrix} 1 \end{pmatrix}$ とし (5.1 節参照), $\mathbb{R}^2$ の基底を $\boldsymbol{v_1} = \begin{pmatrix} 1 \\ -2 \end{pmatrix}$ と $\boldsymbol{v_2} = \begin{pmatrix} 0 \\ 1 \end{pmatrix}$ とする (例 4.3.2 参照). このとき, $f(\begin{pmatrix} x \\ y \end{pmatrix}) = \begin{pmatrix} x + y \end{pmatrix}$ で決まる線形写像 $f : \mathbb{R}^2 \to \mathbb{R}^1$ の表現行列を求める. $f(\boldsymbol{v_1}) = f(\begin{pmatrix} 1 \\ -2 \end{pmatrix}) = \begin{pmatrix} 1 + (-2) \end{pmatrix} = \begin{pmatrix} -1 \end{pmatrix}$, $f(\boldsymbol{v_2}) = f(\begin{pmatrix} 0 \\ 1 \end{pmatrix}) = \begin{pmatrix} 0 + 1 \end{pmatrix} = \begin{pmatrix} 1 \end{pmatrix}$ であるから, 定義 5.2.4 より, f の表現行列は, $\begin{pmatrix} -1 & 1 \end{pmatrix}$.

練習 5.3.5

ベクトル空間 $\mathbb{R}^2$ に対して, $\boldsymbol{a} = \begin{pmatrix} 1 \\ -2 \end{pmatrix}$ と $\boldsymbol{b} = \begin{pmatrix} 0 \\ 1 \end{pmatrix}$ は基底となる (例 4.3.2 参照).

このとき基底 $\boldsymbol{a}, \boldsymbol{b}$ から標準的な基底 $\boldsymbol{e_1} = \begin{pmatrix} 1 \\ 0 \end{pmatrix}, \boldsymbol{e_2} = \begin{pmatrix} 0 \\ 1 \end{pmatrix}$ への基底変換行列を求める.

ここで, $\boldsymbol{e_1} = \begin{pmatrix} 1 \\ 0 \end{pmatrix} = \begin{pmatrix} 1 \\ -2 \end{pmatrix} + 2\begin{pmatrix} 0 \\ 1 \end{pmatrix} = \boldsymbol{a} + 2\boldsymbol{b}$, $\boldsymbol{e_2} = \begin{pmatrix} 0 \\ 1 \end{pmatrix} = \begin{pmatrix} 0 \\ 1 \end{pmatrix} = \boldsymbol{b}$ より, $(\boldsymbol{e_1}, \boldsymbol{e_2}) = (\boldsymbol{a}, \boldsymbol{b})\begin{pmatrix} 1 & 0 \\ 2 & 1 \end{pmatrix}$ となる. したがって, 基底 $\boldsymbol{a}, \boldsymbol{b}$ から標準的な基底 $\boldsymbol{e_1} = \begin{pmatrix} 1 \\ 0 \end{pmatrix}, \boldsymbol{e_2} = \begin{pmatrix} 0 \\ 1 \end{pmatrix}$ への基底変換行列は $\begin{pmatrix} 1 & 0 \\ 2 & 1 \end{pmatrix}$.

練習 5.4.4

行列 $A = \begin{pmatrix} -1 & 0 \\ 1 & 2 \end{pmatrix}$ の固有値と固有ベクトルを求める. λ を実数とすると, 条件 $A\boldsymbol{v} = \lambda\boldsymbol{v}$ より, $A\begin{pmatrix} x \\ y \end{pmatrix} = \begin{pmatrix} -1 & 0 \\ 1 & 2 \end{pmatrix}\begin{pmatrix} x \\ y \end{pmatrix} = \begin{pmatrix} -x \\ x + 2y \end{pmatrix} = \lambda\begin{pmatrix} x \\ y \end{pmatrix}$. これより連立方程式 $\begin{cases} -x = \lambda x \\ x + 2y = \lambda y \end{cases}$ を考える.

まず $x \neq 0$ のとき, 上式より固有値は $\lambda = -1$. このとき下式より $x = -3y$ なので, 対応する固有ベクトルは $\begin{pmatrix} -3t \\ t \end{pmatrix}$ (t は 0 でない任意の実数). また $x = 0$ のとき, 下式より固有値 $\lambda = 2$. このとき, f の固有ベクトルは $\begin{pmatrix} 0 \\ t' \end{pmatrix}$ (t' は 0 でない任意の実数).

練習 5.4.7

行列 $\begin{pmatrix} 0 & -1 & 0 \\ 0 & 3 & 1 \\ 3 & 1 & 0 \end{pmatrix}$ の固有値と固有ベクトルを求める. 固有方程式は,

$$\det\left(\begin{pmatrix} 0 & -1 & 0 \\ 0 & 3 & 1 \\ 3 & 1 & 0 \end{pmatrix} - t\begin{pmatrix} 1 & 0 & 0 \\ 0 & 1 & 0 \\ 0 & 0 & 1 \end{pmatrix}\right) = \det\begin{pmatrix} -t & -1 & 0 \\ 0 & 3-t & 1 \\ 3 & 1 & -t \end{pmatrix} = -t^3 + 3t^2 + t - 3 = 0$$

(たとえば, サラスの方法で計算). これを解くことによって, 固有値は $t = -1, 1, 3$ と求まる.

$t = -1$ のとき, 定義 5.4.1 より, $\begin{pmatrix} 0 & -1 & 0 \\ 0 & 3 & 1 \\ 3 & 1 & 0 \end{pmatrix}\begin{pmatrix} x \\ y \\ z \end{pmatrix} = \begin{pmatrix} -y \\ 3y + z \\ 3x + y \end{pmatrix} = -\begin{pmatrix} x \\ y \\ z \end{pmatrix}$. これより連立方程式 $\begin{cases} -y = -x \\ 3y + z = -y \\ 3x + y = -z \end{cases}$ を解くと, 固有ベクトルは $\begin{pmatrix} t \\ t \\ -4t \end{pmatrix}$ (t は 0 でない任意の実数) とわかる.

$t=1$ のとき, 定義 5.4.1 より, $\begin{pmatrix} 0 & -1 & 0 \\ 0 & 3 & 1 \\ 3 & 1 & 0 \end{pmatrix}\begin{pmatrix} x \\ y \\ z \end{pmatrix} = \begin{pmatrix} -y \\ 3y+z \\ 3x+y \end{pmatrix} = \begin{pmatrix} x \\ y \\ z \end{pmatrix}$. これより連立方程式

$\begin{cases} -y = x \\ 3y+z = y \\ 3x+y = z \end{cases}$ を解くと, 固有ベクトルは $\begin{pmatrix} t' \\ -t' \\ 2t' \end{pmatrix}$ (t' は 0 でない任意の実数) とわかる.

$t=3$ のとき, 定義 5.4.1 より, $\begin{pmatrix} 0 & -1 & 0 \\ 0 & 3 & 1 \\ 3 & 1 & 0 \end{pmatrix}\begin{pmatrix} x \\ y \\ z \end{pmatrix} = \begin{pmatrix} -y \\ 3y+z \\ 3x+y \end{pmatrix} = 3\begin{pmatrix} x \\ y \\ z \end{pmatrix}$. これより連立方程式

$\begin{cases} -y = 3x \\ 3y+z = 3y \\ 3x+y = 3z \end{cases}$ を解くと, 固有ベクトルは $\begin{pmatrix} t'' \\ -3t'' \\ 0 \end{pmatrix}$ (t'' は 0 でない任意の実数) とわかる.

練習 6.1.4

2 次正方行列 X の $\boldsymbol{x_1}$, $\boldsymbol{x_2}$ に対応する固有値を λ_1, λ_2 とすると, $X\boldsymbol{x_1} = \lambda_1\boldsymbol{x_1}$, $X\boldsymbol{x_2} = \lambda_2\boldsymbol{x_2}$ が成り立つ. ここで, 行列 P は $\boldsymbol{x_1}$ と $\boldsymbol{x_2}$ を第 1 列と第 2 列とする行列だったので, したがって, $XP = P\begin{pmatrix} \lambda_1 & 0 \\ 0 & \lambda_2 \end{pmatrix}$ が成り立つ.

一方, $\boldsymbol{x_1}$ と $\boldsymbol{x_2}$ が一次独立なので, P は正則行列. つまり, 逆行列 P^{-1} が存在するので, 上式の両辺に P^{-1} を左側からかけると, $P^{-1}XP = P^{-1}P\begin{pmatrix} \lambda_1 & 0 \\ 0 & \lambda_2 \end{pmatrix} = \begin{pmatrix} \lambda_1 & 0 \\ 0 & \lambda_2 \end{pmatrix}$. よって確かに対角化された.

練習 6.2.3

行列 $X = \begin{pmatrix} 2 & -1 \\ -1 & 2 \end{pmatrix}$ の 100 乗を求める. まず X の固有値を求める.

$\det(X - t\,I) = \det\left(\begin{pmatrix} 2 & -1 \\ -1 & 2 \end{pmatrix} - t\begin{pmatrix} 1 & 0 \\ 0 & 1 \end{pmatrix}\right) = \det\begin{pmatrix} 2-t & -1 \\ -1 & 2-t \end{pmatrix} = (2-t)^2 - 1 = t^2 - 4t + 3 = 0$ より, X の固有値は 1 と 3. 固有値 1 に対応する固有ベクトルは, $X\begin{pmatrix} u \\ v \end{pmatrix} = \begin{pmatrix} 2 & -1 \\ -1 & 2 \end{pmatrix}\begin{pmatrix} u \\ v \end{pmatrix} = \begin{pmatrix} 2u-v \\ -u+2v \end{pmatrix} = \begin{pmatrix} u \\ v \end{pmatrix}$ より, たとえば $\begin{pmatrix} u \\ v \end{pmatrix} = \begin{pmatrix} 1 \\ 1 \end{pmatrix}$. 同様に, 固有値 3 に対応する固有ベクトルは, たとえば $\begin{pmatrix} -1 \\ 1 \end{pmatrix}$. 例 6.1.5 のように $P = \begin{pmatrix} 1 & -1 \\ 1 & 1 \end{pmatrix}$ とすると, $P^{-1} = \begin{pmatrix} \frac{1}{2} & \frac{1}{2} \\ -\frac{1}{2} & \frac{1}{2} \end{pmatrix}$ なので, $P^{-1}XP = \begin{pmatrix} \frac{1}{2} & \frac{1}{2} \\ -\frac{1}{2} & \frac{1}{2} \end{pmatrix}\begin{pmatrix} 2 & -1 \\ -1 & 2 \end{pmatrix}\begin{pmatrix} 1 & -1 \\ 1 & 1 \end{pmatrix} = \begin{pmatrix} 1 & 0 \\ 0 & 3 \end{pmatrix}$. 両辺を 100 乗すると, $P^{-1}X^{100}P = \begin{pmatrix} 1 & 0 \\ 0 & 3^{100} \end{pmatrix}$.
左から P を, 右から P^{-1} を両辺にかけて,

$$X^{100} = P\begin{pmatrix}1 & 0\\ 0 & 3^{100}\end{pmatrix}P^{-1} = \begin{pmatrix}1 & -1\\ 1 & 1\end{pmatrix}\begin{pmatrix}1 & 0\\ 0 & 3^{100}\end{pmatrix}\begin{pmatrix}\frac{1}{2} & \frac{1}{2}\\ -\frac{1}{2} & \frac{1}{2}\end{pmatrix} = \begin{pmatrix}\frac{1}{2}\left(1+3^{100}\right) & \frac{1}{2}\left(1-3^{100}\right)\\ \frac{1}{2}\left(1-3^{100}\right) & \frac{1}{2}\left(1+3^{100}\right)\end{pmatrix}$$

練習 6.3.3

微分方程式 $\frac{d^2}{dx^2}f(x) - \frac{d}{dx}f(x) - 2f(x) = 0$ を解く．$y_0 = f(x), y_1 = \frac{d}{dx}f(x), y_2 = \frac{d^2}{dx^2}f(x)$ とおくと，$\frac{d}{dx}y_0 = y_1, \frac{d}{dx}y_1 = y_2 = 2y_0 + y_1$ が成り立つ．この式を行列の積を用いて表すと，$\begin{pmatrix}\frac{d}{dx}y_0\\ \frac{d}{dx}y_1\end{pmatrix} = \begin{pmatrix}0 & 1\\ 2 & 1\end{pmatrix}\begin{pmatrix}y_0\\ y_1\end{pmatrix} \cdots (*)$ となる．ここで，$X = \begin{pmatrix}0 & 1\\ 2 & 1\end{pmatrix}$ とおくと，$\det(X - t\ I) = \det\left(\begin{pmatrix}0 & 1\\ 2 & 1\end{pmatrix} - t\begin{pmatrix}1 & 0\\ 0 & 1\end{pmatrix}\right) = \det\begin{pmatrix}-t & 1\\ 2 & 1-t\end{pmatrix} = t^2 - t - 2 = 0$ より，この二次方程式の 2 つの解 -1 と 2 が X の固有値となる．5.4 節を参照して固有ベクトルを計算すると，たとえば，固有値 -1 に対応する固有ベクトルは $\begin{pmatrix}1\\ -1\end{pmatrix}$，固有値 2 に対応する固有ベクトルは $\begin{pmatrix}1\\ 2\end{pmatrix}$．よって，$P = \begin{pmatrix}1 & 1\\ -1 & 2\end{pmatrix}$ とおくと，$P^{-1}XP = \begin{pmatrix}-1 & 0\\ 0 & 2\end{pmatrix}$．さらに，右辺の対角行列を D とおくと，$X = PDP^{-1}$ となるので，これを式 $(*)$ に代入してみると，$\begin{pmatrix}\frac{d}{dx}y_0\\ \frac{d}{dx}y_1\end{pmatrix} = PDP^{-1}\begin{pmatrix}y_0\\ y_1\end{pmatrix}$．さらに，左から P^{-1} をかけると，$P^{-1}\begin{pmatrix}\frac{d}{dx}y_0\\ \frac{d}{dx}y_1\end{pmatrix} = DP^{-1}\begin{pmatrix}y_0\\ y_1\end{pmatrix}$．$P^{-1} = \frac{1}{3}\begin{pmatrix}2 & -1\\ 1 & 1\end{pmatrix}$ より，左辺は

$$\frac{1}{3}\begin{pmatrix}2 & -1\\ 1 & 1\end{pmatrix}\begin{pmatrix}\frac{d}{dx}y_0\\ \frac{d}{dx}y_1\end{pmatrix} = \frac{1}{3}\begin{pmatrix}2\frac{d}{dx}y_0 - \frac{d}{dx}y_1\\ \frac{d}{dx}y_0 + \frac{d}{dx}y_1\end{pmatrix} = \frac{1}{3}\begin{pmatrix}\frac{d}{dx}\left(2y_0 - y_1\right)\\ \frac{d}{dx}\left(y_0 + y_1\right)\end{pmatrix}.$$

一方で，右辺は

$$\frac{1}{3}\begin{pmatrix}-1 & 0\\ 0 & 2\end{pmatrix}\begin{pmatrix}2 & -1\\ 1 & 1\end{pmatrix}\begin{pmatrix}\frac{d}{dx}y_0\\ \frac{d}{dx}y_1\end{pmatrix} = \frac{1}{3}\begin{pmatrix}-1 & 0\\ 0 & 2\end{pmatrix}\begin{pmatrix}2y_0 - y_1\\ y_0 + y_1\end{pmatrix} = \frac{1}{3}\begin{pmatrix}-\left(2y_0 - y_1\right)\\ 2\left(y_0 + y_1\right)\end{pmatrix}.$$

以上より，$\begin{cases}\frac{d}{dx}\left(2y_0 - y_1\right) = -\left(2y_0 - y_1\right)\\ \frac{d}{dx}\left(y_0 + y_1\right) = 2\left(y_0 + y_1\right)\end{cases}$ ここで，$\frac{d}{dx}f(x) = kf(x)$(k は定数) の解は，$f(x) = e^{kx+C}$(C は積分定数) なので，$\begin{cases}2y_0 - y_1 = e^{-x+C'}\\ y_0 + y_1 = e^{2x+C''}\end{cases}$ (C', C'' は積分定数)．整理すると，$y_0 = Ae^{-x} + Be^{2x}$ ($\frac{e^{C'}}{3}$ を A とし，$\frac{e^{C''}}{3}$ を B とした)．したがって，与えられた微分方程式の解は，$\underline{f(x) = Ae^{2x} + Be^{-x}}$ (A, B は定数)．

練習 6.4.1

式 $x^2+2xy+y^2+2x-2y+1=0$ で表される曲線を, x 軸方向に $+1$, y 軸方向に -1 だけ平行移動して得られる曲線を表す式を求める. x に $x-1$ を, y に $y+1$ を代入すると,

$(x-1)^2+2(x-1)(y+1)+(y+1)^2+2(x-1)-2(y+1)+1=0$. 展開して整理すると,

$x^2+2xy+y^2+2x-2y-3=0$.

練習 6.4.2

$\boldsymbol{u_1}$ と $\boldsymbol{u_2}$ が行列 $X=\begin{pmatrix} a & b \\ b & c \end{pmatrix}$ の固有ベクトルになり, それぞれに対応する固有値が λ_1 と λ_2 になることを確かめる. $X\boldsymbol{u_1}$ を計算する. $X\boldsymbol{u_1}=\begin{pmatrix} a & b \\ b & c \end{pmatrix}\begin{pmatrix} -b \\ a-\lambda_1 \end{pmatrix}=\begin{pmatrix} a(-b)+b(a-\lambda_1) \\ b(-b)+c(a-\lambda_1) \end{pmatrix}=$ $\begin{pmatrix} -b\lambda_1 \\ -b^2+ca-c\lambda_1 \end{pmatrix}$. ここで, λ_1 は $t^2-(a+c)t+(ac-b^2)=0$ の解だったので, 代入すると,

$\lambda_1^2-(a+c)\lambda_1+(ac-b^2)=0$. よって, $-b^2+ca-c\lambda_1=a\lambda_1-\lambda_1^2$ より, $X\boldsymbol{u_1}=\begin{pmatrix} -b\lambda_1 \\ -b^2+ca-c\lambda_1 \end{pmatrix}=$ $\begin{pmatrix} -b\lambda_1 \\ a\lambda_1-\lambda_1^2 \end{pmatrix}=\lambda_1\begin{pmatrix} -b \\ a-\lambda_1 \end{pmatrix}$. 以上より, $\boldsymbol{u_1}$ が行列 X の固有ベクトルになり, 対応する固有値が λ_1 になることが確かめられた. $\boldsymbol{u_2}$ と λ_2 についてもまったく同様なので省略する.

練習 6.4.3

$\boldsymbol{u_1}\cdot\boldsymbol{u_2}=0$ を示す. $\boldsymbol{u_1}=\begin{pmatrix} -b \\ a-\lambda_1 \end{pmatrix}, \boldsymbol{u_2}=\begin{pmatrix} -b \\ a-\lambda_2 \end{pmatrix}$ より, $\boldsymbol{u_1}\cdot\boldsymbol{u_2}=\begin{pmatrix} -b \\ a-\lambda_1 \end{pmatrix}\cdot\begin{pmatrix} -b \\ a-\lambda_2 \end{pmatrix}=b^2+$ $(a-\lambda_1)(a-\lambda_2)=b^2+a^2-(\lambda_1+\lambda_2)a+\lambda_1\lambda_2$. ここで, λ_1 と λ_2 は $t^2-(a+c)t+(ac-b^2)=0$ の解だったので, 解と係数の関係より, $(\lambda_1+\lambda_2)=a+c$, $\lambda_1\lambda_2=(ac-b^2)$. 代入して計算すると,

$b^2+a^2-(a+c)a+(ac-b^2)=0$. 以上より, $\boldsymbol{u_1}\cdot\boldsymbol{u_2}=0$ が示せた.

練習 6.4.4

$P=\begin{pmatrix} \cos\theta & -\sin\theta \\ \sin\theta & \cos\theta \end{pmatrix}$ として, まず $\|\boldsymbol{a}\|=\|P\boldsymbol{a}\|$ を示す. $\boldsymbol{a}=\begin{pmatrix} x \\ y \end{pmatrix}$ とすると $P\boldsymbol{a}=\begin{pmatrix} x\cos\theta-y\sin\theta \\ x\sin\theta+y\cos\theta \end{pmatrix}$ となる. 以下, 簡単のため, $c=\cos\theta, s=\sin\theta$ とおく. すると, $(P\boldsymbol{a})\cdot(P\boldsymbol{a})=\begin{pmatrix} xc-ys \\ xs+yc \end{pmatrix}\cdot\begin{pmatrix} xc-ys \\ xs+yc \end{pmatrix}=$ $(xc-ys)^2+(xs+yc)^2=c^2x^2-2csxy+s^2y^2+s^2x^2+2csxy+c^2y^2=(c^2+s^2)x^2+(s^2+c^2)y^2=$ $x^2+y^2=\boldsymbol{a}\cdot\boldsymbol{a}\quad(\cos^2\theta+\sin^2\theta=1$ より). したがって, $\|\boldsymbol{a}\|=\|P\boldsymbol{a}\|$ が示せた.

次に「$\boldsymbol{a}$ と $P\boldsymbol{a}$ のなす角は θ」を示す. まず $\boldsymbol{a}$ と $P\boldsymbol{a}$ の内積を計算すると, $\boldsymbol{a}\cdot(P\boldsymbol{a})=\begin{pmatrix} x \\ y \end{pmatrix}\cdot$

$\begin{pmatrix} xc - ys \\ xs + yc \end{pmatrix} = x(xc-ys)+y(xs+yc) = cx^2+cy^2$. また, 上で示したように, $\|\boldsymbol{a}\| = \|P\boldsymbol{a}\| = \sqrt{x^2+y^2}$.

よって, $\dfrac{\boldsymbol{a}\cdot(P\boldsymbol{a})}{\|\boldsymbol{a}\|\,\|P\boldsymbol{a}\|} = \dfrac{c(x^2+y^2)}{\sqrt{x^2+y^2}\,\sqrt{x^2+y^2}} = \cos\theta$. したがって, 「$\boldsymbol{a}$ と $P\boldsymbol{a}$ のなす角は θ」を示せた.

小テスト，期末テストの解答

第 0 章の小テスト

○ **0.1**, **0.2**

問題 1 (1) $\{x \mid x \in \mathbb{Q}$ かつ $-1 \leq x \leq 1\}$ または $\{x \in \mathbb{Q} \mid -1 \leq x \leq 1\}$

(2) $\{(x, y) \in \mathbb{R}^2 \mid \sqrt{x^2 + y^2} \leq 1\}$

問題 2 $A \cap B = \{1, 2, 4\}$, $A \cup B = \{1, 2, 3, 4, 5, 6, 10, 12, 20\}$

問題 3 (1) 正の実数の平方根は, 実数の範囲で 2 つ存在するので, 写像の定義をみたさない. また, 負の実数の平方根は, 実数の範囲では存在しない. (2) 与えられた数を超えない最大の整数はただひとつ存在するので, 写像の定義をみたす.

問題 4 $g \circ f(x) = g(f(x)) = g(x + 4) = (x + 4)^2 + 2(x + 4) = x^2 + 10x + 24$ より, $z = x^2 + 10x + 24$ で与えられる写像.

問題 5 与えられた数の 3 乗をとる写像が全射であることは, すべての実数について 3 乗根が実数の範囲で存在することからわかる. 単射であることも, 実数の 3 乗根は, 実数の範囲でただひとつ存在することから従う.

○ **0.3**

問題 1 (1) $2\boldsymbol{a} + 3\boldsymbol{b} = 2\begin{pmatrix} 2 \\ 3 \\ 1 \end{pmatrix} + 3\begin{pmatrix} 1 \\ 0 \\ 1 \end{pmatrix} = \begin{pmatrix} 4+3 \\ 6+0 \\ 2+3 \end{pmatrix} = \begin{pmatrix} 7 \\ 6 \\ 5 \end{pmatrix}$ (2) $\boldsymbol{a} \cdot \boldsymbol{b} = \begin{pmatrix} 2 \\ 3 \\ 1 \end{pmatrix} \cdot \begin{pmatrix} 1 \\ 0 \\ 1 \end{pmatrix} =$ $2 \cdot 1 + 3 \cdot 0 + 1 \cdot 1 = 2 + 0 + 1 = 3$ (3) $\|\boldsymbol{a}\| = \sqrt{\begin{pmatrix} 2 \\ 3 \\ 1 \end{pmatrix} \cdot \begin{pmatrix} 2 \\ 3 \\ 1 \end{pmatrix}} = \sqrt{2^2 + 3^2 + 1^2} = \sqrt{14}$

(4) まず, $\|\boldsymbol{b}\| = \sqrt{\begin{pmatrix} 1 \\ 0 \\ 1 \end{pmatrix} \cdot \begin{pmatrix} 1 \\ 0 \\ 1 \end{pmatrix}} = \sqrt{1^2 + 0^2 + 1^2} = \sqrt{2}$ である. $\cos\theta = \dfrac{\boldsymbol{a} \cdot \boldsymbol{b}}{\|\boldsymbol{a}\|\,\|\boldsymbol{b}\|} = \dfrac{3}{\sqrt{14}\sqrt{2}} = \dfrac{3\sqrt{7}}{14}$

(5) $\sqrt{\|\boldsymbol{a}\|^2\|\boldsymbol{b}\|^2 - (\boldsymbol{a} \cdot \boldsymbol{b})^2} = \sqrt{\sqrt{14}^2 \cdot \sqrt{2}^2 - 3^2} = \sqrt{19}$

問題 2 $\boldsymbol{a} = \begin{pmatrix} a_1 \\ a_2 \end{pmatrix}, \boldsymbol{b} = \begin{pmatrix} b_1 \\ b_2 \end{pmatrix}$ のとき,

$$\sqrt{\|\boldsymbol{a}\|^2\|\boldsymbol{b}\|^2 - (\boldsymbol{a} \cdot \boldsymbol{b})^2} = \sqrt{(a_1^2 + a_2^2)(b_1^2 + b_2^2) - (a_1b_1 + a_2b_2)^2} = \sqrt{(a_1b_2 - a_2b_1)^2} = |a_1b_2 - a_2b_1|.$$

$\boldsymbol{a} = \begin{pmatrix} a_1 \\ a_2 \\ a_3 \end{pmatrix}, \boldsymbol{b} = \begin{pmatrix} b_1 \\ b_2 \\ b_3 \end{pmatrix}$ のとき，

$$\begin{aligned}\sqrt{\|\boldsymbol{a}\|^2\|\boldsymbol{b}\|^2 - (\boldsymbol{a}\cdot\boldsymbol{b})^2} &= \sqrt{(a_1^2+a_2^2+a_3^2)(b_1^2+b_2^2+b_3^2) - (a_1b_1+a_2b_2+a_3b_3)^2} \\ &= \sqrt{(a_1b_2-a_2b_1)^2+(a_2b_3-a_3b_2)^2+(a_3b_1-a_1b_2)^2}\end{aligned}$$

第 1 章の小テスト

◯ 1.1

問題 1　一次変換を $f(\begin{pmatrix} x \\ y \end{pmatrix}) = \begin{pmatrix} ax+by \\ cx+dy \end{pmatrix}$ とおく．与えられた条件より，$\begin{pmatrix} a \\ c \end{pmatrix} = \begin{pmatrix} 1 \\ 2 \end{pmatrix}, \begin{pmatrix} b \\ d \end{pmatrix} = \begin{pmatrix} 3 \\ 4 \end{pmatrix}$ を得る．よって，$f(\begin{pmatrix} x \\ y \end{pmatrix}) = \begin{pmatrix} x+3y \\ 2x+4y \end{pmatrix}$ となる．

問題 2　一次変換を $f(\begin{pmatrix} x \\ y \end{pmatrix}) = \begin{pmatrix} ax+by \\ cx+dy \end{pmatrix}$ とおく．与えられた条件より，$\begin{pmatrix} -a+b \\ -c+d \end{pmatrix} = \begin{pmatrix} -1 \\ 1 \end{pmatrix}, \begin{pmatrix} a+2b \\ c+2d \end{pmatrix} = \begin{pmatrix} 4 \\ 5 \end{pmatrix}$ を得る．この連立方程式を解くと，$f(\begin{pmatrix} x \\ y \end{pmatrix}) = \begin{pmatrix} 2x+y \\ x+2y \end{pmatrix}$ となる．

問題 3　$f(\begin{pmatrix} x \\ y \end{pmatrix}) = \begin{pmatrix} x\cos\theta - y\sin\theta \\ x\sin\theta + y\cos\theta \end{pmatrix}$ とする．$f(\begin{pmatrix} x \\ y \end{pmatrix})$ のノルムは，

$$\sqrt{(x\cos\theta - y\sin\theta)^2 + (x\sin\theta + y\cos\theta)^2}$$

$$= \sqrt{(x^2\cos^2\theta - 2xy\sin\theta\cos\theta + y^2\sin^2\theta) + (x^2\sin^2\theta + 2xy\sin\theta\cos\theta + y^2\cos^2\theta)} = \sqrt{x^2+y^2}.$$

よってノルムはこの一次変換の前後で変わらない．

問題 4　$\begin{pmatrix} x \\ y \end{pmatrix}$ は x 軸に関する対称移動で $\begin{pmatrix} x \\ -y \end{pmatrix}$ に移動する．さらに，$\begin{pmatrix} x \\ -y \end{pmatrix}$ は y 軸に関する対称移動で $\begin{pmatrix} -x \\ -y \end{pmatrix}$ に移動する．この移動を f を用いて表すと $f(\begin{pmatrix} x \\ y \end{pmatrix}) = \begin{pmatrix} -x \\ -y \end{pmatrix}$ となる．これは一次変換である．

◯ 1.2

問題 1　$\begin{pmatrix} 1 & 2 \\ 3 & 4 \end{pmatrix}$

問題 2　x 軸に関する対称変換は $f(\begin{pmatrix} x \\ y \end{pmatrix}) = \begin{pmatrix} x \\ -y \end{pmatrix}$ であったので表現行列は $\begin{pmatrix} 1 & 0 \\ 0 & -1 \end{pmatrix}$ となる．

y 軸に関する対称変換は，$f(\begin{pmatrix} x \\ y \end{pmatrix}) = \begin{pmatrix} -x \\ y \end{pmatrix}$ であったので，表現行列は $\begin{pmatrix} -1 & 0 \\ 0 & 1 \end{pmatrix}$ となる．

問題 3 (1) -1 (2)$A+3B=\begin{pmatrix}1&4&-2\\-1&0&3\\2&-1&1\end{pmatrix}+3\begin{pmatrix}-2&0&1\\1&5&-2\\1&4&1\end{pmatrix}=\begin{pmatrix}-5&4&1\\2&15&-3\\5&11&4\end{pmatrix}$

問題 4 $\begin{pmatrix}0&-1&-2&-3\\1&0&-1&-2\\2&1&0&-1\end{pmatrix}$

○ **1.3**

問題 1 (1) $\begin{pmatrix}3&-1&4\\1&2&-4\end{pmatrix}\begin{pmatrix}1\\-1\\2\end{pmatrix}=\begin{pmatrix}3+1+8\\1-2-8\end{pmatrix}=\begin{pmatrix}12\\-9\end{pmatrix}$

(2) $\begin{pmatrix}1&2&3\\4&-2&1\end{pmatrix}\begin{pmatrix}2&-1&3\\-1&1&0\\2&0&3\end{pmatrix}=\begin{pmatrix}6&1&12\\12&-6&15\end{pmatrix}$

問題 2 $A=\begin{pmatrix}a&b\\c&d\end{pmatrix}$ とする.

$AI_2=\begin{pmatrix}a&b\\c&d\end{pmatrix}\begin{pmatrix}1&0\\0&1\end{pmatrix}=\begin{pmatrix}a&b\\c&d\end{pmatrix}=A.$ $I_2A=\begin{pmatrix}1&0\\0&1\end{pmatrix}\begin{pmatrix}a&b\\c&d\end{pmatrix}=\begin{pmatrix}a&b\\c&d\end{pmatrix}=A.$

問題 3 $A=(a_{ij})$ を ℓ 行 m 列の行列, $B=(b_{ij})$ と $C=(c_{ij})$ を m 行 n 列の行列とする. 和の定義より, $B+C$ は m 行 n 列の行列である. 積の定義より, $A(B+C)$, AB, AC は ℓ 行 n 列の行列である. 和の定義より, $AB+AC$ は ℓ 行 n 列の行列である. よって, $A(B+C)$ と $AB+AC$ は同じ行と列の数を持つ行列である.

成分を比較する. $B+C$ の (jk) 成分は $b_{jk}+c_{jk}$ である. $A(B+C)$ の (i,k) 成分は $\sum_{j=1}^{m}a_{ij}(b_{jk}+c_{jk})=\sum_{j=1}^{m}a_{ij}b_{jk}+\sum_{j=1}^{m}a_{ij}c_{jk}$ となる. AB の (i,k) 成分は $\sum_{j=1}^{m}a_{ij}b_{jk}$ となり, AC の (i,k) 成分は $\sum_{j=1}^{m}a_{ij}c_{jk}$ となるので, $AB+AC$ の (i,k) 成分は $\sum_{j=1}^{m}a_{ij}b_{jk}+\sum_{j=1}^{m}a_{ij}c_{jk}$ となる. よって $A(B+C)=AB+AC$ を得る.

問題 4 ${}^tA=\begin{pmatrix}1&4&7\\2&5&8\\3&6&9\end{pmatrix}$

問題 5 数学的帰納法で示す. まず, 原点のまわりの角度 θ の回転を与える一次変換の表現行列は, $\begin{pmatrix}\cos\theta&-\sin\theta\\\sin\theta&\cos\theta\end{pmatrix}$ であった. これは主張が $n=1$ の場合に成立していることを示している. $n-1$ 回の合成の表現行列が $\begin{pmatrix}\cos(n-1)\theta&-\sin(n-1)\theta\\\sin(n-1)\theta&\cos(n-1)\theta\end{pmatrix}$ で与えられているとして, n 回の合成を考える. この

とき, n 回の合成の表現行列は

$$\begin{pmatrix}\cos\theta & -\sin\theta \\ \sin\theta & \cos\theta\end{pmatrix}\begin{pmatrix}\cos(n-1)\theta & -\sin(n-1)\theta \\ \sin(n-1)\theta & \cos(n-1)\theta\end{pmatrix}$$

$$=\begin{pmatrix}\cos\theta\cos(n-1)\theta+(-\sin\theta)\sin(n-1)\theta & \cos\theta(-\sin(n-1)\theta)+(-\sin\theta)\cos(n-1)\theta \\ \sin\theta\cos(n-1)\theta+\cos\theta\sin(n-1)\theta & \sin\theta(-\sin(n-1)\theta)+\cos\theta\cos(n-1)\theta\end{pmatrix}$$

$$=\begin{pmatrix}\cos n\theta & -\sin n\theta \\ \sin n\theta & \cos n\theta\end{pmatrix}.$$

第 2 章の小テスト

○ 2.1

問題 1 (1) 拡大係数行列は $\begin{pmatrix}1 & -2 & 1 \\ 2 & -1 & 11\end{pmatrix}$ である. 行基本変形を用いて変形する.

$$\begin{pmatrix}1 & -2 & 1 \\ 2 & -1 & 11\end{pmatrix}\xrightarrow{②+①\times(-2)}\begin{pmatrix}1 & -2 & 1 \\ 0 & 3 & 9\end{pmatrix}\xrightarrow{②\times\frac{1}{3}}\begin{pmatrix}1 & -2 & 1 \\ 0 & 1 & 3\end{pmatrix}\xrightarrow{①+②\times2}\begin{pmatrix}1 & 0 & 7 \\ 0 & 1 & 3\end{pmatrix}$$ となるので,

$$\begin{cases}x=7 \\ y=3\end{cases}.$$

(2) 拡大係数行列は $\begin{pmatrix}1 & 2 & -1 & -1 \\ 3 & 4 & 1 & 11 \\ 6 & 13 & -6 & -3\end{pmatrix}$ である. $\begin{pmatrix}1 & 2 & -1 & -1 \\ 3 & 4 & 1 & 11 \\ 6 & 13 & -6 & -3\end{pmatrix}\xrightarrow[③+①\times(-6)]{②+①\times(-3)}$

$$\begin{pmatrix}1 & 2 & -1 & -1 \\ 0 & -2 & 4 & 14 \\ 0 & 1 & 0 & 3\end{pmatrix}\xrightarrow{②\times(-\frac{1}{2})}\begin{pmatrix}1 & 2 & -1 & -1 \\ 0 & 1 & -2 & -7 \\ 0 & 1 & 0 & 3\end{pmatrix}\xrightarrow[③+②\times(-1)]{①+②\times(-2)}\begin{pmatrix}1 & 0 & 3 & 13 \\ 0 & 1 & -2 & -7 \\ 0 & 0 & 2 & 10\end{pmatrix}\xrightarrow{③\times\frac{1}{2}}$$

$$\begin{pmatrix}1 & 0 & 3 & 13 \\ 0 & 1 & -2 & -7 \\ 0 & 0 & 1 & 5\end{pmatrix}\xrightarrow[②+③\times2]{①+③\times(-3)}\begin{pmatrix}1 & 0 & 0 & -2 \\ 0 & 1 & 0 & 3 \\ 0 & 0 & 1 & 5\end{pmatrix}.$$ よって解は, $\begin{cases}x=-2 \\ y=3 \\ z=5\end{cases}.$

問題 2 (1) 求める行列は二次行列 $\begin{pmatrix}1 & 3 \\ 0 & 1\end{pmatrix}$. (2) 求める行列は 4 次行列 $\begin{pmatrix}1 & 0 & 0 & 0 \\ 0 & 0 & 0 & 1 \\ 0 & 0 & 1 & 0 \\ 0 & 1 & 0 & 0\end{pmatrix}$.

○ 2.2

問題 1　拡大係数行列をはきだし法で変形する.

(1) $$\begin{pmatrix}1 & 2 & -1 & 5 \\ 2 & 1 & 4 & 1 \\ -1 & 1 & 3 & -4\end{pmatrix}\xrightarrow[③+①]{②+①\times(-2)}\begin{pmatrix}1 & 2 & -1 & 5 \\ 0 & -3 & 6 & -9 \\ 0 & 3 & 2 & 1\end{pmatrix}\xrightarrow{②\times(-\frac{1}{3})}\begin{pmatrix}1 & 2 & -1 & 5 \\ 0 & 1 & -2 & 3 \\ 0 & 3 & 2 & 1\end{pmatrix}\xrightarrow[③+②\times(-3)]{①+②\times(-2)}$$

$$\begin{pmatrix}1 & 0 & 3 & -1 \\ 0 & 1 & -2 & 3 \\ 0 & 0 & 8 & -8\end{pmatrix}\xrightarrow{③\times\frac{1}{8}}\begin{pmatrix}1 & 0 & 3 & -1 \\ 0 & 1 & -2 & 3 \\ 0 & 0 & 1 & -1\end{pmatrix}\xrightarrow[②+③\times2]{①+③\times(-3)}\begin{pmatrix}1 & 0 & 0 & 2 \\ 0 & 1 & 0 & 1 \\ 0 & 0 & 1 & -1\end{pmatrix}.$$ よって解は, $\begin{cases}x=2 \\ y=1 \\ z=-1\end{cases}.$

(2) $\begin{pmatrix} 1 & 2 & -1 & 5 \\ 2 & 1 & 4 & 1 \\ -1 & 1 & -5 & -4 \end{pmatrix} \xrightarrow[③+①]{②+①\times(-2)} \begin{pmatrix} 1 & 2 & -1 & 5 \\ 0 & -3 & 6 & -9 \\ 0 & 3 & -6 & 1 \end{pmatrix} \xrightarrow{②\times(-\frac{1}{3})} \begin{pmatrix} 1 & 2 & -1 & 5 \\ 0 & 1 & -2 & 3 \\ 0 & 3 & -6 & 1 \end{pmatrix} \xrightarrow[③+②\times(-3)]{①+②\times(-2)}$

$\begin{pmatrix} 1 & 0 & 3 & -1 \\ 0 & 1 & -2 & 3 \\ 0 & 0 & 0 & -8 \end{pmatrix}$. よって解は存在しない.

(3) $\begin{pmatrix} 1 & 2 & -1 & 5 \\ 2 & 1 & 4 & 1 \\ -1 & 1 & -5 & 4 \end{pmatrix} \xrightarrow[③+①]{②+①\times(-2)} \begin{pmatrix} 1 & 2 & -1 & 5 \\ 0 & -3 & 6 & -9 \\ 0 & 3 & -6 & 9 \end{pmatrix} \xrightarrow{②\times(-\frac{1}{3})} \begin{pmatrix} 1 & 2 & -1 & 5 \\ 0 & 1 & -2 & 3 \\ 0 & 3 & -6 & 9 \end{pmatrix} \xrightarrow[③+②\times(-3)]{①+②\times(-2)}$

$\begin{pmatrix} 1 & 0 & 3 & -1 \\ 0 & 1 & -2 & 3 \\ 0 & 0 & 0 & 0 \end{pmatrix}$. よって $z=t$ とおくと, 解は, $\begin{cases} x = -3t-1 \\ y = 2t+3 \\ z = t \end{cases}$ (t は任意の実数).

問題 2 $\begin{pmatrix} 1 & 2 & 5 & 1 \\ 2 & 3 & 8 & 1 \\ 4 & 2 & 8 & a \end{pmatrix} \xrightarrow[③+①\times(-4)]{②+①\times(-2)} \begin{pmatrix} 1 & 2 & 5 & 1 \\ 0 & -1 & -2 & -1 \\ 0 & -6 & -12 & a-4 \end{pmatrix} \xrightarrow{②\times(-1)} \begin{pmatrix} 1 & 2 & 5 & 1 \\ 0 & 1 & 2 & 1 \\ 0 & -6 & -12 & a-4 \end{pmatrix}$

$\xrightarrow[③+②\times6]{①+②\times(-2)} \begin{pmatrix} 1 & 0 & 1 & -1 \\ 0 & 1 & 2 & 1 \\ 0 & 0 & 0 & a+2 \end{pmatrix}$. よって解を持つ条件は, $a=-2$. このとき $z=t$ とおくと, 解は,

$\begin{cases} x = -t-1 \\ y = -2t+1 \\ z = t \end{cases}$ (t は任意の実数) となる.

○ **2.3**

問題 1 (1) $\begin{pmatrix} 1 & 2 & 3 \\ 2 & 4 & 6 \\ 3 & 6 & 9 \end{pmatrix} \xrightarrow[③+①\times(-3)]{②+①\times(-2)} \begin{pmatrix} 1 & 2 & 3 \\ 0 & 0 & 0 \\ 0 & 0 & 0 \end{pmatrix}$ となるので, 階数は 1 である.

(2) $\begin{pmatrix} 1 & 2 & 3 \\ 4 & 5 & 6 \\ 7 & 8 & 9 \end{pmatrix} \xrightarrow[③+①\times(-7)]{②+①\times(-4)} \begin{pmatrix} 1 & 2 & 3 \\ 0 & -3 & -6 \\ 0 & -6 & -12 \end{pmatrix} \xrightarrow{②\times(-\frac{1}{3})} \begin{pmatrix} 1 & 2 & 3 \\ 0 & 1 & 2 \\ 0 & -6 & -12 \end{pmatrix} \xrightarrow{③+②\times6} \begin{pmatrix} 1 & 2 & 3 \\ 0 & 1 & 2 \\ 0 & 0 & 0 \end{pmatrix}$ となるので, 階数は 2 である.

(3) $\begin{pmatrix} 1 & 1 & 1 \\ 1 & 2 & 3 \\ 1 & 4 & 9 \end{pmatrix} \xrightarrow[③+①\times(-1)]{②+①\times(-1)} \begin{pmatrix} 1 & 1 & 1 \\ 0 & 1 & 2 \\ 0 & 3 & 8 \end{pmatrix} \xrightarrow{③+②\times(-3)} \begin{pmatrix} 1 & 1 & 1 \\ 0 & 1 & 2 \\ 0 & 0 & 2 \end{pmatrix}$ となるので, 階数は 3 である.

問題 2 拡大係数行列をはきだし法で変形する.

$\begin{pmatrix} 1 & 2 & 3 & 1 \\ 4 & 5 & 6 & 2 \\ 7 & 8 & 9 & k \end{pmatrix} \xrightarrow[③+①\times(-7)]{②+①\times(-4)} \begin{pmatrix} 1 & 2 & 3 & 1 \\ 0 & -3 & -6 & -2 \\ 0 & -6 & -12 & k-7 \end{pmatrix} \xrightarrow{②\times(-\frac{1}{3})} \begin{pmatrix} 1 & 2 & 3 & 1 \\ 0 & 1 & 2 & \frac{2}{3} \\ 0 & -6 & -12 & k-7 \end{pmatrix} \xrightarrow{③+②\times6}$

$\begin{pmatrix} 1 & 2 & 3 & 1 \\ 0 & 1 & 2 & \frac{2}{3} \\ 0 & 0 & 0 & k-3 \end{pmatrix}$ $k=3$ のとき, $\mathrm{rank}\, A = \mathrm{rank}\, B = 2 < 3$ となるので, 解は無数に存在する.

$k \neq 3$ のとき, $\mathrm{rank}\, A < \mathrm{rank}\, B$ となるので, 解は存在しない.

問題 3 まず, 階数は行列の行の数以下であるので $\mathrm{rank}\, A \leq m$ が従う. さらに, 階数は階段行列に変形した際の, 行の左端に現れる 0 でない成分の数と一致する. これらの成分は各列に 1 つ以下であるので, $\mathrm{rank}\, A \leq n$ が従う. よって, $\mathrm{rank} A \leq \min\{m, n\}$ となる.

◯ 2.4

問題 1 (1) $\left(\begin{array}{ccc|ccc} 0 & 1 & 1 & 1 & 0 & 0 \\ 2 & 4 & 1 & 0 & 1 & 0 \\ 1 & 3 & 1 & 0 & 0 & 1 \end{array}\right) \xrightarrow{①\leftrightarrow③} \left(\begin{array}{ccc|ccc} 1 & 3 & 1 & 0 & 0 & 1 \\ 2 & 4 & 1 & 0 & 1 & 0 \\ 0 & 1 & 1 & 1 & 0 & 0 \end{array}\right) \xrightarrow{②+①\times(-2)}$

$\left(\begin{array}{ccc|ccc} 1 & 3 & 1 & 0 & 0 & 1 \\ 0 & -2 & -1 & 0 & 1 & -2 \\ 0 & 1 & 1 & 1 & 0 & 0 \end{array}\right) \xrightarrow{②\leftrightarrow③} \left(\begin{array}{ccc|ccc} 1 & 3 & 1 & 0 & 0 & 1 \\ 0 & 1 & 1 & 1 & 0 & 0 \\ 0 & -2 & -1 & 0 & 1 & -2 \end{array}\right) \xrightarrow[③+②\times 2]{①+②\times(-3)}$

$\left(\begin{array}{ccc|ccc} 1 & 0 & -2 & -3 & 0 & 1 \\ 0 & 1 & 1 & 1 & 0 & 0 \\ 0 & 0 & 1 & 2 & 1 & -2 \end{array}\right) \xrightarrow[②+③\times(-1)]{①+③\times 2} \left(\begin{array}{ccc|ccc} 1 & 0 & 0 & 1 & 2 & -3 \\ 0 & 1 & 0 & -1 & -1 & 2 \\ 0 & 0 & 1 & 2 & 1 & -2 \end{array}\right)$ よって逆行列は,

$\begin{pmatrix} 1 & 2 & -3 \\ -1 & -1 & 2 \\ 2 & 1 & -2 \end{pmatrix}$ となる.

(2) $\left(\begin{array}{ccc|ccc} -2 & 1 & 0 & 1 & 0 & 0 \\ 3 & 1 & 1 & 0 & 1 & 0 \\ 4 & 0 & 1 & 0 & 0 & 1 \end{array}\right) \xrightarrow{①\times(-\frac{1}{2})} \left(\begin{array}{ccc|ccc} 1 & -\frac{1}{2} & 0 & -\frac{1}{2} & 0 & 0 \\ 3 & 1 & 1 & 0 & 1 & 0 \\ 4 & 0 & 1 & 0 & 0 & 1 \end{array}\right) \xrightarrow[③+①\times(-4)]{②+①\times(-3)}$

$\left(\begin{array}{ccc|ccc} 1 & -\frac{1}{2} & 0 & -\frac{1}{2} & 0 & 0 \\ 0 & \frac{5}{2} & 1 & \frac{3}{2} & 1 & 0 \\ 0 & 2 & 1 & 2 & 0 & 1 \end{array}\right) \xrightarrow{②\times\frac{2}{5}} \left(\begin{array}{ccc|ccc} 1 & -\frac{1}{2} & 0 & -\frac{1}{2} & 0 & 0 \\ 0 & 1 & \frac{2}{5} & \frac{3}{5} & \frac{2}{5} & 0 \\ 0 & 2 & 1 & 2 & 0 & 1 \end{array}\right) \xrightarrow[③+②\times(-2)]{①+②\times\frac{1}{2}}$

$\left(\begin{array}{ccc|ccc} 1 & 0 & \frac{1}{5} & -\frac{1}{5} & \frac{1}{5} & 0 \\ 0 & 1 & \frac{2}{5} & \frac{3}{5} & \frac{2}{5} & 0 \\ 0 & 0 & \frac{1}{5} & \frac{4}{5} & -\frac{4}{5} & 1 \end{array}\right) \xrightarrow[②+③\times(-2)]{①+③\times(-1)} \left(\begin{array}{ccc|ccc} 1 & 0 & 0 & -1 & 1 & -1 \\ 0 & 1 & 0 & -1 & 2 & -2 \\ 0 & 0 & \frac{1}{5} & \frac{4}{5} & -\frac{4}{5} & 1 \end{array}\right) \xrightarrow{③\times 5}$

$\left(\begin{array}{ccc|ccc} 1 & 0 & 0 & -1 & 1 & -1 \\ 0 & 1 & 0 & -1 & 2 & -2 \\ 0 & 0 & 1 & 4 & -4 & 5 \end{array}\right)$ よって逆行列は, $\begin{pmatrix} -1 & 1 & -1 \\ -1 & 2 & -2 \\ 4 & -4 & 5 \end{pmatrix}$ となる.

問題 2 (1) 係数行列 $A = \begin{pmatrix} 0 & 1 & 1 \\ 2 & 4 & 1 \\ 1 & 3 & 1 \end{pmatrix}$ の逆行列は $A^{-1} = \begin{pmatrix} 1 & 2 & -3 \\ -1 & -1 & 2 \\ 2 & 1 & -2 \end{pmatrix}$ であるので, 解は, $A^{-1}B =$

$\begin{pmatrix} 1 & 2 & -3 \\ -1 & -1 & 2 \\ 2 & 1 & -2 \end{pmatrix} \begin{pmatrix} 1 \\ 2 \\ 3 \end{pmatrix} = \begin{pmatrix} -4 \\ 3 \\ -2 \end{pmatrix}$ となる.

(2) 係数行列 $A=\begin{pmatrix}-2&1&0\\3&1&1\\4&0&1\end{pmatrix}$ の逆行列は $A^{-1}=\begin{pmatrix}-1&1&-1\\-1&2&-2\\4&-4&5\end{pmatrix}$ であるので，解は，$A^{-1}B=$ $\begin{pmatrix}-1&1&-1\\-1&2&-2\\4&-4&5\end{pmatrix}\begin{pmatrix}1\\2\\3\end{pmatrix}=\begin{pmatrix}-2\\-3\\11\end{pmatrix}$ となる．

問題 3
$$\left(\begin{array}{cccc|cccc}0&-5&-2&3&1&0&0&0\\1&3&1&-2&0&1&0&0\\1&-1&1&1&0&0&1&0\\-1&-1&0&1&0&0&0&1\end{array}\right)\xrightarrow{\text{①}\leftrightarrow\text{②}}\left(\begin{array}{cccc|cccc}1&3&1&-2&0&1&0&0\\0&-5&-2&3&1&0&0&0\\1&-1&1&1&0&0&1&0\\-1&-1&0&1&0&0&0&1\end{array}\right)$$

$$\xrightarrow[\text{④}+\text{①}]{\text{③}+\text{①}\times(-1)}\left(\begin{array}{cccc|cccc}1&3&1&-2&0&1&0&0\\0&-5&-2&3&1&0&0&0\\0&-4&0&3&0&-1&1&0\\0&2&1&-1&0&1&0&1\end{array}\right)\xrightarrow{\text{②}\times(-\frac{1}{5})}\left(\begin{array}{cccc|cccc}1&3&1&-2&0&1&0&0\\0&1&\frac{2}{5}&-\frac{3}{5}&-\frac{1}{5}&0&0&0\\0&-4&0&3&0&-1&1&0\\0&2&1&-1&0&1&0&1\end{array}\right)$$

$$\xrightarrow[\text{③}+\text{②}\times4,\text{④}+\text{②}\times(-2)]{\text{①}+\text{②}\times(-3)}\left(\begin{array}{cccc|cccc}1&0&-\frac{1}{5}&-\frac{1}{5}&\frac{3}{5}&1&0&0\\0&1&\frac{2}{5}&-\frac{3}{5}&-\frac{1}{5}&0&0&0\\0&0&\frac{8}{5}&\frac{3}{5}&-\frac{4}{5}&-1&1&0\\0&0&\frac{1}{5}&\frac{1}{5}&\frac{2}{5}&1&0&1\end{array}\right)\xrightarrow{\text{③}\times\frac{5}{8}}$$

$$\left(\begin{array}{cccc|cccc}1&0&-\frac{1}{5}&-\frac{1}{5}&\frac{3}{5}&1&0&0\\0&1&\frac{2}{5}&-\frac{3}{5}&-\frac{1}{5}&0&0&0\\0&0&1&\frac{3}{8}&-\frac{1}{2}&-\frac{5}{8}&\frac{5}{8}&0\\0&0&\frac{1}{5}&\frac{1}{5}&\frac{2}{5}&1&0&1\end{array}\right)\xrightarrow[\text{②}+\text{③}\times(-\frac{2}{5}),\text{④}+\text{③}\times(-\frac{1}{5})]{\text{①}+\text{③}\times\frac{1}{5}}$$

$$\left(\begin{array}{cccc|cccc}1&0&0&-\frac{1}{8}&\frac{1}{2}&\frac{7}{8}&\frac{1}{8}&0\\0&1&0&-\frac{3}{4}&0&\frac{1}{4}&-\frac{1}{4}&0\\0&0&1&\frac{3}{8}&-\frac{1}{2}&-\frac{5}{8}&\frac{5}{8}&0\\0&0&0&\frac{1}{8}&\frac{1}{2}&\frac{9}{8}&-\frac{1}{8}&1\end{array}\right)\xrightarrow{\text{④}\times8}\left(\begin{array}{cccc|cccc}1&0&0&-\frac{1}{8}&\frac{1}{2}&\frac{7}{8}&\frac{1}{8}&0\\0&1&0&-\frac{3}{4}&0&\frac{1}{4}&-\frac{1}{4}&0\\0&0&1&\frac{3}{8}&-\frac{1}{2}&-\frac{5}{8}&\frac{5}{8}&0\\0&0&0&1&4&9&-1&8\end{array}\right)$$

$$\xrightarrow[\text{②}+\text{④}\times\frac{3}{4},\text{③}+\text{④}\times(-\frac{3}{8})]{\text{①}+\text{④}\times\frac{1}{8}}\left(\begin{array}{cccc|cccc}1&0&0&0&1&2&0&1\\0&1&0&0&3&7&-1&6\\0&0&1&0&-2&-4&1&-3\\0&0&0&1&4&9&-1&8\end{array}\right)$$ よって逆行列は，$\begin{pmatrix}1&2&0&1\\3&7&-1&6\\-2&-4&1&-3\\4&9&-1&8\end{pmatrix}$ となる．

第 3 章の小テスト

○ 3.1

問題 1 置換を n 文字の並び換えであった．1 番初めに来る文字は n 通り考えられる．同じ文字は 1 回しか現れないため，2 番目に来る文字は $(n-1)$ 通り，3 番目に来る文字は $(n-2)$ 通りである．よって，n 文字の並び換えを考えると $n!$ 通りとなる．

問題 2 (1) 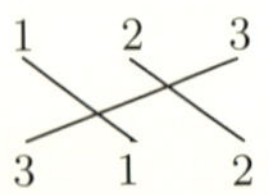

2 重点は 2 個であるので $\begin{pmatrix}1&2&3\\3&1&2\end{pmatrix}$ の符号は $+1$ である．

(2) 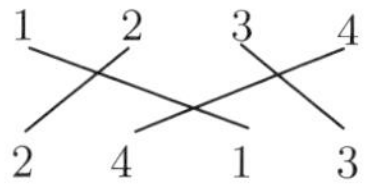

2 重点は 3 個であるので $\begin{pmatrix} 1 & 2 & 3 & 4 \\ 2 & 4 & 1 & 3 \end{pmatrix}$ の符号は -1 である.

(3) 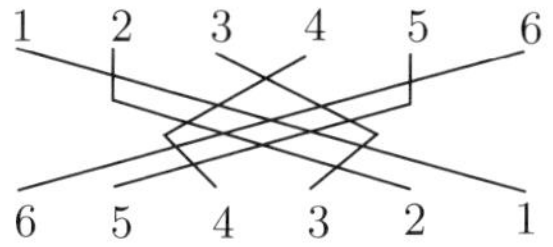

2 重点は 13 個であるので $\begin{pmatrix} 1 & 2 & 3 & 4 & 5 & 6 \\ 6 & 5 & 4 & 3 & 2 & 1 \end{pmatrix}$ の符号は -1 である.

問題 3　互換は 2 つの数字を選ぶことにより定まる. たとえば, 2 と 4 を選ぶと互換 $\begin{pmatrix} 1 & 2 & 3 & 4 \\ 1 & 4 & 3 & 2 \end{pmatrix}$ が対応する. 4 文字から 2 文字選ぶ選び方は ${}_4C_2 = \frac{4\cdot 3}{2\cdot 1} = 6$ 通りである. よって 6 個となる.

問題 4　$\tau\sigma$ を $\{1,2,3\}$ から $\{1,2,3\}$ の写像 $\tau\circ\sigma$ とみる. $\tau\circ\sigma(1) = \tau(\sigma(1)) = \tau(2) = 2$, $\tau\circ\sigma(2) = \tau(\sigma(2)) = \tau(3) = 1$, $\tau\circ\sigma(3) = \tau(\sigma(3)) = \tau(1) = 3$ となるので,

$\tau\sigma = \begin{pmatrix} 1 & 2 & 3 \\ 2 & 1 & 3 \end{pmatrix}$ となる. $\sigma\tau$ についても $\sigma\circ\tau(1) = \sigma(\tau(1)) = \sigma(3) = 1$, $\sigma\circ\tau(2) = \sigma(\tau(2)) = \sigma(2) = 3$, $\sigma\circ\tau(3) = \sigma(\tau(3)) = \sigma(1) = 2$, となるので, $\sigma\tau = \begin{pmatrix} 1 & 2 & 3 \\ 1 & 3 & 2 \end{pmatrix}$ となる. 図を描くと 2 重点は 5 個であるので $\sigma\tau$ の符号は -1 であり, $\tau\sigma$ の符号 -1 と一致する. ($\tau\sigma$ の図は解説ノート 3.1 参照)

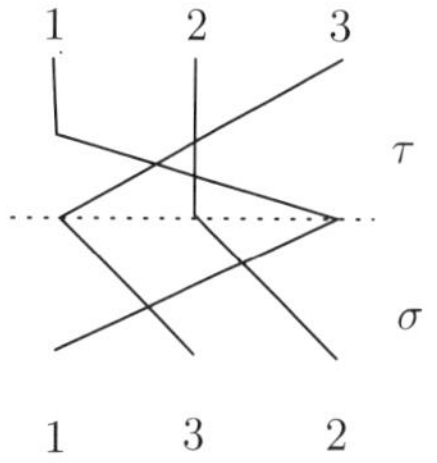

○ 3.2

問題 1 (1) $\det\begin{pmatrix} 0 & 0 & a \\ 0 & b & c \\ d & e & f \end{pmatrix} = \mathrm{sgn}\begin{pmatrix} 1 & 2 & 3 \\ 3 & 2 & 1 \end{pmatrix} abd = -abd.$

(2)

$$\det\begin{pmatrix} 0 & 1 & 0 & 2 \\ 3 & 0 & 4 & 0 \\ 0 & 1 & 0 & 2 \\ 3 & 0 & 4 & 0 \end{pmatrix} = \mathrm{sgn}\begin{pmatrix} 1 & 2 & 3 & 4 \\ 2 & 1 & 4 & 3 \end{pmatrix}\cdot 24 + \mathrm{sgn}\begin{pmatrix} 1 & 2 & 3 & 4 \\ 2 & 3 & 4 & 1 \end{pmatrix}\cdot 24$$

$$+ \mathrm{sgn}\begin{pmatrix} 1 & 2 & 3 & 4 \\ 4 & 3 & 2 & 1 \end{pmatrix}\cdot 24 + \mathrm{sgn}\begin{pmatrix} 1 & 2 & 3 & 4 \\ 4 & 1 & 2 & 3 \end{pmatrix}\cdot 24$$

$$= 24 + (-24) + 24 + (-24) = 0$$

.

(3) $\det\begin{pmatrix} a & b & b \\ b & a & b \\ b & b & a \end{pmatrix} = a^3 + b^3 + b^3 - ab^2 - ab^2 - ab^2 = a^3 - 3ab^2 + 2b^3.$

問題 2　サラスの方法を用いる.

(1) $\det\begin{pmatrix}1 & 1 & 1\\ 2 & 3 & -1\\ 4 & 9 & 1\end{pmatrix} = 3+(-4)+18-12-2-(-9) = 12.$

$$\det\begin{pmatrix}a & b & c\\ a^2 & b^2 & c^2\\ a^3 & b^3 & c^3\end{pmatrix} = ab^2c^3+bc^2a^3+ca^2b^3-cb^2a^3-ba^2c^3-ac^2b^3$$

$$= abc(bc^2+ca^2+ab^2-ba^2-ac^2-cb^2) = abc(a-b)(b-c)(c-a).$$

○ **3.3**

問題 1

(1) $\det\begin{pmatrix}-1 & 2 & 1\\ -1 & -1 & 2\\ 2 & 1 & 3\end{pmatrix} = (-1)\cdot\det\begin{pmatrix}-1 & 2\\ 1 & 3\end{pmatrix} - (-1)\cdot\det\begin{pmatrix}2 & 1\\ 1 & 3\end{pmatrix} + 2\cdot\det\begin{pmatrix}2 & 1\\ -1 & 2\end{pmatrix}$

$$= (-1)\cdot(-5)-(-1)\cdot 5+2\cdot 5 = 20$$

(2) $\det\begin{pmatrix}2 & 5 & 2\\ 4 & -2 & 4\\ 1 & -5 & 3\end{pmatrix} = 2\cdot\det\begin{pmatrix}-2 & 4\\ -5 & 3\end{pmatrix} - 4\cdot\det\begin{pmatrix}5 & 2\\ -5 & 3\end{pmatrix} + 1\cdot\det\begin{pmatrix}5 & 2\\ -2 & 4\end{pmatrix}$

$$= 2\cdot 14-4\cdot 25+1\cdot 24 = -48$$

(3) $\det\begin{pmatrix}0 & 4 & 2 & 1\\ 3 & -2 & -5 & -1\\ 0 & 1 & 0 & 2\\ 1 & 3 & 2 & 1\end{pmatrix} = -3\cdot\det\begin{pmatrix}4 & 2 & 1\\ 1 & 0 & 2\\ 3 & 2 & 1\end{pmatrix} - 1\cdot\det\begin{pmatrix}4 & 2 & 1\\ -2 & -5 & -1\\ 1 & 0 & 2\end{pmatrix}$

$$= -3\cdot(-4)-1\cdot(-29) = 41$$

(4) $\det\begin{pmatrix}1 & 1 & 2 & 2\\ 3 & -2 & 4 & 0\\ 0 & 0 & 3 & 5\\ 0 & 0 & 1 & 3\end{pmatrix} = 1\cdot\det\begin{pmatrix}-2 & 4 & 0\\ 0 & 3 & 5\\ 0 & 1 & 3\end{pmatrix} - 3\cdot\det\begin{pmatrix}1 & 2 & 2\\ 0 & 3 & 5\\ 0 & 1 & 3\end{pmatrix}.$

$$= 1\cdot(-2)\cdot\det\begin{pmatrix}3 & 5\\ 1 & 3\end{pmatrix} - 3\cdot 1\cdot\det\begin{pmatrix}3 & 5\\ 1 & 3\end{pmatrix}$$

$$= 1\cdot(-2)\cdot 4-3\cdot 1\cdot 4 = -20$$

または, $\det\begin{pmatrix}1 & 1 & 2 & 2\\ 3 & -2 & 4 & 0\\ 0 & 0 & 3 & 5\\ 0 & 0 & 1 & 3\end{pmatrix} = \det\begin{pmatrix}1 & 1\\ 3 & -2\end{pmatrix}\cdot\det\begin{pmatrix}3 & 5\\ 1 & 3\end{pmatrix} = -20$

○ **3.4**

問題 1 (1) $A=(a_{ij})=\begin{pmatrix}2&3&0\\1&2&0\\0&0&1\end{pmatrix}$ とおく. $\det A=1$ である. 余因子を計算すると, $\widetilde{a}_{11}=2$, $\widetilde{a}_{12}=-1$, $\widetilde{a}_{13}=0$, $\widetilde{a}_{21}=-3$, $\widetilde{a}_{22}=2$, $\widetilde{a}_{23}=0$, $\widetilde{a}_{31}=0$, $\widetilde{a}_{32}=0$, $\widetilde{a}_{33}=1$ となるので, $A^{-1}=\begin{pmatrix}2&-3&0\\-1&2&0\\0&0&1\end{pmatrix}$ を得る.

(2) $A=(a_{ij})=\begin{pmatrix}-2&1&0\\3&1&1\\7&1&2\end{pmatrix}$ とおく. $\det A=-1$ である. 余因子を計算すると, $\widetilde{a}_{11}=1$, $\widetilde{a}_{12}=1$, $\widetilde{a}_{13}=-4$, $\widetilde{a}_{21}=-2$, $\widetilde{a}_{22}=-4$, $\widetilde{a}_{23}=9$, $\widetilde{a}_{31}=1$, $\widetilde{a}_{32}=2$, $\widetilde{a}_{33}=-5$ となるので, $A^{-1}=\begin{pmatrix}-1&2&-1\\-1&4&-2\\4&-9&5\end{pmatrix}$ を得る.

問題 2 (1) 与えられた行列を A とする. ヴァンデルモンドの行列式を用いて, $\det A=(c-b)(c-a)(b-a)$ となる. $\det A\neq 0$ の必要十分条件は, a,b,c がすべて異なることである. よって A が逆行列を持つための必要十分条件は, a,b,c がすべて異なることである.

(2) 余因子を計算すると, $\widetilde{a}_{11}=bc(c-b)$, $\widetilde{a}_{12}=-ca(c-a)$, $\widetilde{a}_{13}=ba(b-a)$, $\widetilde{a}_{21}=-(c-b)(c+b)$, $\widetilde{a}_{22}=(c-a)(c+a)$, $\widetilde{a}_{23}=-(b-a)(b+a)$, $\widetilde{a}_{31}=c-b$, $\widetilde{a}_{32}=-(c-a)$, $\widetilde{a}_{33}=b-a$ となるので, $A^{-1}=$

$$\frac{1}{(c-b)(c-a)(b-a)}\begin{pmatrix}bc(c-b)&-(c-b)(c+b)&c-b\\-ca(c-a)&(c-a)(c+a)&-(c-a)\\ba(b-a)&-(b-a)(b+a)&b-a\end{pmatrix}$$ を得る.

問題 3 A は行列式が 1 であるので, 正則であり, 逆行列は $\dfrac{1}{\det A}\widetilde{A}$ と表される. A の余因子は, 成分が整数である行列の行列式の 1 倍か -1 倍であるため, 整数となる. よって $\widetilde{A}$ の各成分は整数となるので, 逆行列の各成分は整数となる.

○ **3.5**

問題 1 係数行列 $\begin{pmatrix}1&2&-3\\-1&-1&2\\2&1&-2\end{pmatrix}$ を A とする. $\det A=1$ である. $A_1=\begin{pmatrix}1&2&-3\\2&-1&2\\3&1&-2\end{pmatrix}$, $A_2=\begin{pmatrix}1&1&-3\\-1&2&2\\2&3&-2\end{pmatrix}$, $A_3=\begin{pmatrix}1&2&1\\-1&-1&2\\2&1&3\end{pmatrix}$ とすると, $\det A_1=5$, $\det A_2=13$, $\det A_3=10$ となるので,

$x=\dfrac{\det A_1}{\det A}=5$, $y=\dfrac{\det A_2}{\det A}=13$, $z=\dfrac{\det A_3}{\det A}=10$ となる.

問題 2　係数行列 $\begin{pmatrix} a & b & c \\ a^2 & b^2 & c^2 \\ a^3 & b^3 & c^3 \end{pmatrix}$ を A とする．解説ノート 3.2 の小テスト問題 2(2) より，$\det A = abc(a-b)(b-c)(c-a)$ である．

$A_1 = \begin{pmatrix} d & b & c \\ d^2 & b^2 & c^2 \\ d^3 & b^3 & c^3 \end{pmatrix}$, $A_2 = \begin{pmatrix} a & d & c \\ a^2 & d^2 & c^2 \\ a^3 & d^3 & c^3 \end{pmatrix}$, $A_3 = \begin{pmatrix} a & b & d \\ a^2 & b^2 & d^2 \\ a^3 & b^3 & d^3 \end{pmatrix}$ とすると，

$\det A_1 = dbc(d-b)(b-c)(c-d)$, $\det A_2 = adc(a-d)(d-c)(c-a)$, $\det A_3 = abd(a-b)(b-d)(d-a)$

となるので，$x = \dfrac{\det A_1}{\det A} = \dfrac{dbc(d-b)(b-c)(c-d)}{abc(a-b)(b-c)(c-a)} = \dfrac{d(d-b)(c-d)}{a(a-b)(c-a)}$,

$$y = \frac{\det A_2}{\det A} = \frac{adc(a-d)(d-c)(c-a)}{abc(a-b)(b-c)(c-a)} = \frac{d(a-d)(d-c)}{b(a-b)(b-c)},$$

$$z = \frac{\det A_3}{\det A} = \frac{abd(a-b)(b-d)(d-a)}{abc(a-b)(b-c)(c-a)} = \frac{d(b-d)(d-a)}{c(b-c)(c-a)}$$ となる．

期末試験 1 解答

1 (1) f を $f(\begin{pmatrix} x \\ y \end{pmatrix}) = \begin{pmatrix} ax+by \\ cx+dy \end{pmatrix}$ とおく．条件より，$\begin{pmatrix} a+b \\ c+d \end{pmatrix} = \begin{pmatrix} 2 \\ 1 \end{pmatrix}$, $\begin{pmatrix} 2a-b \\ 2c-d \end{pmatrix} = \begin{pmatrix} 7 \\ -4 \end{pmatrix}$ を得る．連立一次方程式を解くと，$f(\begin{pmatrix} x \\ y \end{pmatrix}) = \begin{pmatrix} 3x-y \\ -x+2y \end{pmatrix}$ を得る．

(2) $g \circ f = g(\begin{pmatrix} 3x-y \\ -x+2y \end{pmatrix}) = (3x-y) - 2(-x+2y) = 5x - 5y$

2 (1) $B - 2A = \begin{pmatrix} 1 & 4 & 7 \\ 2 & 5 & 8 \\ 3 & 6 & 9 \end{pmatrix} - 2\begin{pmatrix} 1 & 2 & 3 \\ 0 & 1 & 2 \\ 0 & 0 & 1 \end{pmatrix} = \begin{pmatrix} -1 & 0 & 1 \\ 2 & 3 & 4 \\ 3 & 6 & 7 \end{pmatrix}$

(2) $AB = \begin{pmatrix} 1 & 2 & 3 \\ 0 & 1 & 2 \\ 0 & 0 & 1 \end{pmatrix}\begin{pmatrix} 1 & 4 & 7 \\ 2 & 5 & 8 \\ 3 & 6 & 9 \end{pmatrix} = \begin{pmatrix} 14 & 32 & 50 \\ 8 & 17 & 26 \\ 3 & 6 & 9 \end{pmatrix}$

(3) $A^2 = \begin{pmatrix} 1 & 4 & 10 \\ 0 & 1 & 4 \\ 0 & 0 & 1 \end{pmatrix}$ より，$A^3 = \begin{pmatrix} 1 & 6 & 21 \\ 0 & 1 & 6 \\ 0 & 0 & 1 \end{pmatrix}$

3 拡大係数行列をはきだし法で変形する．

$\begin{pmatrix} 1 & 1 & 1 & 6 \\ -2 & -1 & 0 & -4 \\ -1 & 1 & 3 & 10 \end{pmatrix} \xrightarrow[③+①]{②+①\times 2} \begin{pmatrix} 1 & 1 & 1 & 6 \\ 0 & 1 & 2 & 8 \\ 0 & 2 & 4 & 16 \end{pmatrix} \xrightarrow[③+②\times(-2)]{①+②\times(-1)} \begin{pmatrix} 1 & 0 & -1 & -2 \\ 0 & 1 & 2 & 8 \\ 0 & 0 & 0 & 0 \end{pmatrix}$. よって，$z = t$ と

おくと, 解は, $\begin{cases} x = t-2 \\ y = -2t+8 \\ z = t \end{cases}$ (t は任意の実数) .

4 (1) $\left(\begin{array}{ccc|ccc} -1 & 1 & 1 & 1 & 0 & 0 \\ 5 & 2 & 3 & 0 & 1 & 0 \\ 10 & 3 & 5 & 0 & 0 & 1 \end{array}\right) \xrightarrow{①\times(-1)} \left(\begin{array}{ccc|ccc} 1 & -1 & -1 & -1 & 0 & 0 \\ 5 & 2 & 3 & 0 & 1 & 0 \\ 10 & 3 & 5 & 0 & 0 & 1 \end{array}\right) \xrightarrow[③+①\times(-10)]{②+①\times(-5)}$

$\left(\begin{array}{ccc|ccc} 1 & -1 & -1 & -1 & 0 & 0 \\ 0 & 7 & 8 & 5 & 1 & 0 \\ 0 & 13 & 15 & 10 & 0 & 1 \end{array}\right) \xrightarrow{②\times\frac{1}{7}} \left(\begin{array}{ccc|ccc} 1 & -1 & -1 & -1 & 0 & 0 \\ 0 & 1 & \frac{8}{7} & \frac{5}{7} & \frac{1}{7} & 0 \\ 0 & 13 & 15 & 10 & 0 & 1 \end{array}\right) \xrightarrow[③+②\times(-13)]{①+②}$

$\left(\begin{array}{ccc|ccc} 1 & 0 & \frac{1}{7} & -\frac{2}{7} & \frac{1}{7} & 0 \\ 0 & 1 & \frac{8}{7} & \frac{5}{7} & \frac{1}{7} & 0 \\ 0 & 0 & \frac{1}{7} & \frac{5}{7} & -\frac{13}{7} & 1 \end{array}\right) \xrightarrow{③\times 7} \left(\begin{array}{ccc|ccc} 1 & 0 & \frac{1}{7} & -\frac{2}{7} & \frac{1}{7} & 0 \\ 0 & 1 & \frac{8}{7} & \frac{5}{7} & \frac{1}{7} & 0 \\ 0 & 0 & 1 & 5 & -13 & 7 \end{array}\right) \xrightarrow[②+③\times(-\frac{8}{7})]{①+③\times(-\frac{1}{7})}$

$\left(\begin{array}{ccc|ccc} 1 & 0 & 0 & -1 & 2 & -1 \\ 0 & 1 & 0 & -5 & 15 & -8 \\ 0 & 0 & 1 & 5 & -13 & 7 \end{array}\right)$ よって逆行列は, $\begin{pmatrix} -1 & 2 & -1 \\ -5 & 15 & -8 \\ 5 & -13 & 7 \end{pmatrix}$ となる.

(2) 行列を基本変形で変形する. $\begin{pmatrix} 1 & -1 & -5 \\ 4 & 8 & 4 \\ 1 & 5 & 7 \end{pmatrix} \xrightarrow[③+①\times(-1)]{②+①\times(-4)} \begin{pmatrix} 1 & -1 & -5 \\ 0 & 12 & 24 \\ 0 & 6 & 12 \end{pmatrix} \xrightarrow{②\times\frac{1}{12}}$

$\begin{pmatrix} 1 & -1 & -5 \\ 0 & 1 & 2 \\ 0 & 6 & 12 \end{pmatrix} \xrightarrow{③+②\times(-6)} \begin{pmatrix} 1 & -1 & -5 \\ 0 & 1 & 2 \\ 0 & 0 & 0 \end{pmatrix}$ となるので, 階数は 2 であり, 逆行列を持たない.

(3) $\left(\begin{array}{cccc|cccc} 1 & 1 & -1 & 0 & 1 & 0 & 0 & 0 \\ 0 & 1 & -3 & -1 & 0 & 1 & 0 & 0 \\ 2 & 3 & -2 & 1 & 0 & 0 & 1 & 0 \\ 0 & -1 & 1 & 0 & 0 & 0 & 0 & 1 \end{array}\right) \xrightarrow{③+①\times(-2)} \left(\begin{array}{cccc|cccc} 1 & 1 & -1 & 0 & 1 & 0 & 0 & 0 \\ 0 & 1 & -3 & -1 & 0 & 1 & 0 & 0 \\ 0 & 1 & 0 & 1 & -2 & 0 & 1 & 0 \\ 0 & -1 & 1 & 0 & 0 & 0 & 0 & 1 \end{array}\right)$

$\xrightarrow[③+②\times(-1),④+②]{①+②\times(-1)} \left(\begin{array}{cccc|cccc} 1 & 0 & 2 & 1 & 1 & -1 & 0 & 0 \\ 0 & 1 & -3 & -1 & 0 & 1 & 0 & 0 \\ 0 & 0 & 3 & 2 & -2 & -1 & 1 & 0 \\ 0 & 0 & -2 & -1 & 0 & 1 & 0 & 1 \end{array}\right) \xrightarrow{③\times\frac{1}{3}}$

$\left(\begin{array}{cccc|cccc} 1 & 0 & 2 & 1 & 1 & -1 & 0 & 0 \\ 0 & 1 & -3 & -1 & 0 & 1 & 0 & 0 \\ 0 & 0 & 1 & \frac{2}{3} & -\frac{2}{3} & -\frac{1}{3} & \frac{1}{3} & 0 \\ 0 & 0 & -2 & -1 & 0 & 1 & 0 & 1 \end{array}\right) \xrightarrow[②+③\times 3,④+③\times 2]{①+③\times(-2)} \left(\begin{array}{cccc|cccc} 1 & 0 & 0 & -\frac{1}{3} & \frac{7}{3} & -\frac{1}{3} & -\frac{2}{3} & 0 \\ 0 & 1 & 0 & 1 & -2 & 0 & 1 & 0 \\ 0 & 0 & 1 & \frac{2}{3} & -\frac{2}{3} & -\frac{1}{3} & \frac{1}{3} & 0 \\ 0 & 0 & 0 & \frac{1}{3} & -\frac{4}{3} & \frac{1}{3} & \frac{2}{3} & 1 \end{array}\right)$

$\xrightarrow{④\times 3} \left(\begin{array}{cccc|cccc} 1 & 0 & 0 & -\frac{1}{3} & \frac{7}{3} & -\frac{1}{3} & -\frac{2}{3} & 0 \\ 0 & 1 & 0 & 1 & -2 & 0 & 1 & 0 \\ 0 & 0 & 1 & \frac{2}{3} & -\frac{2}{3} & -\frac{1}{3} & \frac{1}{3} & 0 \\ 0 & 0 & 0 & 1 & -4 & 1 & 2 & 3 \end{array}\right) \xrightarrow[②+④\times(-1),③+④\times-\frac{2}{3}]{①+④\times\frac{1}{3}}$

$$\left(\begin{array}{cccc|cccc} 1 & 0 & 0 & 0 & 1 & 0 & 0 & 1 \\ 0 & 1 & 0 & 0 & 2 & -1 & -1 & -3 \\ 0 & 0 & 1 & 0 & 2 & -1 & -1 & -2 \\ 0 & 0 & 0 & 1 & -4 & 1 & 2 & 3 \end{array}\right) \text{ よって逆行列は, } \begin{pmatrix} 1 & 0 & 0 & 1 \\ 2 & -1 & -1 & -3 \\ 2 & -1 & -1 & -2 \\ -4 & 1 & 2 & 3 \end{pmatrix}.$$

5 (1) サラスの方法を用いる. $\det \begin{pmatrix} 1 & 2 & 3 \\ 3 & 1 & 2 \\ 2 & 3 & 1 \end{pmatrix} = 1 + 8 + 27 - 6 - 6 - 6 = 18$

(2) 第 1 列に対して余因子展開を用いる.

$$\det \begin{pmatrix} 0 & 1 & 2 & 3 \\ 1 & 0 & 1 & 2 \\ 2 & 1 & 0 & 1 \\ 3 & 2 & 1 & 0 \end{pmatrix} = -1 \times \det \begin{pmatrix} 1 & 2 & 3 \\ 1 & 0 & 1 \\ 2 & 1 & 0 \end{pmatrix} + 2 \times \det \begin{pmatrix} 1 & 2 & 3 \\ 0 & 1 & 2 \\ 2 & 1 & 0 \end{pmatrix} - 3 \times \det \begin{pmatrix} 1 & 2 & 3 \\ 0 & 1 & 2 \\ 1 & 0 & 1 \end{pmatrix}$$
$$= -6 + 0 - 6 = -12$$

6 (1) $\det A_3 = \det \begin{pmatrix} t & -1 & 0 \\ 0 & t & -1 \\ c_0 & c_1 & t + c_2 \end{pmatrix} = t^2(t + c_2) + c_1 t + c_0 = t^3 + c_2 t^2 + c_1 t + c_0.$

第 1 列に対して余因子展開を用いると,

$$\det A_4 = \det \begin{pmatrix} t & -1 & 0 & 0 \\ 0 & t & -1 & 0 \\ 0 & 0 & t & -1 \\ c_0 & c_1 & c_2 & t + c_3 \end{pmatrix} = t \det \begin{pmatrix} t & -1 & 0 \\ 0 & t & -1 \\ c_0 & c_1 & t + c_2 \end{pmatrix} - c_0 \det \begin{pmatrix} -1 & 0 & 0 \\ t & -1 & 0 \\ 0 & t & -1 \end{pmatrix}.$$

$$= t(t^3 + c_3 t^2 + c_2 t + c_1) + c_0 = t^4 + c_3 t^3 + c_2 t^2 + c_1 t + c_0$$

(2) $\det A_n = t^n + c_{n-1} t^{n-1} + \cdots + c_2 t^2 + c_1 t + c_0$ を数学的帰納法によって示す. (1) の結果と, $\det A_1 = t$, $\det A_2 = t^2 + c_1 t + c_0$ より, $n \leq 4$ で成立している. $n-1$ まで上の式が成立したとして, n の場合を考察する. 第 1 列に対して余因子展開を用いると,

$$\det A_n = t \det \begin{pmatrix} t & -1 & 0 & \cdots & 0 \\ 0 & t & -1 & \cdots & 0 \\ \vdots & & \ddots & \ddots & \vdots \\ 0 & 0 & \cdots & t & -1 \\ c_1 & c_2 & \cdots & c_{n-2} & t + c_{n-1} \end{pmatrix} + (-1)^{n+1} c_0 \det \begin{pmatrix} -1 & 0 & \cdots & \cdots & 0 \\ t & -1 & 0 & \cdots & 0 \\ 0 & t & -1 & \ddots & \vdots \\ \vdots & \ddots & \ddots & \ddots & 0 \\ 0 & \cdots & 0 & t & -1 \end{pmatrix}.$$

$$= t(t^{n-1} + c_{n-1} t^{n-2} + \cdots + c_3 t^2 + c_2 t + c_1) + c_0 = t^n + c_{n-1} t^{n-1} + \cdots + c_2 t^2 + c_1 t + c_0$$

第 4 章の小テスト

○ 4.1

問題 1 m 行 n 列の 2 つの行列に対し, 行列の和は定義され m 行 n 列の行列が得られる. また, m 行 n 列のスカラー倍も m 行 n 列の行列を与える. ベクトル空間の定義の (1)〜(8) は, 行列の加

法, スカラー倍について, 解説ノート 1.2 で考察している. ここでは (1) と (2) だけ確かめる. m 行 n 列の行列 $A=(a_{ij})$, $B=(b_{ij})$, $C=(c_{ij})$ に対し, (1) $A+B=(a_{ij}+b_{ij})=(b_{ij}+a_{ij})=B+A$, (2) $(A+B)+C=((a_{ij}+b_{ij})+c_{ij})=(a_{ij}+(b_{ij}+c_{ij}))=A+(B+C)$ が成立する.

問題 2 奇関数の和とスカラー倍が奇関数となることを調べる. $f(x)$ と $g(x)$ を奇関数とするとき, $(f+g)(-x)=f(-x)+g(-x)=-f(x)+(-g(x))=-(f+g)(x)$, $(kf)(-x)=k(f(-x))=k(-f(x))=-(kf)(x)$ となる. 関数の加法とスカラー倍は, ベクトル空間の定義 (1)〜(8) を満たすので, ベクトル空間となる.

○ **4.2**

問題 1 $\det\begin{pmatrix}\boldsymbol{a}_1 & \boldsymbol{a}_2 & \boldsymbol{a}_3\end{pmatrix}=\det\begin{pmatrix}3 & 1 & 1\\ -2 & 4 & 0\\ 1 & 5 & 1\end{pmatrix}=0$ となるので, $\boldsymbol{a}_1,\boldsymbol{a}_2,\boldsymbol{a}_3$ は一次従属である.

$c_1\boldsymbol{a}_1+c_2\boldsymbol{a}_2=c_1\begin{pmatrix}3\\ -2\\ 1\end{pmatrix}+c_2\begin{pmatrix}1\\ 4\\ 5\end{pmatrix}=\begin{pmatrix}0\\ 0\\ 0\end{pmatrix}$ とする. この等式には $c_1=c_2=0$ 以外の解が存在しないので, $\boldsymbol{a}_1,\boldsymbol{a}_2$ は一次独立である. $\boldsymbol{a}_1,\boldsymbol{a}_3$ の場合と, $\boldsymbol{a}_2,\boldsymbol{a}_3$ の場合も同様である.

問題 2 $\boldsymbol{a}_1=\begin{pmatrix}p\\ q\end{pmatrix}$, $\boldsymbol{a}_2=\begin{pmatrix}r\\ s\end{pmatrix}$, $\boldsymbol{a}_3=\begin{pmatrix}t\\ u\end{pmatrix}$とおく. 一次関係式, $c_1\boldsymbol{a}_1+c_2\boldsymbol{a}_2+c_3\boldsymbol{a}_3=\boldsymbol{0}$ を考える. これは c_1, c_2 ,c_3 に関する斉次連立一次方程式 $\begin{cases}pc_1+rc_2+tc_3=0\\ qc_1+sc_2+uc_3=0\end{cases}$ は, 解説ノート 2.3 で述べた通り, 非自明な解をもつ. これは一次関係式が非自明であることを意味し, $\boldsymbol{a}_1$, $\boldsymbol{a}_2$, $\boldsymbol{a}_3$ は一次従属となる.

○ **4.3**

問題 1 (1) V の要素 $\begin{pmatrix}a_1\\ a_2\\ a_3\end{pmatrix}$ と $\begin{pmatrix}b_1\\ b_2\\ b_3\end{pmatrix}$ をとると, $a_1+a_2+a_3=0$, $b_1+b_2+b_3=0$ が成り立つ. このとき, 和 $\begin{pmatrix}a_1\\ a_2\\ a_3\end{pmatrix}+\begin{pmatrix}b_1\\ b_2\\ b_3\end{pmatrix}=\begin{pmatrix}a_1+b_1\\ a_2+b_2\\ a_3+b_3\end{pmatrix}$ は, $(a_1+b_1)+(a_2+b_2)+(a_3+b_3)=0$ をみたすので, V の要素となる. またスカラー倍 $k\begin{pmatrix}a_1\\ a_2\\ a_3\end{pmatrix}=\begin{pmatrix}ka_1\\ ka_2\\ ka_3\end{pmatrix}$ も, $ka_1+ka_2+ka_3=0$ をみたすので, V の要素となる. この加法とスカラー倍はベクトル空間の定義をみたすので, V はベクトル空間となる. ここで V の零ベクトルは, $\begin{pmatrix}0\\ 0\\ 0\end{pmatrix}$ である.

(2) $x+y+z=0$ を一次方程式とみる．拡大係数行列は $\begin{pmatrix}1 & 1 & 1 & 0\end{pmatrix}$ であるので，解は実数 s と t を用いて，$\begin{cases} x=-s-t \\ y=s \\ z=t \end{cases}$ と表すことができる．よって V の任意の元は，$\begin{pmatrix}x\\y\\z\end{pmatrix}=s\begin{pmatrix}-1\\1\\0\end{pmatrix}+t\begin{pmatrix}-1\\0\\1\end{pmatrix}$ と表される．よって $\begin{pmatrix}-1\\1\\0\end{pmatrix}$, $\begin{pmatrix}-1\\0\\1\end{pmatrix}$ は V を生成している．ここで，$s\begin{pmatrix}-1\\1\\0\end{pmatrix}+t\begin{pmatrix}-1\\0\\1\end{pmatrix}=\begin{pmatrix}0\\0\\0\end{pmatrix}$ とすると，$s=t=0$ となるので，$\begin{pmatrix}-1\\1\\0\end{pmatrix}$, $\begin{pmatrix}-1\\0\\1\end{pmatrix}$ は一次独立である．よって基底となる．

問題 2　まず，2 つの多項式 $f(x)$ と $g(x)$ が $f(x)=g(x)$ となることの定義は，x の各次数の係数が両辺で一致することである．V の零ベクトルは定数 0 である．

(1) V を生成すること: V のベクトルは，実数 a,b,c を用いて，ax^2+bx+c と表される．このとき，$ax^2+bx+c=\frac{a}{2}\cdot 2x^2+\frac{b}{2}\cdot 2x+\frac{c}{2}\cdot 2$ となるので，2, $2x$, $2x^2$ は V を生成する．

一次独立であること: $c_1\cdot 2+c_2\cdot 2x+c_3\cdot 2x^2=2c_1+2c_2x+2c_3x^2=0$ のとき，$c_1=c_2=c_3=0$ でなければならないので，一次独立である．

(2) V を生成すること: $ax^2+bx+c=a(x+1)^2+(-2a+b)(x+1)+(a-b+c)$ となるので，1, $x+1$, $(x+1)^2$ は V を生成する．

一次独立であること: $c_1\cdot 1+c_2\cdot(x+1)+c_3\cdot(x+1)^2=0$ とする．両辺の x の二次の係数を比較することにより $c_3=0$ を得る．よって，$c_1\cdot 1+c_2\cdot(x+1)=0$ となる．両辺の x の係数を比較すると $c_2=0$ を得る．このとき，$c_1=0$ も得られる．よって，一次独立である．

○ 4.4

問題 1 (1) $\|\boldsymbol{a_1}\|=\sqrt{1+3}=2$．よって，$\boldsymbol{v_1}=\frac{1}{\|\boldsymbol{a_1}\|}\boldsymbol{a_1}=\frac{1}{2}\begin{pmatrix}1\\\sqrt{3}\end{pmatrix}=\begin{pmatrix}\frac{1}{2}\\\frac{\sqrt{3}}{2}\end{pmatrix}$．次に，$\boldsymbol{a_2}\cdot\boldsymbol{v_1}=\sqrt{3}$ より，$\boldsymbol{u_2}=\boldsymbol{a_2}-(\boldsymbol{a_2}\cdot\boldsymbol{v_1})\boldsymbol{v_1}=\begin{pmatrix}\frac{\sqrt{3}}{2}\\-\frac{1}{2}\end{pmatrix}$．また，$\|\boldsymbol{u_2}\|=1$．よって，$\boldsymbol{v_2}=\boldsymbol{u_2}=\begin{pmatrix}\frac{\sqrt{3}}{2}\\-\frac{1}{2}\end{pmatrix}$．

問題 2　内積の定義を確認する．(i) $\boldsymbol{v}=\begin{pmatrix}v_1\\v_2\end{pmatrix}$ とする．$\boldsymbol{v}\cdot\boldsymbol{v}=({}^t\boldsymbol{v})A\boldsymbol{v}=\begin{pmatrix}v_1 & v_2\end{pmatrix}\begin{pmatrix}1 & 1\\1 & 3\end{pmatrix}\begin{pmatrix}v_1\\v_2\end{pmatrix}=v_1^2+2v_1v_2+3v_2^3=(v_1+v_2)^2+2v_2^2\geq 0$ となる．$\boldsymbol{v}\cdot\boldsymbol{v}=0\Leftrightarrow v_1+v_2=0$ かつ $v_2=0\Leftrightarrow\boldsymbol{v}=\boldsymbol{0}$．

(ii) $(k_1\boldsymbol{u_1}+k_2\boldsymbol{u_2})\cdot\boldsymbol{v}={}^t(k_1\boldsymbol{u_1}+k_2\boldsymbol{u_2})A\boldsymbol{v}={}^t(k_1\boldsymbol{u_1})A\boldsymbol{v}+{}^t(k_2\boldsymbol{u_2})A\boldsymbol{v}=k_1(\boldsymbol{u_1}\cdot\boldsymbol{v})+k_2(\boldsymbol{u_2}\cdot\boldsymbol{v})$．

(iii) $({}^t\boldsymbol{u})A\boldsymbol{v}$ は実数であるので，${}^t(({}^t\boldsymbol{u})A\boldsymbol{v})=({}^t\boldsymbol{u})A\boldsymbol{v}$ である．また，A は対称行列であるので，${}^tA=A$ が成立している．$\boldsymbol{u}\cdot\boldsymbol{v}=({}^t\boldsymbol{u})A\boldsymbol{v}={}^t(({}^t\boldsymbol{u})A\boldsymbol{v})=({}^t\boldsymbol{v})\,{}^tA\,{}^t({}^t(\boldsymbol{u}))=({}^t\boldsymbol{v})A\boldsymbol{u}=\boldsymbol{v}\cdot\boldsymbol{u}$．

問題 3　内積の定義を確認する．(i) $\boldsymbol{v}\cdot\boldsymbol{v}\geq 0$ について．$\boldsymbol{v}\in V$ に対し，$\boldsymbol{v}\cdot\boldsymbol{v}=\int_0^1\boldsymbol{v}^2\,dx$ を考え

る． $\boldsymbol{v} = ax+b\ (a, b \in \mathbb{R})$ と表すことができる． $\displaystyle\int_0^1 \boldsymbol{v}^2\,dx = \int_0^1 (ax+b)^2\,dx = \int_0^1 (a^2x^2+2abx+b^2)\,dx = \frac{a^3}{3}+ab+b^2 = \left(\frac{a}{2}+b\right)^2+\frac{a^2}{12} \geq 0$ となる． $\displaystyle\int_0^1 (ax+b)^2\,dx = 0$ の必要十分条件は, $a=b=0$, つまり $\boldsymbol{v}=\boldsymbol{0}$ となる．(ii) $(k_1\boldsymbol{u_1}+k_2\boldsymbol{u_2})\cdot\boldsymbol{v} = k_1(\boldsymbol{u_1}\cdot\boldsymbol{v})+k_2(\boldsymbol{u_2}\cdot\boldsymbol{v})$ は積分の線形性による．

(iii) $\boldsymbol{u}\cdot\boldsymbol{v}=\boldsymbol{v}\cdot\boldsymbol{u}$ は, 多項式 $\boldsymbol{u}$ と $\boldsymbol{v}$ の積に関して, $\boldsymbol{uv}=\boldsymbol{vu}$ が成り立つことによる．

○ **4.5**

問題 1 (1) W_1 の点 $\begin{pmatrix} x \\ y \\ z \end{pmatrix}$ は, $\begin{pmatrix} x \\ y \\ z \end{pmatrix} = \begin{pmatrix} s \\ s-t \\ t \end{pmatrix}$ $(s, t \in \mathbb{R})$ と表される．ここで, s と t を消去すると, 平面の方程式 $x-y-z=0$ を得る．W_2 の点は, $\begin{pmatrix} x \\ y \\ z \end{pmatrix} = \begin{pmatrix} p+q \\ q \\ p+q \end{pmatrix}$ $(p, q \in \mathbb{R})$ と表される．これを $x-y-z=0$ へ代入すると, $q=0$ を得る．よって, $\begin{pmatrix} p \\ 0 \\ p \end{pmatrix} = p\begin{pmatrix} 1 \\ 0 \\ 1 \end{pmatrix}$ $(p \in \mathbb{R})$ が $W_1 \cap W_2$ のベクトルである．よって $W_1 \cap W_2 = \left\{ p\begin{pmatrix} 1 \\ 0 \\ 1 \end{pmatrix} \;\middle|\; p \in \mathbb{R} \right\}$ となる．

(2) $W_1^{\perp}$ のベクトル $\boldsymbol{v} = \begin{pmatrix} x \\ y \\ z \end{pmatrix}$ をとる．$\boldsymbol{v}$ は, W_1 のベクトル $s\begin{pmatrix} 1 \\ 1 \\ 0 \end{pmatrix} + t\begin{pmatrix} 0 \\ -1 \\ 1 \end{pmatrix}$ と直交するので, $\boldsymbol{v}\cdot\left(s\begin{pmatrix} 1 \\ 1 \\ 0 \end{pmatrix} + t\begin{pmatrix} 0 \\ -1 \\ 1 \end{pmatrix}\right) = s(x+y)+t(-y+z) = 0$ が, 任意の実数 s, t に対して成立する．よって, $x=-y=-z$ を得る．実数 k を用いて, $\boldsymbol{v} = k\begin{pmatrix} 1 \\ -1 \\ -1 \end{pmatrix}$ と表すことができる．またこのようなベクトルは, $k\begin{pmatrix} 1 \\ -1 \\ -1 \end{pmatrix}\cdot\left(s\begin{pmatrix} 1 \\ 1 \\ 0 \end{pmatrix} + t\begin{pmatrix} 0 \\ -1 \\ 1 \end{pmatrix}\right) = 0$ となるので, $W_1^{\perp}$ に含まれる．よって, $W_1^{\perp} = \left\{ k\begin{pmatrix} 1 \\ -1 \\ -1 \end{pmatrix} \;\middle|\; k \in \mathbb{R} \right\}$ となる．

問題 2　$W^{\perp}$ の任意のベクトル $\boldsymbol{a}, \boldsymbol{b}$ と, 任意の実数 s, t に対し, $s\boldsymbol{a}+t\boldsymbol{b}$ が $W^{\perp}$ に含まれることを

示す．W の任意のベクトル $\boldsymbol{w}$ に対し，$(s\boldsymbol{a}+t\boldsymbol{b})\cdot\boldsymbol{w}=s\boldsymbol{a}\cdot\boldsymbol{w}+t\boldsymbol{b}\cdot\boldsymbol{w}=0$ となるので，$s\boldsymbol{a}+t\boldsymbol{b}$ は $W^{\perp}$ に含まれる．

第 5 章の小テスト

○ **5.1**

問題 1 (1) 数列 $\{a_n\}$, $\{b_n\}$ に対し，$a'_n=a_{n+1}$, $b'_n=b_{n+1}$ $(n\geq 1)$ をみたす数列 $\{a'_n\}$, $\{b'_n\}$ を考える．$\alpha,\beta\in\mathbb{R}$ に対し，$\psi(\alpha\{a_n\}+\beta\{b_n\})=\psi(\{\alpha a_n+\beta b_n\})=\{\alpha a_{n+1}+\beta b_{n+1}\}=\{\alpha a'_n+\beta b'_n\}=\alpha\{a'_n\}+\beta\{b'_n\}=\alpha\psi(\{a_n\})+\beta\psi(\{b_n\})$. よって，$\psi$ は線形写像．

(2) $X,Y\in M$, $\alpha,\beta\in\mathbb{R}$ に対し，$f(\alpha X+\beta Y)=(\alpha X+\beta Y)A=\alpha(XA)+\beta(YA)=\alpha f(X)+\beta f(Y)$. よって，$f$ は線形写像．

問題 2 Ker f が V の部分空間であること．$\mathbf{0}$ と $\mathbf{0}'$ を V と V' の零ベクトルとする．f は線形なので，$f(\mathbf{0})=\mathbf{0}'$. よって $\mathbf{0}\in\operatorname{Ker} f$ となり，Ker f は空集合ではない．さらに，$\boldsymbol{x},\boldsymbol{y}\in\operatorname{Ker} f$ とすると，$f(\alpha\boldsymbol{x}+\beta\boldsymbol{y})=\alpha f(\boldsymbol{x})+\beta f(\boldsymbol{y})=\mathbf{0}'$ となるので，$\alpha\boldsymbol{x}+\beta\boldsymbol{y}\in\operatorname{Ker} f$. よって V の部分空間となる．

Im f が V' の部分空間であること．$f(\mathbf{0})=\mathbf{0}'$ より，$\mathbf{0}'\in\operatorname{Im} f$. よって Im f は空集合ではない．Im f の元は，$\boldsymbol{x}\in V$ を用いて $f(\boldsymbol{x})$ と表すことができる．$f(\boldsymbol{x}),f(\boldsymbol{y})\in\operatorname{Im} f$ とすると，$\alpha f(\boldsymbol{x})+\beta f(\boldsymbol{y})=f(\alpha\boldsymbol{x}+\beta\boldsymbol{y})\in\operatorname{Im} f$. よって V' の部分空間となる．

問題 3 (1) まず，全単射の逆写像は全単射であることに注意する．f^{-1} が線形写像となることを示す．$\boldsymbol{y}_1$, $\boldsymbol{y}_2\in V'$ に対し $f^{-1}(\boldsymbol{y}_1)=\boldsymbol{x}_1$, $f^{-1}(\boldsymbol{y}_2)=\boldsymbol{x}_2$ とする．このとき，f の線形性を用いて，$f^{-1}(\alpha\boldsymbol{y}_1+\beta\boldsymbol{y}_2)=f^{-1}(\alpha f(\boldsymbol{x}_1)+\beta f(\boldsymbol{x}_2))=f^{-1}(f(\alpha\boldsymbol{x}_1+\beta\boldsymbol{x}_2))=\alpha\boldsymbol{x}_1+\beta\boldsymbol{x}_2=\alpha f^{-1}(\boldsymbol{y}_1)+\beta f^{-1}(\boldsymbol{y}_2)$ となり，線形写像であることがわかる．

(2) 同型写像を $f:V\to V'$ とする．解説ノート 5.1 より，f は V の一次独立なベクトルの組を V' の一次独立なベクトルの組へとうつす．つまり，V の基底は f により V' の一次独立なベクトルの組へとうつる．ベクトル空間の次元は，それに含まれる一次独立なベクトルの組の最大個数に一致するので，$\dim V\leq\dim V'$ となる．逆に同型写像 $f^{-1}:V'\to V$ を用いると，$\dim V'\leq\dim V$ が得られるので，$\dim V=\dim V'$ となる．

$\dim V=\dim V'=n$ とする．V の基底 $\boldsymbol{v}_1,\boldsymbol{v}_2,\cdots,\boldsymbol{v}_n$ と V' の基底 $\boldsymbol{v}'_1,\boldsymbol{v}'_2,\cdots,\boldsymbol{v}'_n$ をとり，写像 $f:V\to V'$ を $f(x_1\boldsymbol{v}_1+\cdots+x_n\boldsymbol{v}_n)=x_1\boldsymbol{v}'_1+\cdots+x_n\boldsymbol{v}'_n$ で定義する．この写像は線形写像であり，全単射となる．f が線形写像となることは，$\boldsymbol{x}=x_1\boldsymbol{v}_1+\cdots+x_n\boldsymbol{v}_n$, $\boldsymbol{y}=y_1\boldsymbol{v}_1+\cdots+y_n\boldsymbol{v}_n\in V$, $\alpha,\beta\in\mathbb{R}$ に対し，$f(\alpha\boldsymbol{x}+\beta\boldsymbol{y})=f(\alpha(x_1\boldsymbol{v}_1+\cdots+x_n\boldsymbol{v}_n)+\beta(y_1\boldsymbol{v}_1+\cdots+y_n\boldsymbol{v}_n))=f((\alpha x_1+\beta y_1)\boldsymbol{v}_1+\cdots+(\alpha x_n+\beta y_n)\boldsymbol{v}_n)=(\alpha x_1+\beta y_1)\boldsymbol{v}'_1+\cdots+(\alpha x_n+\beta y_n)\boldsymbol{v}'_n=\alpha(x_1\boldsymbol{v}'_1+\cdots+x_n\boldsymbol{v}'_n)+\beta(y_1\boldsymbol{v}'_1+\cdots+y_n\boldsymbol{v}'_n)=\alpha f(\boldsymbol{x})+\beta f(\boldsymbol{y})$ となることから従う．f の全射性は，V' のベクトル $\boldsymbol{x}'=x_1\boldsymbol{v}'_1+\cdots+x_n\boldsymbol{v}'_n$ に対し，V のベクトル $\boldsymbol{x}=x_1\boldsymbol{v}_1+\cdots+x_n\boldsymbol{v}_n$ をとると，$f(\boldsymbol{x})=\boldsymbol{x}'$ となることから従う．単射性は，$f(\boldsymbol{x})=x_1\boldsymbol{v}'_1+\cdots+x_n\boldsymbol{v}'_n$ とすると，$\boldsymbol{x}=x_1\boldsymbol{v}_1+\cdots+x_n\boldsymbol{v}_n$ と一意に定まることから従う．

○ **5.2**

問題 1　$f(\begin{pmatrix}1\\0\end{pmatrix})=\begin{pmatrix}2\\1\end{pmatrix}=2\begin{pmatrix}1\\0\end{pmatrix}+1\begin{pmatrix}0\\1\end{pmatrix}$, $f(\begin{pmatrix}0\\1\end{pmatrix})=\begin{pmatrix}3\\4\end{pmatrix}=3\begin{pmatrix}1\\0\end{pmatrix}+4\begin{pmatrix}0\\1\end{pmatrix}$ となるので，表現行列は $\begin{pmatrix}2&3\\1&4\end{pmatrix}$ となる．

問題 2　$f(1)=0=0\cdot 1+0\cdot x+0\cdot x^2$, $f(x)=1=1\cdot 1+0\cdot x+0\cdot x^2$, $f(x^2)=2x=0\cdot 1+2\cdot x+0\cdot x^2$, であるので，表現行列は $\begin{pmatrix}0&1&0\\0&0&2\\0&0&0\end{pmatrix}$ となる．

問題 3　直線 $y=\left(\tan\dfrac{\theta}{2}\right)x$ に関する対称移動を考える．この対称移動は以下の 3 つの線形写像の合成で表せる．(i) 原点のまわりの角度 $-\frac{\theta}{2}$ の回転，(ii)x 軸に関する対称移動, (iii) 原点のまわりの角度 $\frac{\theta}{2}$ の回転．よって線形写像となる．この線形写像の基底 $\begin{pmatrix}1\\0\end{pmatrix}, \begin{pmatrix}0\\1\end{pmatrix}$ に関する表現行列は以下のように求められる．$\begin{pmatrix}\cos\frac{\theta}{2}&-\sin\frac{\theta}{2}\\\sin\frac{\theta}{2}&\cos\frac{\theta}{2}\end{pmatrix}\begin{pmatrix}1&0\\0&-1\end{pmatrix}\begin{pmatrix}\cos\frac{-\theta}{2}&-\sin\frac{-\theta}{2}\\\sin\frac{-\theta}{2}&\cos\frac{-\theta}{2}\end{pmatrix}=\begin{pmatrix}\cos\theta&\sin\theta\\\sin\theta&-\cos\theta\end{pmatrix}$.

○ **5.3**

問題 1 (1) $\mathbb{R}^2$ の標準的な基底 $\boldsymbol{e_1}=\begin{pmatrix}1\\0\end{pmatrix}, \boldsymbol{e_2}=\begin{pmatrix}0\\1\end{pmatrix}$ をとる．$\mathbb{R}^2$ の基底 $\boldsymbol{f_1}=\begin{pmatrix}1\\1\end{pmatrix}, \boldsymbol{f_2}=\begin{pmatrix}1\\0\end{pmatrix}$ への変換行列は, $\boldsymbol{f_1}=\begin{pmatrix}1\\1\end{pmatrix}=1\begin{pmatrix}1\\0\end{pmatrix}+1\begin{pmatrix}0\\1\end{pmatrix}$, $\boldsymbol{f_2}=\begin{pmatrix}1\\0\end{pmatrix}=1\begin{pmatrix}1\\0\end{pmatrix}+0\begin{pmatrix}0\\1\end{pmatrix}$ より基底変換行列は $\begin{pmatrix}1&1\\1&0\end{pmatrix}$ となる．つまり $\boldsymbol{f_1}$ と $\boldsymbol{f_2}$ を並べて得られるものである．このとき, $\boldsymbol{f_1}, \boldsymbol{f_2}$ から $\boldsymbol{e_1}, \boldsymbol{e_2}$ への基底変換行列は $\begin{pmatrix}1&1\\1&0\end{pmatrix}^{-1}=\begin{pmatrix}0&1\\1&-1\end{pmatrix}$ となる．よって, $\mathbb{R}^2$ の基底 $\boldsymbol{f_1}=\begin{pmatrix}1\\1\end{pmatrix}, \boldsymbol{f_2}=\begin{pmatrix}1\\0\end{pmatrix}$ から基底 $\boldsymbol{g_1}=\begin{pmatrix}3\\2\end{pmatrix}, \boldsymbol{g_2}=\begin{pmatrix}-1\\1\end{pmatrix}$ への基底変換行列は, $\begin{pmatrix}1&1\\1&0\end{pmatrix}^{-1}\begin{pmatrix}3&-1\\2&1\end{pmatrix}=\begin{pmatrix}2&1\\1&-2\end{pmatrix}$ となる．

(2) 求める行列は, $\begin{pmatrix}2&1\\1&-2\end{pmatrix}^{-1}\begin{pmatrix}2&3\\1&1\end{pmatrix}\begin{pmatrix}2&1\\1&-2\end{pmatrix}=\dfrac{1}{5}\begin{pmatrix}17&-9\\1&-2\end{pmatrix}$

○ **5.4**

問題 1 (1) $A=\begin{pmatrix}1&2\\2&1\end{pmatrix}$ を考える．A の固有方程式は $\varphi_A(t)=|A-tI|=\begin{vmatrix}1-t&2\\2&1-t\end{vmatrix}=(t+1)(t-3)=0$ となるので, A の固有値は $-1, 3$ となる．それぞれの固有値に対し, 固有ベクトルを

求める．固有値 -1 の固有ベクトルは連立一次方程式 $(A-(-1)I)\boldsymbol{v}=\mathbf{0}$ の解となる．$A-(-1)I=\begin{pmatrix}2&2\\2&2\end{pmatrix}$ である．この方程式を解くと，$\boldsymbol{v}$ は実数 p を用いて $\boldsymbol{v}=p\begin{pmatrix}1\\-1\end{pmatrix}$ と表すことができる．同様に，固有値 3 の固有ベクトルは，実数 q を用いて $q\begin{pmatrix}1\\1\end{pmatrix}$ と表すことができる．

(2) $A=\begin{pmatrix}1&0&1\\0&2&0\\-2&0&4\end{pmatrix}$ を考える．A の固有方程式は $\varphi_A(t)=|A-tI|=\begin{vmatrix}1-t&0&1\\0&2-t&0\\-2&0&4-t\end{vmatrix}=-(t-2)^2(t-3)=0$ となるので，A の固有値は 2, 3 となる．それぞれの固有値に対し，固有ベクトルを求める．固有値 2 の固有ベクトルは連立一次方程式 $(A-2I)\boldsymbol{v}=\mathbf{0}$ の解となる．$A-2I=\begin{pmatrix}-1&0&1\\0&0&0\\-2&0&2\end{pmatrix}$ である．この方程式を解くと，$\boldsymbol{v}$ は実数 p,q を用いて $\boldsymbol{v}=p\begin{pmatrix}1\\0\\1\end{pmatrix}+q\begin{pmatrix}0\\1\\0\end{pmatrix}$ と表すことができる．同様に，固有値 3 の固有ベクトルは，実数 r を用いて $r\begin{pmatrix}1\\0\\2\end{pmatrix}$ と表すことができる．

○ **5.5**

問題 1 (1) 特性方程式を考えると $\lambda^2-3\lambda+2=(\lambda-1)(\lambda-2)$ となる．よって，漸化式をみたす数列は 2 つの実数 α,β を用いて $\{\alpha+\beta\cdot 2^n\}$ と表すことができる．ここで $a_1=5, a_2=7$ より，$\alpha=3$, $\beta=1$ となり，$a_n=3+2^n$ となる．

(2) 特性方程式を考えると $\lambda^2-\lambda-1=\left(\lambda-\frac{1+\sqrt{5}}{2}\right)\left(\lambda-\frac{1-\sqrt{5}}{2}\right)$ となる．よって，漸化式をみたす数列は 2 つの実数 α,β を用いて $\{\alpha\cdot\left(\frac{1+\sqrt{5}}{2}\right)^n+\beta\cdot\left(\frac{1-\sqrt{5}}{2}\right)^n\}$ と表すことができる．ここで $a_1=1, a_2=1$ より，$\alpha=\frac{1}{\sqrt{5}}, \beta=-\frac{1}{\sqrt{5}}$ となり，$a_n=\frac{1}{\sqrt{5}}\left(\left(\frac{1+\sqrt{5}}{2}\right)^n-\left(\frac{1-\sqrt{5}}{2}\right)^n\right)$ となる．

(3) 特性方程式を考えると $\lambda^3-7\lambda^2+14\lambda-8=(\lambda-1)(\lambda-2)(\lambda-4)$ となる．よって，漸化式をみたす数列は 3 つの実数 α,β,γ を用いて $\{\alpha+\beta\cdot 2^n+\gamma\cdot 4^n\}$ と表すことができる．ここで $a_1=-1, a_2=-11, a_3=-55$ より，$\alpha=1, \beta=1, \gamma=-1$ となり，$a_n=1+2^n-4^n$ となる．

第 6 章の小テスト

○ **6.1**

問題 1 (1) $X=\begin{pmatrix}0&1\\-6&5\end{pmatrix}$ とする．X の固有方程式は $\begin{vmatrix}-t&1\\-6&5-t\end{vmatrix}=(t-2)(t-3)=0$ となるの

で, 固有値は 2, 3 である. 固有値 2 の固有ベクトルは, $\begin{cases} -2x+y=0 \\ -6x+3y=0 \end{cases}$ を解くと, 実数 p を用いて $p\begin{pmatrix}1\\2\end{pmatrix}$ と表すことができる. 固有値 3 の固有ベクトルは, $\begin{cases} -3x+y=0 \\ -6x+2y=0 \end{cases}$ を解くと, 実数 q を用いて $q\begin{pmatrix}1\\3\end{pmatrix}$ と表すことができる. よって正則行列 $P=\begin{pmatrix}1&1\\2&3\end{pmatrix}$ を用いて, $P^{-1}XP=\begin{pmatrix}2&0\\0&3\end{pmatrix}$ と対角化できる.

(2) $X=\begin{pmatrix}1&2&2\\2&1&2\\2&2&1\end{pmatrix}$ とする. X の固有方程式は $\begin{vmatrix}1-t&2&2\\2&1-t&2\\2&2&1-t\end{vmatrix}=-(t+1)^2(t-5)=0$ となるので, 固有値は -1, 5 である. 固有値 -1 の固有ベクトルは, $\begin{cases} 2x+2y+2z=0 \\ 2x+2y+2z=0 \\ 2x+2y+2z=0 \end{cases}$ を解くと, 実数 p, q を用いて $p\begin{pmatrix}1\\-1\\0\end{pmatrix}+q\begin{pmatrix}1\\0\\-1\end{pmatrix}$ と表すことができる. 固有値 5 の固有ベクトルは, $\begin{cases} -4x+2y+2z=0 \\ 2x-4y+2z=0 \\ 2x+2y-4z=0 \end{cases}$ を解くと, 実数 r を用いて $r\begin{pmatrix}1\\1\\1\end{pmatrix}$ と表すことができる. よって正則行列 $P=\begin{pmatrix}1&1&1\\-1&0&1\\0&-1&1\end{pmatrix}$ を用いて, $P^{-1}XP=\begin{pmatrix}-1&0&0\\0&-1&0\\0&0&5\end{pmatrix}$ と対角化できる.

○ **6.2**

問題 1 (1) $X=\begin{pmatrix}0&-1\\2&3\end{pmatrix}$ とする. X の固有方程式は $\begin{vmatrix}-t&-1\\2&3-t\end{vmatrix}=(t-1)(t-2)=0$ となるので, 固有値は 1, 2 である. 固有値 1 の固有ベクトルは, $\begin{cases} -x-y=0 \\ 2x+2y=0 \end{cases}$ を解くと, 実数 p を用いて $p\begin{pmatrix}1\\-1\end{pmatrix}$ と表すことができる. 固有値 2 の固有ベクトルは, $\begin{cases} -2x-y=0 \\ 2x+y=0 \end{cases}$ を解くと, 実数 q を用いて $q\begin{pmatrix}1\\-2\end{pmatrix}$ と表すことができる. よって正則行列 $P=\begin{pmatrix}1&1\\-1&-2\end{pmatrix}$ を用いて, $P^{-1}XP=\begin{pmatrix}1&0\\0&2\end{pmatrix}$

と対角化できる. $(P^{-1}XP)^{100} = P^{-1}X^{100}P = \begin{pmatrix} 1 & 0 \\ 0 & 2^{100} \end{pmatrix}$ であり, $P^{-1} = \begin{pmatrix} 2 & 1 \\ -1 & -1 \end{pmatrix}$ であるので, $X^{100} = \begin{pmatrix} 1 & 1 \\ -1 & -2 \end{pmatrix} \begin{pmatrix} 1 & 0 \\ 0 & 2^{100} \end{pmatrix} \begin{pmatrix} 2 & 1 \\ -1 & -1 \end{pmatrix} = \begin{pmatrix} 2-2^{100} & 1-2^{100} \\ -2+2^{101} & -1+2^{101} \end{pmatrix}$

(2) $X = \begin{pmatrix} 0 & -1 & 0 \\ 2 & 3 & 0 \\ 0 & 0 & 4 \end{pmatrix}$ とする. X の固有方程式は $\begin{vmatrix} -t & -1 & 0 \\ 2 & 3-t & 0 \\ 0 & 0 & 4-t \end{vmatrix} = -(t-1)(t-2)(t-4) = 0$ となるので, 固有値は 1, 2, 4 である. 固有値 1 の固有ベクトルは, $\begin{cases} -x-y=0 \\ 2x+2y=0 \\ 3z=0 \end{cases}$ を解くと, 実数 p を用いて $p\begin{pmatrix} 1 \\ -1 \\ 0 \end{pmatrix}$ と表すことができる. 固有値 2 の固有ベクトルは, $\begin{cases} -2x-y=0 \\ 2x+y=0 \\ 2z=0 \end{cases}$ を解くと, 実数 q を用いて $q\begin{pmatrix} 1 \\ -2 \\ 0 \end{pmatrix}$ と表すことができる. 固有値 4 の固有ベクトルは, $\begin{cases} -4x-y=0 \\ 2x-1=0 \end{cases}$ を解くと, 実数 r を用いて $r\begin{pmatrix} 0 \\ 0 \\ 1 \end{pmatrix}$ と表すことができる. よって正則行列 $P = \begin{pmatrix} 1 & 1 & 0 \\ -1 & -2 & 0 \\ 0 & 0 & 1 \end{pmatrix}$ を用いて,

$P^{-1}XP = \begin{pmatrix} 1 & 0 & 0 \\ 0 & 2 & 0 \\ 0 & 0 & 4 \end{pmatrix}$ と対角化できる. $(P^{-1}XP)^{100} = P^{-1}X^{100}P = \begin{pmatrix} 1 & 0 & 0 \\ 0 & 2^{100} & 0 \\ 0 & 0 & 4^{100} \end{pmatrix}$ であり,

$P^{-1} = \begin{pmatrix} 2 & 1 & 0 \\ -1 & -1 & 0 \\ 0 & 0 & 1 \end{pmatrix}$ であるので,

$$X^{100} = \begin{pmatrix} 1 & 1 & 0 \\ -1 & -2 & 0 \\ 0 & 0 & 1 \end{pmatrix} \begin{pmatrix} 1 & 0 & 0 \\ 0 & 2^{100} & 0 \\ 0 & 0 & 4^{100} \end{pmatrix} \begin{pmatrix} 2 & 1 & 0 \\ -1 & -1 & 0 \\ 0 & 0 & \frac{1}{4} \end{pmatrix} = \begin{pmatrix} 2-2^{100} & 1-2^{100} & 0 \\ -2+2^{101} & -1+2^{101} & 0 \\ 0 & 0 & 4^{100} \end{pmatrix}$$

問題 2 (1) $X = \begin{pmatrix} 1 & 2 \\ 2 & 4 \end{pmatrix}$ とする. X の固有方程式は $\begin{vmatrix} 1-t & 2 \\ 2 & 4-t \end{vmatrix} = t(t-5) = 0$ となるので, 固

有値は 0, 5 である．固有値 5 の固有ベクトルは，$\begin{cases} -4x+2y=0 \\ 2x-y=0 \end{cases}$ を解くと，実数 p を用いて $p\begin{pmatrix}1\\2\end{pmatrix}$ と表すことができる．長さ 1 の固有ベクトルとして，$\begin{pmatrix}\frac{1}{\sqrt{5}}\\ \frac{2}{\sqrt{5}}\end{pmatrix}$ をとることができる．固有値 0 の固有ベクトルは，$\begin{cases} x+2y=0 \\ 2x+4y=0 \end{cases}$ を解くと，実数 q を用いて $q\begin{pmatrix}2\\-1\end{pmatrix}$ と表すことができる．長さ 1 の固有ベクトルとして，$\begin{pmatrix}\frac{2}{\sqrt{5}}\\ -\frac{1}{\sqrt{5}}\end{pmatrix}$ をとることができる．よって直交行列 $Q=\begin{pmatrix}\frac{1}{\sqrt{5}} & \frac{2}{\sqrt{5}}\\ \frac{2}{\sqrt{5}} & -\frac{1}{\sqrt{5}}\end{pmatrix}$ を用いて，$Q^{-1}XQ=\begin{pmatrix}5 & 0\\ 0 & 0\end{pmatrix}$ と対角化できる．

(2) $X=\begin{pmatrix}1&3&3\\3&1&3\\3&3&1\end{pmatrix}$ とする．X の固有方程式は $\begin{vmatrix}1-t&3&3\\3&1-t&3\\3&3&1-t\end{vmatrix}=-(t+2)^2(t-7)$ となるので，固有値は -2, 7 である．固有値 -2 の固有ベクトルは，$\begin{cases} 3x+3y+3z=0 \\ 3x+3y+3z=0 \\ 3x+3y+3z=0 \end{cases}$ を解くと，実数 p, q を用いて $p\begin{pmatrix}1\\-1\\0\end{pmatrix}+q\begin{pmatrix}1\\0\\-1\end{pmatrix}$ と表すことができる．固有値 -2 の固有空間は二次元である．$\begin{pmatrix}1\\-1\\0\end{pmatrix}$, $\begin{pmatrix}1\\0\\-1\end{pmatrix}$ からグラム・シュミットの正規直交化法を用いて正規直交基底を構成すると，$\begin{pmatrix}\frac{1}{\sqrt{2}}\\ -\frac{1}{\sqrt{2}}\\ 0\end{pmatrix}$, $\begin{pmatrix}\frac{1}{\sqrt{6}}\\ \frac{1}{\sqrt{6}}\\ -\frac{2}{\sqrt{6}}\end{pmatrix}$ をとることができる．固有値 7 の固有ベクトルは，$\begin{cases} -6x+3y+3z=0 \\ 3x-6y+3z=0 \\ 3x+3y-6z=0 \end{cases}$ を解くと，実数 r を用いて $r\begin{pmatrix}1\\1\\1\end{pmatrix}$ と表すことができる．長さが 1 のベクトルとして，$\begin{pmatrix}\frac{1}{\sqrt{3}}\\ \frac{1}{\sqrt{3}}\\ \frac{1}{\sqrt{3}}\end{pmatrix}$ をとることができる．

よって直交行列 $Q = \begin{pmatrix} \frac{1}{\sqrt{2}} & \frac{1}{\sqrt{6}} & \frac{1}{\sqrt{3}} \\ -\frac{1}{\sqrt{2}} & \frac{1}{\sqrt{6}} & \frac{1}{\sqrt{3}} \\ 0 & -\frac{2}{\sqrt{6}} & \frac{1}{\sqrt{3}} \end{pmatrix}$ を用いて, $Q^{-1}XQ = \begin{pmatrix} -2 & 0 & 0 \\ 0 & -2 & 0 \\ 0 & 0 & 7 \end{pmatrix}$ と対角化できる.

○ 6.3

問題 1 (1) 特性方程式は $t^2 - 5t + 4 = 0$ となる. この解は $t = 1, 4$ であるので, 微分方程式の解は, $f(x) = C_0e^x + C_1e^{4x}$ (C_0, C_1 は定数) となる.

(2) 特性方程式は $t^3 - 6t^2 + 11t - 6 = 0$ となる. この解は $t = 1, 2, 3$ であるので, 微分方程式の解は, $f(x) = C_0e^x + C_1e^{2x} + C_2e^{3x}$ (C_0, C_1, C_2 は定数) となる.

○ 6.4

問題 1 この曲線に対応する対称行列 X は, $X = \begin{pmatrix} 3 & -1 \\ -1 & 3 \end{pmatrix}$ である. この行列の固有方程式は $t^2 - 6t + 8 = 0$ であり, 固有値は 4 と 2 である. 固有値 4 に関する固有ベクトルとして $\boldsymbol{u_1} = \begin{pmatrix} -(-1) \\ 3-4 \end{pmatrix} = \begin{pmatrix} 1 \\ -1 \end{pmatrix}$ をとり, 固有値 2 に関する固有ベクトルとして $\boldsymbol{u_2} = \begin{pmatrix} -(-1) \\ 3-2 \end{pmatrix} = \begin{pmatrix} 1 \\ 1 \end{pmatrix}$ がとれる. それぞれ正規化すると, $\boldsymbol{v_1} = \begin{pmatrix} \frac{1}{\sqrt{2}} \\ -\frac{1}{\sqrt{2}} \end{pmatrix}$, $\boldsymbol{v_2} = \begin{pmatrix} \frac{1}{\sqrt{2}} \\ \frac{1}{\sqrt{2}} \end{pmatrix}$ となる. $P = \begin{pmatrix} \frac{1}{\sqrt{2}} & \frac{1}{\sqrt{2}} \\ -\frac{1}{\sqrt{2}} & \frac{1}{\sqrt{2}} \end{pmatrix}$ とおくと, $P^{-1}XP = \begin{pmatrix} 4 & 0 \\ 0 & 2 \end{pmatrix}$ となる. 回転角は $\theta = -\frac{\pi}{4}$ である. 得られる新しい二次曲線は $4x^2 + 2y^2 - 9 = 0$ となる. 二次曲線 $3x^2 - 2xy + 3y^2 - 9 = 0$ は, 二次曲線は $4x^2 + 2y^2 - 9 = 0$ を原点を中心に $-\frac{\pi}{4}$ だけ回転させたものであることがわかる.

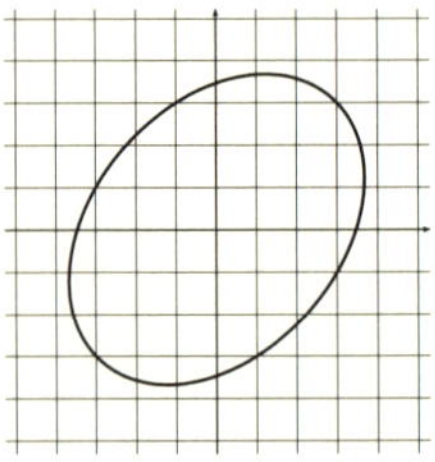

図 6　二次曲線 $3x^2 - 2xy + 3y^2 - 9 = 0$

期末試験 2 解答

[1] (1) 4 つの行列 $\begin{pmatrix} 1 & 0 \\ 0 & 0 \end{pmatrix}, \begin{pmatrix} 0 & 1 \\ 0 & 0 \end{pmatrix}, \begin{pmatrix} 0 & 0 \\ 1 & 0 \end{pmatrix}, \begin{pmatrix} 0 & 0 \\ 0 & 1 \end{pmatrix}$ は M の基底を与える. 一次独立であることは, $c_1\begin{pmatrix} 1 & 0 \\ 0 & 0 \end{pmatrix} + c_2\begin{pmatrix} 0 & 1 \\ 0 & 0 \end{pmatrix} + c_3\begin{pmatrix} 0 & 0 \\ 1 & 0 \end{pmatrix} + c_4\begin{pmatrix} 0 & 0 \\ 0 & 1 \end{pmatrix} = \begin{pmatrix} 0 & 0 \\ 0 & 0 \end{pmatrix}$ とおくと, $c_1 = c_2 =$

$c_3 = c_4 = 0$ となることから従う．M を生成することは，任意の M の元 $\begin{pmatrix} a & b \\ c & d \end{pmatrix}$ は，$\begin{pmatrix} a & b \\ c & d \end{pmatrix} = a\begin{pmatrix} 1 & 0 \\ 0 & 0 \end{pmatrix} + b\begin{pmatrix} 0 & 1 \\ 0 & 0 \end{pmatrix} + c\begin{pmatrix} 0 & 0 \\ 1 & 0 \end{pmatrix} + d\begin{pmatrix} 0 & 0 \\ 0 & 1 \end{pmatrix}$ と表されることから従う．よって M の次元は 4 である．

(2) V_1 の要素 S_1 と S_2 と実数 a と b に対し，${}^t(aS_1 + bS_2) = a\,{}^tS_1 + b\,{}^tS_2 = aS_1 + bS_2$ となるので，$aS_1 + bS_2$ も対称行列となる．よって，V_1 は M の部分空間となる．

V_2 の要素 A_1 と A_2 と実数 c と d に対し，${}^t(cA_1 + dA_2) = c\,{}^tA_1 + d\,{}^tA_2 = -cA_1 - dA_2 = -(cA_1 + dA_2)$ となるので，$cA_1 + dA_2$ も交代行列となる．よって，V_2 は M の部分空間となる．

(3) 対称行列は，実数 a, b, c を用いて，$\begin{pmatrix} a & b \\ b & c \end{pmatrix}$ と表される．よって，3 つの行列 $\begin{pmatrix} 1 & 0 \\ 0 & 0 \end{pmatrix}$, $\begin{pmatrix} 0 & 1 \\ 1 & 0 \end{pmatrix}$, $\begin{pmatrix} 0 & 0 \\ 0 & 1 \end{pmatrix}$ は V_1 の基底となる．よって，V_1 の次元は 3 である．交代行列は，実数 d を用いて，$\begin{pmatrix} 0 & d \\ -d & 0 \end{pmatrix}$ と表される．よって，行列 $\begin{pmatrix} 0 & 1 \\ -1 & 0 \end{pmatrix}$ は V_2 の基底となる．よって，V_2 の次元は 1 である．

[2] $\boldsymbol{a_1} = \begin{pmatrix} 1 \\ 1 \\ 0 \end{pmatrix}$, $\boldsymbol{a_2} = \begin{pmatrix} 0 \\ 1 \\ 1 \end{pmatrix}$, $\boldsymbol{a_3} = \begin{pmatrix} 1 \\ 0 \\ 1 \end{pmatrix}$ とおく．このとき，$\|\boldsymbol{a_1}\| = \sqrt{2}$ より，$\boldsymbol{v_1} = \dfrac{1}{\|\boldsymbol{a_1}\|}\boldsymbol{a_1} = \dfrac{1}{\sqrt{2}}\begin{pmatrix} 1 \\ 1 \\ 0 \end{pmatrix}$. $\boldsymbol{a_2} \cdot \boldsymbol{v_1} = \dfrac{1}{\sqrt{2}}$ より，$\boldsymbol{u_2} = \boldsymbol{a_2} - (\boldsymbol{a_2} \cdot \boldsymbol{v_1})\,\boldsymbol{v_1} = \begin{pmatrix} -\frac{1}{2} \\ \frac{1}{2} \\ 1 \end{pmatrix}$. $\|\boldsymbol{u_2}\| = \sqrt{\dfrac{3}{2}}$ より，$\boldsymbol{v_2} = \dfrac{1}{\|\boldsymbol{u_2}\|}\boldsymbol{u_2} = \sqrt{\dfrac{2}{3}}\begin{pmatrix} -\frac{1}{2} \\ \frac{1}{2} \\ 1 \end{pmatrix}$. $\boldsymbol{a_3} \cdot \boldsymbol{v_1} = \dfrac{1}{\sqrt{2}}$, $\boldsymbol{a_3} \cdot \boldsymbol{v_2} = \dfrac{1}{\sqrt{6}}$ より，$\boldsymbol{u_3} = \boldsymbol{a_3} - (\boldsymbol{a_3} \cdot \boldsymbol{v_1})\,\boldsymbol{v_1} - (\boldsymbol{a_3} \cdot \boldsymbol{v_2})\,\boldsymbol{v_2} = \begin{pmatrix} \frac{2}{3} \\ -\frac{2}{3} \\ \frac{2}{3} \end{pmatrix}$.

$\|\boldsymbol{u_3}\| = \dfrac{2}{\sqrt{3}}$ より，$\boldsymbol{v_3} = \dfrac{1}{\|\boldsymbol{u_3}\|}\boldsymbol{u_3} = \dfrac{1}{\sqrt{3}}\begin{pmatrix} 1 \\ -1 \\ 1 \end{pmatrix}$.

[3] $f(\begin{pmatrix} 1 \\ 1 \end{pmatrix}) = \begin{pmatrix} 1+2 \\ -2+1 \end{pmatrix} = \begin{pmatrix} 3 \\ -1 \end{pmatrix} = 1\begin{pmatrix} 1 \\ 1 \end{pmatrix} + 2\begin{pmatrix} 1 \\ -1 \end{pmatrix}$, $f(\begin{pmatrix} 1 \\ -1 \end{pmatrix}) = \begin{pmatrix} 1-2 \\ -2-1 \end{pmatrix} = \begin{pmatrix} -1 \\ -3 \end{pmatrix} = -2\begin{pmatrix} 1 \\ 1 \end{pmatrix} + 1\begin{pmatrix} 1 \\ -1 \end{pmatrix}$ より，f の表現行列は $\begin{pmatrix} 1 & -2 \\ 2 & 1 \end{pmatrix}$ となる．

[4] $\mathbb{R}^2$ の 2 つの基底が与えられたとき，それらの変換行列を求める方法を示す．

$\mathbb{R}^2$ の標準的な基底 $\boldsymbol{e_1} = \begin{pmatrix} 1 \\ 0 \end{pmatrix}, \boldsymbol{e_2} = \begin{pmatrix} 0 \\ 1 \end{pmatrix}$ をとる．$\mathbb{R}^2$ の基底 $\boldsymbol{f_1} = \begin{pmatrix} 2 \\ 1 \end{pmatrix}, \boldsymbol{f_2} = \begin{pmatrix} 5 \\ 3 \end{pmatrix}$ への変換行列は，$\boldsymbol{f_1} = \begin{pmatrix} 2 \\ 1 \end{pmatrix} = 2\begin{pmatrix} 1 \\ 0 \end{pmatrix} + 1\begin{pmatrix} 0 \\ 1 \end{pmatrix}$，$\boldsymbol{f_2} = \begin{pmatrix} 5 \\ 3 \end{pmatrix} = 5\begin{pmatrix} 1 \\ 0 \end{pmatrix} + 3\begin{pmatrix} 0 \\ 1 \end{pmatrix}$ より基底変換行列は $P = \begin{pmatrix} 2 & 5 \\ 1 & 3 \end{pmatrix}$ となる．つまり $\boldsymbol{f_1}$ と $\boldsymbol{f_2}$ を並べて得られるものである．このとき，　$\boldsymbol{f_1}, \boldsymbol{f_2}$ から $\boldsymbol{e_1}, \boldsymbol{e_2}$ への基底変換行列は $P^{-1} = \begin{pmatrix} 3 & -5 \\ -1 & 2 \end{pmatrix}$ となる．よって，$\mathbb{R}^2$ の基底 $\boldsymbol{f_1} = \begin{pmatrix} 2 \\ 1 \end{pmatrix}, \boldsymbol{f_2} = \begin{pmatrix} 5 \\ 3 \end{pmatrix}$ から基底 $\boldsymbol{g_1} = \begin{pmatrix} 1 \\ 0 \end{pmatrix}, \boldsymbol{g_2} = \begin{pmatrix} 1 \\ 1 \end{pmatrix}$ への基底変換行列は，$\begin{pmatrix} 2 & 1 \\ 5 & 3 \end{pmatrix}^{-1} \begin{pmatrix} 1 & 1 \\ 0 & 1 \end{pmatrix} = \begin{pmatrix} 3 & 2 \\ -5 & -3 \end{pmatrix}$ となる．

5 (1) A の固有方程式は $\varphi_A(t) = |A - tI| = \begin{vmatrix} 4-t & 1 & -2 \\ 0 & -1-t & 4 \\ 1 & -1 & 3-t \end{vmatrix} = -(t-1)(t-2)(t-3) = 0$ となるので，A の固有値は，1, 2, 3 となる．それぞれの固有値に対し，固有ベクトルを求める．固有値 1 の固有ベクトルは連立一次方程式 $(A - I)\boldsymbol{v} = \boldsymbol{0}$ の解となる．$A - I = \begin{pmatrix} 3 & 1 & -2 \\ 0 & -2 & 4 \\ 1 & -1 & 2 \end{pmatrix}$ である．この方程式を解くと，$\boldsymbol{v}$ は実数 p を用いて $\boldsymbol{v} = p\begin{pmatrix} 0 \\ 2 \\ 1 \end{pmatrix}$ と表すことができる．同様に，固有値 2 の固有ベクトルは，実数 q を用いて $q\begin{pmatrix} 1 \\ 4 \\ 3 \end{pmatrix}$ と表すことができ，固有値 3 の固有ベクトルは，実数 r を用いて $r\begin{pmatrix} 1 \\ 1 \\ 1 \end{pmatrix}$ と表すことができる．

(2) 固有ベクトルを並べて得られる正則行列 $P = \begin{pmatrix} 0 & 1 & 1 \\ 2 & 4 & 1 \\ 1 & 3 & 1 \end{pmatrix}$ を考えると，$P^{-1}AP = \begin{pmatrix} 1 & 0 & 0 \\ 0 & 2 & 0 \\ 0 & 0 & 3 \end{pmatrix}$ と対角化できる．

6 (1) 漸化式の特性方程式は $\lambda^2 - 5\lambda + 6 = (\lambda - 2)(\lambda - 3) = 0$ となる．よって，漸化式をみたす数列は 2 つの実数 α, β を用いて $\{\alpha \cdot 2^n + \beta \cdot 3^n\}$ と表すことができる．$a_1 = 1, a_2 = 5$ より，$\alpha = -1, \beta = 1$ となり，一般項は $a_n = -2^n + 3^n$ となる．

(2) 微分方程式の特性方程式は $t^2 - 7t + 12 = 0$ となる．この解は $t = 3, 4$ であるので，微分方程式の解は，$f(x) = C_0 e^{3x} + C_1 e^{4x}$ (C_0, C_1 は定数) となる．

(3) 二次曲線 $5x^2 - 2\sqrt{3}xy + 7y^2 - 1 = 0$ の概形を考える．この曲線に対応する対称行列 X は，$X = \begin{pmatrix} 5 & -\sqrt{3} \\ -\sqrt{3} & 7 \end{pmatrix}$ である．この行列の固有方程式は $t^2 - 12t + 32 = 0$ であり，固有値は 4 と 8 である．固有値 4 の固有ベクトルとして $\boldsymbol{u_1} = \begin{pmatrix} \sqrt{3} \\ 1 \end{pmatrix}$ をとり，固有値 8 に関する固有ベクトルとして $\boldsymbol{u_2} = \begin{pmatrix} -1 \\ \sqrt{3} \end{pmatrix}$ がとれる．それぞれ正規化すると，$\boldsymbol{v_1} = \begin{pmatrix} \frac{\sqrt{3}}{2} \\ \frac{1}{2} \end{pmatrix}$，$\boldsymbol{v_2} = \begin{pmatrix} -\frac{1}{2} \\ \frac{\sqrt{3}}{2} \end{pmatrix}$ となる．$P = \begin{pmatrix} \frac{\sqrt{3}}{2} & -\frac{1}{2} \\ \frac{1}{2} & \frac{\sqrt{3}}{2} \end{pmatrix}$ とおくと，$P^{-1}XP = \begin{pmatrix} 4 & 0 \\ 0 & 8 \end{pmatrix}$ となる．回転角は $\theta = \dfrac{\pi}{6}$ である．得られる新しい二次曲線は $4x^2 + 8y^2 = 1$ となる．これは原点を中心とし，x 軸上に長軸，y 軸上に短軸をもつ楕円である．以上により，二次曲線 $5x^2 - 2\sqrt{3}xy + 7y^2 - 1 = 0$ は，二次曲線 $4x^2 + 8y^2 = 1$ を原点を中心に $\dfrac{\pi}{6}$ だけ回転させたものであることがわかる．

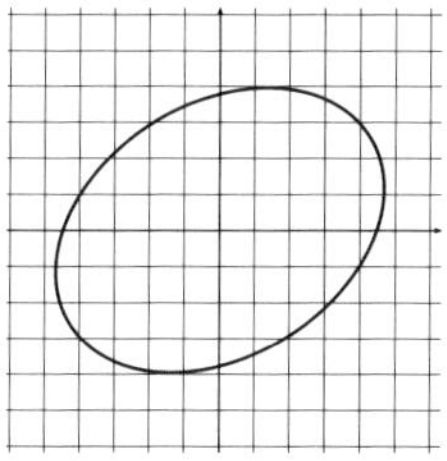

図 7　二次曲線 $5x^2 - 2\sqrt{3}xy + 7y^2 - 1 = 0$

索引

欧文

あ 行

か　行

さ　行

た　行

な　行

は 行

ま 行

や 行

ら 行

わ 行

市原一裕

いちはら・かずひろ

略 歴

1972年　千葉県生まれ

1995年　慶應義塾大学理工学部数理科学科卒業

2000年　東京工業大学大学院理工学研究科数学専攻後期博士課程修了

現　在　日本大学文理学部教授，博士（理学）

著 書

『はじめて学ぶ線形代数』（共著，共立出版）

下川航也

しもかわ・こうや

略 歴

1970年　東京生まれ

1993年　東京大学理学部数学科卒業

1998年　東京大学大学院数理科学研究科博士課程修了

現　在　埼玉大学大学院理工学研究科教授，博士（理学）

訳 書

『多面体』（共訳，シュプリンガー・ジャパン）

『結び目理論概説』（共訳，シュプリンガー・ジャパン）

ひらいてわかる

線形代数（せんけいだいすう）

2011年 1 月 10 日　第1版第1刷発行

2014年 4 月 10 日　第1版第2刷発行

著者　市原一裕・下川航也

発行者　横山 伸

発行　有限会社　数学書房

〒101-0051　東京都千代田区神田神保町1-32-2

TEL　03-5281-1777

FAX　03-5281-1778

mathmath@sugakushobo.co.jp

振替口座　00100-0-372475

印刷 製本　モリモト印刷

組版　アベリー

装幀　岩崎寿文

ISBN 978-4-903342-46-7